Appelt · Dokumentaustausch in Offenen Systemen

Wolfgang Appelt

Dokumentaustausch in Offenen Systemen

Einführung in die ISO-Norm 8613:
Office Document Architecture (ODA)
and Interchange Format

Mit 66 Abbildungen

Springer-Verlag Berlin Heidelberg New York
London Paris Tokyo Hong Kong Barcelona

Wolfgang Appelt

Institut für Angewandte Informationstechnik
Gesellschaft für Mathematik und Datenverarbeitung (GMD)
Schloß Birlinghoven, Postfach 1240
D-5205 Sankt Augustin 1

CR-Klassifikation (1987): C.2.0, H.4.1

ISBN-13:978-3-642-75780-8   e-ISBN:978-3-642-75779-2
DOI: 10.1007/978-3-642-75779-2

CIP-Titelaufnahme der Deutschen Bibliothek
Appelt, Wolfgang: Dokumentaustausch in offenen Systemen: Einführung in die ISO-Norm 8613
"Office document architecture (ODA) and interchange format" / Wolfgang Appelt. – Berlin;
Heidelberg; New York; London; Paris; Tokyo; Hong Kong; Barcelona: Springer, 1990
ISBN-13:978-3-642-75780-8

Vorwort

In der Mitte des Jahres 1989 wurde die Internationale Norm *„Office Document Architecture (ODA) and Interchange Format"* von der ISO (*International Organization for Standardization*) mit der Registriernummer ISO 8613 veröffentlicht. Eine im wesentlichen inhaltsgleiche *Recommendation* des CCITT (*Comité Consultatif International Télégraphique et Téléphonique*) wurde im Herbst 1988 in der T.410er Reihe mit dem Titel *„Open Document Architecture (ODA) and Interchange Format"* verabschiedet.

Diese Normen wurden für den elektronischen Austausch von Dokumenten entwickelt, die in digitaler Form erfaßt sind. Dabei ist vorrangig, aber nicht ausschließlich an solche Dokumente gedacht, die üblicherweise im Bürobereich erstellt werden, etwa Briefe, Vermerke, Berichte, Verträge oder Rechnungen. Es soll sichergestellt sein, daß der Empfänger ein solches Dokument in der vom Absender beabsichtigten Form auf Papier oder auf einem Bildschirm wiedergeben, aber auch weiterverarbeiten kann, etwa indem er Inhalt oder Aussehen ändert.

Die Ursprünge von ISO 8613 reichen bis in die frühen achtziger Jahre zurück; damals begann man, sich mit der Entwicklung von Normen zum Dokumentaustausch zu beschäftigen. Die eigentlichen Vorarbeiten zu ISO 8613 begannen 1982 in der *European Computer Manufacturers Association* (ECMA), von der im Jahre 1985 die ECMA-Norm 101 (*„Office Document Architecture"*) verabschiedet wurde, die schon die wesentlichen Konzepte von ISO 8613 enthielt. (Inzwischen wurde ECMA 101 wieder an ISO 8613 angeglichen.) Die ECMA-Arbeiten führten seit etwa 1983 auch zu parallelen Projekten auf ISO-Ebene (in den *Working Groups* 3 und 5 des TC 97/SC 18) sowie auf CCITT-Ebene (in der *Study Group* VIII). Im Rahmen des ISO-Referenzmodells für *Open Systems Interconnection* (OSI) ist die Norm in die Schicht 7 (*Application Layer*) einzuordnen.

Das vorliegende Buch gibt eine Einführung in die ISO-Norm 8613, kann aber wegen der weitgehenden Übereinstimmung von ISO 8613 mit den CCITT *Recommendations* der T.410er Reihe auch als Einführung in

diese gelesen werden. Es wendet sich vorrangig an Leser, die die Anwendbarkeit dieser Normen für ihre Probleme untersuchen wollen, den Einsatz entsprechender Systeme für ihre Dokumentverarbeitung planen oder
selbst die Entwicklung normkonformer Systeme beabsichtigen. In letzterem Fall ist natürlich die Lektüre der Norm selbst unerläßlich. Selbstverständlich kann in dieser Einführung nicht auf alle Details eingegangen
werden: ISO 8613 umfaßt allein ca. 600 Seiten.

Man beachte außerdem, daß die Norm noch weiterentwickelt wird und
auch mit kleineren Änderungen am vorhandenen Text zu rechnen ist, zum
Beispiel, wenn Fehler gefunden werden. In diesem Buch ist der Stand der
Norm bei ihrer erstmaligen Veröffentlichung Mitte 1989 beschrieben.

In dem Buch wurde weitgehend auf die Übersetzung der Begriffe der
englischsprachigen Norm verzichtet. Dies führt zwar zu einem stark mit
englischen Ausdrücken durchsetzten Deutsch, hat aber den Vorteil, daß
einerseits keine deutschen Übersetzungen der englischen Begriffe erfunden werden müssen – wer schon einmal deutsche Übersetzungen englischsprachiger Normen gelesen hat, weiß, zu welch kuriosen Ergebnissen das
führen kann – und andererseits dem Leser der Einstieg in die Norm selbst
erleichtert wird.

Die Gliederung des Buches folgt im wesentlichen der Gliederung der
Norm, die in sieben Teile (*Parts*) unterteilt ist. Zwischen den einzelnen Teilen der Norm bestehen teilweise recht komplexe Querbeziehungen.
Beim erstmaligen Lesen ist es deshalb nicht sinnvoll, das Buch von Anfang
zu Ende vollständig durchzuarbeiten, da manche Details nur verständlich
sind, wenn man später eingeführte Begriffe und Konzepte schon kennt.
Es dürfte sich vielmehr empfehlen, zum Einstieg zunächst Kapitel 1 („Die
Gliederung der Norm") zu lesen und von den nachfolgenden Kapiteln nur
den jeweils ersten Abschnitt (also 2.1, 3.1, ...) durchzuarbeiten. Danach
sollte der Leser einen ausreichenden Überblick über die komplette Norm
gewonnen haben, der ihm eine vollständige Lektüre des Buchs gestattet.

Sankt Augustin, Januar 1990   Wolfgang Appelt

Inhaltsverzeichnis

1 Die Gliederung der Norm

Die ODA-Norm – im folgenden soll das inzwischen weit verbreitete Acronym ODA verwendet werden, wenn auf die ISO-Norm 8613 Bezug genommen wird – besteht aus sieben Teilen:

Part 1: Introduction and General Principles
Part 2: Document Structures
Part 4: Document Profile
Part 5: Office Document Interchange Format (ODIF)
Part 6: Character Content Architectures
Part 7: Raster Graphics Content Architectures
Part 8: Geometric Graphics Content Architectures

Einen Teil 3 gibt es aus Gründen, die in der Entstehungsgeschichte der Norm liegen, nicht: Ursprünglich war der Zuschnitt der einzelnen Teile etwas anders geplant, und dabei hätte es auch einen *Part 3* gegeben. Als man, relativ spät und zu einem Zeitpunkt, als die Teile 6 bis 8 schon weitgehend fertiggestellt waren, die jetzige Gliederung festlegte, verzichtete man hauptsächlich aus Zeitgründen auf eine Umnumerierung, die wegen der Querverweise zwischen den Teilen umfangreiche Modifikationen erfordert hätten. (Auch eine CCITT-*Recommendation* T.413 gibt es nicht.)

Zwischen den Teilen der Norm bestehen mehr oder weniger starke Querbeziehungen. Der erste Teil, *Introduction and General Principles*, gibt einen generellen Überblick über die Norm und enthält insbesondere die Definition zahlreicher Begriffe, die in diesem und den anderen Teilen der Norm verwendet werden.

Teil 2, *Document Structures*, kann als der zentrale Teil der ganzen Norm betrachtet werden, in dem die generellen Strukturkonzepte für ODA-Dokumente festgelegt werden. Hier wird, von einigen Ausnahmen abgesehen, nicht festgelegt, wie der eigentliche Inhalt von ODA-Dokumenten aussieht. Dies geschieht in den Teilen 6 bis 8, in denen für drei spezielle Informationsarten, nämlich für Texte im engeren

Sinne, für Rastergrafiken und für Liniengrafiken, die Behandlung in ODA-Dokumenten festgelegt wird. (Der Begriff „*text*" in ISO 8613 umfaßt in aller Regel auch grafische Informationsarten.)

Teil 2 der Norm ist der bei weitem umfangreichste, und deshalb ist auch in diesem Buch das betreffende Kapitel im Vergleich zu den anderen sehr lang ausgefallen, denn das Verständnis der *document structures* ist der Schlüssel zum Verständnis der kompletten Norm.

Diese Gliederung der Norm, insbesondere die Trennung zwischen dem eigentlichen Strukturkonzept für ODA-Dokumente im Teil 2 und den verschiedenen Inhaltsarten in ODA-Dokumenten in den Teilen 6 bis 8, ermöglicht die Erweiterung der Norm um weitere Teile, die andere Inhaltsarten wie zum Beispiel digitalisierte Sprache beschreiben, ohne daß grundlegende Änderungen an schon vorhandenen Teilen der Norm erforderlich werden. (Zumindest ist dies der Hauptgrund für diese Gliederung.)

Das *Document Profile*, das in Teil 4 beschrieben ist, dient im wesentlichen dazu, eine Reihe von Informationen, die globale Eigenschaften eines ODA-Dokuments beschreiben, getrennt von dem Dokument zu speichern und möglicherweise getrennt von diesem zu verarbeiten.

In Teil 5, *Office Document Interchange Format (ODIF)*, wird festgelegt, in welcher Form ODA-Dokumente zum Austausch mit anderen Partnern codiert werden, das heißt, welches Datenformat ODA-Systeme lesen und erzeugen müssen. Bestimmte Teile von ODIF, die die Codierung von Texten, Rastergrafiken und Liniengrafiken betreffen, werden allerdings in den Teilen 6 bis 8 beschrieben.

Alle Teile der Norm sind, entsprechend den Richtlinien für ISO-Normen, im wesentlichen gleich aufgebaut. Nach einem Inhaltsverzeichnis und gelegentlich einem Vorwort wird zunächst der Anwendungsbereich (*Scope*) der ODA-Norm als ganzes sowie des jeweiligen Teils angegeben. Im Abschnitt *Normative References* werden diejenigen Dokumente aufgelistet, auf die Bezug genommen wird und die damit praktisch Teil der Norm sind. Es handelt sich dabei ausschließlich um ISO-Normen und CCITT-Empfehlungen.

Anschließend beginnt die eigentliche Spezifikation des technischen Inhalts. In Teil 1 folgt hier eine umfangreiche Definition der in der Norm verwendeten Begriffe. In den anderen Teilen ist zwar entsprechend den Richtlinien für ISO-Normen auch der Abschnitt *Definitions* enthalten, er besteht jedoch in der Regel nur aus einem Verweis auf Teil 1.

Alle Teile der Norm enthalten zusätzliche Anhänge. Hierbei ist zu unterscheiden zwischen einem *Normative Annex*, der die gleiche technische Verbindlichkeit wie der eigentliche Text der Norm hat und dessen Inhalt bei ODA-Implementationen berücksichtigt werden muß, und einem *Infor-*

mative Annex, der genau genommen kein Bestandteil der Norm ist. Hier finden sich häufig Beispiele, die zur Erklärung technischer Sachverhalte dienen.

Wie schon erwähnt, sind in der ODA-Norm bestehende ISO-Normen und CCITT-Empfehlungen in Form von *Normative References* integriert und damit quasi Teil der ODA-Norm. Sie lassen sich folgendermaßen klassifizieren:

ISO-Normen zur Festlegung der Codierung von Zeichensätzen:

ISO 646:   *Information processing – ISO 7-bit coded character set for information interchange* (1983)

ISO 2022:   *Information processing – ISO 7-bit and 8-bit coded character sets – Code extension techniques* (1986)

ISO 6429:   *Information processing – ISO 7-bit and 8-bit coded character sets – Additional control functions for character-imaging devices* (1983)

ISO 6937:   *Information processing – Coded character sets for text communication – Part 1: General introduction* (1983)

Information processing – Coded character sets for text communication – Part 2: Latin alphabetic and non-alphabetic graphic characters (1983)

ISO 7350:   *Text communication – Registration of graphic character subrepertoires* (1984)

Eine ISO-Norm, die die Repräsentation von Kalenderdaten und Uhrzeiten festlegt:

ISO 8601:   *Data elements and interchange formats – Information interchange – Representation of dates and times* (1988)

Eine ISO-Norm, die ein Datenformat für grafische Darstellungen spezifiert:

ISO 8632:   *Information processing systems – Computer graphics – Metafile for the storage and transfer of picture description information – Part 1: Functional specification* (1987)

Information processing systems – Computer graphics – Metafile for the storage and transfer of picture description information – Part 3: Binary encoding (1987)

ISO-Normen, die eine bestimmte Syntax für die Codierung von Datenstrukturen beschreiben:

ISO 8824:   *Information processing systems – Open Systems Interconnec-*
             tion – Specification of Abstract Syntax Notation One (ASN.1)
             (1987)
ISO 8825:   *Information processing systems – Open Systems Interconnec-*
             tion – Specification of basic encoding rules for Abstract Syn-
             tax Notation One (ASN.1) (1987)
             Information processing systems – Open Systems Intercon-
             nection – Specification of basic encoding rules for Abstract
             Syntax Notation One (ASN.1). Addendum 1: ASN.1 exten-
             sions

Weitere ISO-Normen bezüglich der Dokumentverarbeitung:

ISO 8879:   *Information processing – Text and office systems – Standard*
             Generalized Markup Language (SGML) (1986)
ISO 9069:   *Information processing – SGML support facilities – SGML*
             Document Interchange Format (SDIF) (1988)

Eine ISO-Norm bezüglich Zeichenfonts:

ISO 9541:   *Information processing – Font and character information in-*
             terchange – Part 5: Font attributes and character model
             Information processing – Font and character information
             interchange – Part 6: Font and character attribute subsets
             and applications

CCITT-Empfehlungen für Faksimile-Dokumente:

CCITT Recommendation T.4:   *Standardization of Group 3 facsimile ap-*
                             paratus for document transmission (1988)
CCITT Recommendation T.6:   *Facsimile coding schemes and coding*
                             control functions for Group 4 facsimile apparatus (1988)

Einige dieser Dokumente werden nicht komplett, sondern nur teilweise
benötigt, wie man in dieser Auflistung feststellen kann. Außerdem waren
einige der referierten ISO-Normen zum Zeitpunkt der ODA-Veröffentli-
chung auch noch nicht publiziert; dies ist in obiger Liste daran erkennbar,
daß kein Veröffentlichungsjahr angegeben ist.

2 Part 1: Introduction and General Principles

Dieser Teil der ODA-Norm hat im wesentlichen folgenden technischen Inhalt:

- Er enthält eine umfangreiche Liste von Definitionen für die in der Norm verwendeten Begriffe.
- Er gibt eine Einführung in die Modellwelt von ODA, insbesondere in die den ODA-Dokumenten zugrunde liegenden Konzepte.
- Der Inhalt der anderen Teile der ODA-Norm wird kurz beschrieben und Querbeziehungen zwischen den Teilen werden dargestellt.
- Das Konzept der *Document Application Profiles*, auf das in den anderen Teilen kaum eingegangen wird, wird beschrieben.
- Es wird festgelegt, wann ein Dokument als normkonform zu betrachten ist.

Im folgenden soll auf die Modellwelt von ODA und die *Document Application Profiles* näher eingegangen werden.

2.1 Die Modellwelt von ODA

In der ODA-Modellwelt werden durchaus realitätsbezogene Annahmen gemacht, was Dokumente (im Sinne von ODA) sind und welche Strukturen in solchen Dokumenten auftauchen. Darauf soll in diesem Abschnitt etwas näher eingegangen werden. Um den Einstieg zu erleichtern, wird zunächst nur ein grober Überblick gegeben; weitere Details folgen später, insbesondere im Kap. 3.

2.1.1   Logische Strukturen und Layoutstrukturen

Die Grundprämisse von ODA ist, daß ein Dokument unter logischen Gesichtspunkten und unter Layout-Gesichtspunkten betrachtet werden kann, das heißt es gibt ein *logical view* und ein *layout view* auf ein Dokument.

Betrachtet man ein Dokument unter Layout-Gesichtspunkten, interessiert man sich dafür, wie ein Dokument auf einem Darstellungsmedium, zum Beispiel auf Papier oder auf einem Bildschirm, aussieht. In diesem Fall identifiziert man dann die Layoutstruktur des Dokuments; man wird etwa feststellen, daß das Dokument aus einer Reihe von Seiten besteht, daß die Seiten eine bestimmte grafische Gestaltung, zum Beispiel Kopfzeilen und Fußzeilen, haben und der eigentliche Text zweispaltig gesetzt ist. Die Elemente, die man dabei identifizieren kann, heißen Layoutobjekte (*layout objects*).

Betrachtet man hingegen ein Dokument unter logischen Gesichtspunkten, interessiert man sich dafür, nach welchen logischen Strukturen der Inhalt des Dokuments gegliedert ist. Man wird in diesem Fall beispielsweise feststellen, daß das Dokument in Kapitel gegliedert ist, die selbst wieder in Unterkapitel aufgeteilt sind, und daß der Inhalt des Dokuments aus eine Folge von Absätzen und Abbildungen besteht. Die einzelnen Objekte, die man bei dieser Sichtweise auf ein Dokument identifizieren kann, heißen logische Objekte (*logical objects*).

Diese beiden alternativen, aber komplementären Strukturen (*logical structure* und *layout structure*) bilden die Basis für die sogenannte Dokumentarchitektur (*document architecture*). Dabei werden nicht beliebige Strukturen zugelassen; sowohl die logische Struktur als auch die Layoutstruktur für ein bestimmtes Dokument sind stets Baumstrukturen.

Der Wurzelknoten in der logischen Struktur wird als *document logical root*, der Wurzelknoten in der Layoutstruktur als *document layout root* bezeichnet. Die Knoten der Bäume repräsentieren die Objekte in einem Dokument. Die Endknoten der Bäume, die also keine Unterstruktur mehr besitzen, heißen *basic objects* oder, wenn die Zugehörigkeit zu einer der beiden Strukturen ausgedrückt werden soll, *basic logical objects* oder *basic layout objects*. Entsprechend werden alle anderen Knoten der Bäume als *composite objects* beziehungsweise als *composite logical objects* oder *composite layout objects* bezeichnet.

Bezüglich der logischen Struktur eines Dokuments sind hiermit auch schon alle Arten von Objekten aufgezählt: Es gibt in ODA bei einem Dokument nur genau eine *document logical root*, ein oder mehrere *composite logical objects* und ein oder mehrere *basic logical objects*.

Bezüglich der Layoutstruktur kennt ODA mehrere Typen von Objekten, nämlich neben der *document layout root* noch *blocks, frames, pages* und *page sets.*

Dabei ist ein *block* eine rechteckige Fläche auf dem Darstellungsmedium, die einen Teil des eigentlichen Inhalts eines Dokuments (Text, Grafik usw.) enthält. Ein *block* ist stets ein *basic layout object*, hat also keine untergeordneten Elemente.

Ein *frame* ist ebenfalls eine rechteckige Fläche auf dem Darstellungsmedium, die entweder ein oder mehrere weitere *frames* oder ein oder mehrere weitere *blocks* enthält. (Ein *frame* kann also nicht als unmittelbar nächste Untergliederung sowohl *frames* als auch *blocks* enthalten.) Ein *frame* ist ein *composite layout object*, das heißt er besitzt untergeordnete Objekte.

Eine *page* ist auch eine rechteckige Fläche auf dem Ausgabemedium und entspricht umgangssprachlich einer Seite auf Papier (oder simuliert auf einem Bildschirm). Eine Seite ist in der Regel (von dieser Regel gibt es Ausnahmen, wie später noch erklärt wird) ein *composite layout object*, das entweder ein oder mehrere weitere *frames* oder ein oder mehrere weitere *blocks* enthält.

Ein *page set* ist eine Menge, deren Elemente *pages* oder auch wieder *page sets* sind. Sowohl *pages* als auch *page sets* können gleichzeitig als Elemente eines *page set* auftreten.

Die *document layout root* steht an oberster Stelle in der Hierarchie der Layoutstruktur und hat als untergeordnete Objekte *pages* oder *page sets*. Sowohl *pages* als auch *page sets* können gleichzeitig als untergeordnete Objekte einer *document layout root* auftreten.

Zur Verdeutlichung der bisher eingeführten Begriffe soll Abb. 1 dienen, die einen Geschäftsbrief darstellt. Betrachtet man diesen Brief zunächst bezüglich seiner Layoutgestaltung, so könnte man, in ODA-Begriffen, zu folgendem Ergebnis kommen (s. Abb. 2):

Der Brief ist eine *page*, die drei *frames* enthält (Kopffeld, Textfeld und Schlußfeld). Jeder dieser drei *frames* enthält mehrere *blocks*, die selbst nicht weiter unterteilt sind. Den *blocks* ist der eigentliche Inhalt des Briefes zugeordnet, zum Beispiel dem Logofeld das Firmenlogo und dem Unterschriftsfeld die Unterschrift des Autors.

Man beachte, daß diese Layoutstruktur des Dokuments nur ein Beispiel ist und sich nicht zwingend aus dem Aussehen des Briefes ableitet. Aus ODA-Sicht hätte man durchaus auch auf die Strukturierung der *page* in die drei *frames* verzichten und als Unterstruktur der *page* direkt die zwölf *blocks* wählen können. (Allerdings hätte man keine korrekte ODA-Layoutstruktur erhalten, wenn man etwa Kopffeld und Textfeld als *frames* behalten, aber nicht das Schlußfeld als *frame* eingeführt, son-

Herrn
L. Eser
Baumstr. 12
5210 Troisdorf   24. Dezember 1989

Betreff: Strukturen in ODA-Dokumenten

Sehr geehrter Herr L. Eser!

Dieses kleine Beispiel soll zur Verdeutlichung einiger
Strukturen in ODA-Dokumenten dienen.

Dies ist der zweite Absatz im eigentlichen Textteil
des Briefes.

Und dies ist der letzte Absatz, bevor der Schluß des
Briefes folgt.

                              Mit freundlichem Gruß

                              A. UTOR

                              (A. Utor)

Anlagen: ISO 8613

Abb. 1: Beispiel eines Geschäftsbriefs

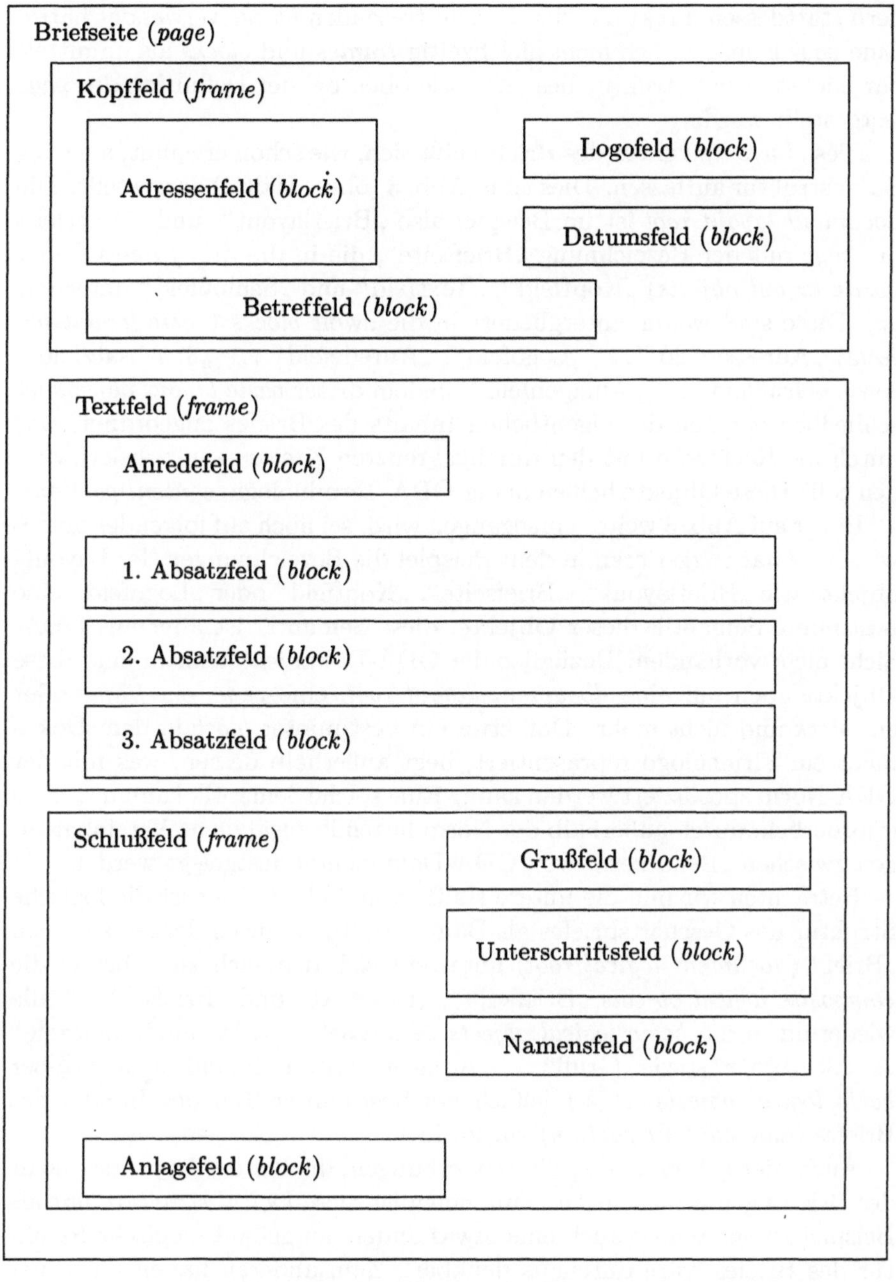

Abb. 2: Layoutstruktur des Geschäftsbriefs

dern stattdessen direkt die vier dort auftretenden *blocks* verwendet hätte:
Eine *page* kann nämlich nicht gleichzeitig *frames* und *blocks* als unmittelbar nächste Unterstruktur besitzen, wie oben bei der Definition der *page*
festgestellt wurde.)

Diese Layoutstruktur des Briefes läßt sich, wie schon erwähnt, auch als
Baumstruktur auffassen. Dies ist in Abb. 3 (obere Hälfte) dargestellt. Die
document layout root ist im Beispiel also „Brieflayout", und sie enthält
die *page* mit der Bezeichnung „Briefseite", die in die drei *frames* (*composite layout objects*) „Kopffeld", „Textfeld" und „Schlußfeld" unterteilt
ist. Diese sind weiter untergliedert in die zwölf *blocks* (*basic layout objects*) „Adressenfeld" ... „Logofeld", „Anredefeld" ... „3. Absatzfeld",
sowie „Grußfeld" ... „Anlagenfeld". Jedem dieser *basic layout objects* ist
schließlich ein Teil des eigentlichen Inhalts des Briefes zugeordnet, was
durch die Rechtecke mit den durchgekreuzten Kreisen symbolisiert werden soll. Diese Objekte heißen in der ODA-Terminologie *content portions*.

Bevor auf Abb. 3 weiter eingegangen wird, sei noch auf folgendes hingewiesen: Zwar suggerieren in dem Beispiel die Bezeichnungen der Layoutobjekte wie „Brieflayout", „Briefseite", „Kopffeld" oder „Logofeld" eine
bestimmte Semantik dieser Objekte, diese Semantik ist aber aus ODA-
Sicht nicht vorhanden. Bezüglich der ODA-Dokumentstruktur sind diese
Objekte eben nur eine *document layout root*, eine *page*, ein *frame* oder
ein *block* und nicht mehr. Daß etwa ein bestimmter *block* in dem Dokument ein Firmenlogo repräsentiert, liegt außerhalb dessen, was mit der
ODA-Norm spezifiziert werden kann. Eine solche Semantik kann nur, falls
erforderlich, durch außerhalb der Norm liegende zusätzliche Vereinbarun-
gen zwischen „Benutzern" von ODA-Dokumenten festgelegt werden.

Betrachten wir nun die untere Hälfte von Abb. 3. Hier ist die logische
Struktur des Geschäftsbriefes als Baumstruktur grafisch dargestellt. Ein
„Brief" (*document logical root*) unterteilt sich demnach zunächst in die
composite logical objects „Briefkopf", „Brieftext" und „Briefschluß", die
wiederum in die *basic logical objects* „Adresse" ... „Datum", „Anrede"
... „3. Absatz" sowie „Gruß" ... „Anlagen" unterteilt sind. Jedem dieser
basic logical objects ist schließlich ein bestimmter Teil des Inhalts des
Briefes (eine *content portion*) zugeordnet.

Auch hier gelten analog die Bemerkungen, die bei der Layoutstruktur
des Briefes gemacht wurden: Zum einen ist diese *logical structure* nur als
Beispiel zu verstehen; auch eine etwas anders aufgebaute logische Struktur des Briefes wäre durchaus denkbar. Zum anderen haben auch hier
die Bezeichnungen, die den einzelnen Objekten in der logischen Struktur
gegeben wurde, im Rahmen von ODA keine Semantik: Aus ODA-Sicht
gibts es nur die *document logical root*, *composite logical objects* und *basic
logical objects*.

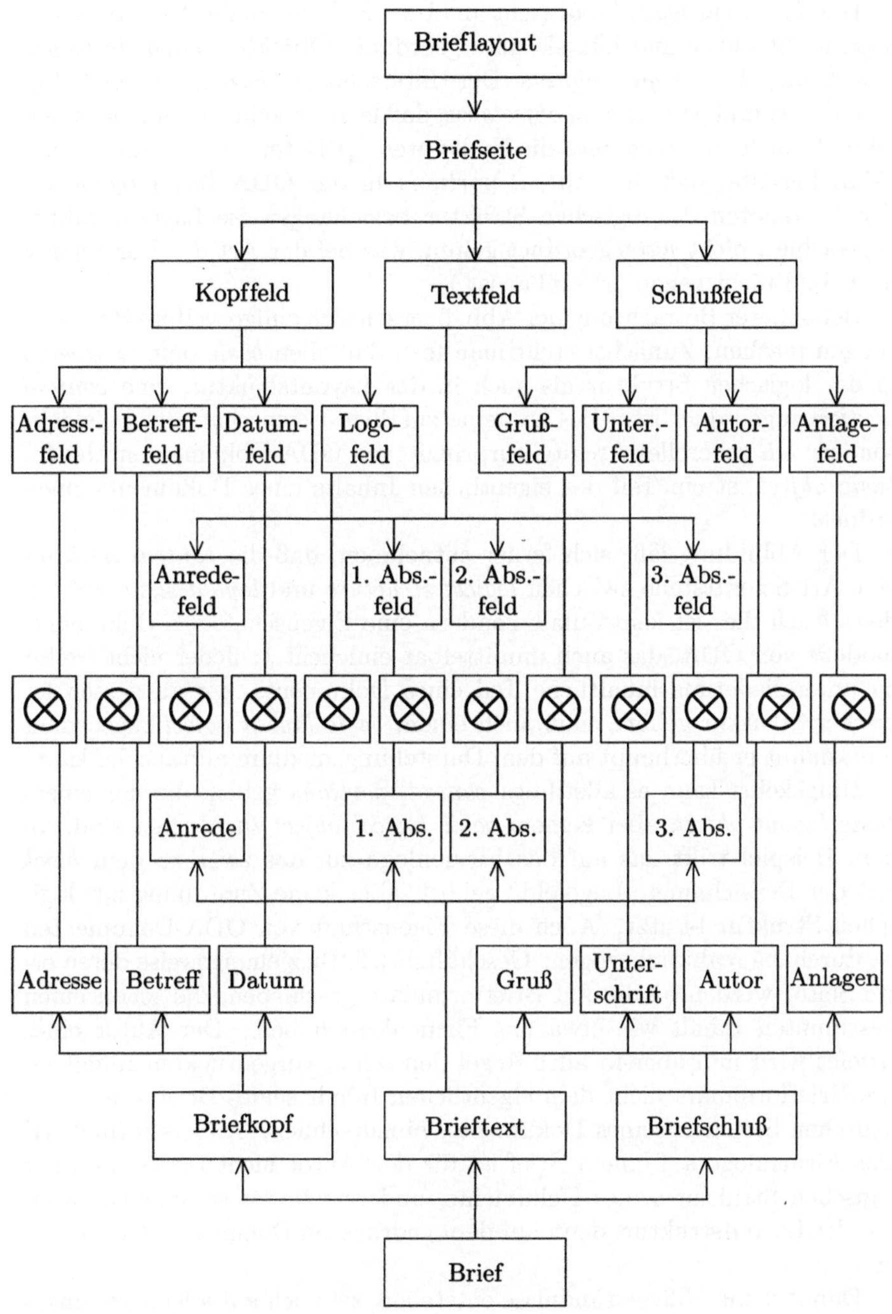

Abb. 3: Baumstruktur des Geschäftsbriefs

Die *document logical root* steht an oberster Stelle in der Hierarchie der logische Struktur und hat als untergeordnete Objekte *composite logical objects* oder *basic logical objects*. Der Unterschied zwischen *composite logical objects* und *basic logical objects* ist, daß letztere keine untergeordneten Objekte mehr besitzen, also die Endknoten („Blätter") des Baumes sind. (Man beachte, daß die *content portions* in der ODA-Terminologie als den Endknoten der logischen Struktur beziehungsweise Layoutstruktur zugeordnet, nicht *unter*geordnet gelten, was bei der Art der Darstellung in Abb. 3 nicht genau erkennbar ist.)

Bei näherer Betrachtung der Abb. 3 lassen sich einige weitere Beobachtungen machen. Zunächst stellt man fest, daß allen *basic objects*, sowohl in der logischen Struktur als auch in der Layoutstruktur, eine *content portion* zugeordnet ist. Dies ist keine zufällige Eigenschaft des Beispiels, sondern ein generelles Architekturprinzip von ODA-Dokumenten: Jedem *basic object* ist ein Teil des eigentlichen Inhalts eines Dokuments zugeordnet.

Der Abbildung läßt sich ferner entnehmen, daß die *content portions* eine Art Schnittstelle zwischen *logical structure* und *layout structure* bilden. Auch dies ist kein Zufall, sondern eine Eigenschaft des Dokumentmodells von ODA, das auch unmittelbar einleuchtet: Jeder nicht weiter zu untergliedernde inhaltliche Teil eines Dokuments, der zu dessen logischer Struktur gehört, muß auch einem *basic layout object* zugeordnet sein, damit er überhaupt auf dem Darstellungsmedium auftauchen kann.

Umgekehrt kann es allerdings *content portions* geben, die nur einem *basic layout object*, aber keinem *basic logical object* zugeordnet sind. In dem Beispiel trifft das auf das Firmenlogo zu, das zwar zu dem *block* mit der Bezeichnung „Logofeld" gehört, aber keine Zuordnung zur logischen Struktur besitzt. Auch diese Eigenschaft von ODA-Dokumenten ist durchaus realitätsbezogen: Geschäftsbriefe (beziehungsweise deren erste Seite) werden häufig auf Briefformulare geschieben, die schon einen bestimmten Inhalt wie etwa das Firmenlogo haben. Der Autor eines Briefes wird nun aber in aller Regel den schon vorgedruckten Inhalt eines Briefformulars nicht dem eigentlichen Inhalt seines Briefes, also der logischen Struktur seines Dokuments, hinzurechnen. Anders formuliert: Das Firmenlogo auf einem Brief ist für den Autor nicht Bestandteil der logischen Struktur seines Dokuments, andererseits ist es aber Bestandteil der Layoutstruktur, denn auf dem gedruckten Dokument erscheint es ja.

Damit keine Mißverständnisse entstehen, sei noch auf folgendes hingewiesen: Die Layoutstruktur und die logische Struktur eines Dokuments können sehr unterschiedlich sein und brauchen sich nicht so stark zu ähneln wie in Abb. 3. Die große Ähnlichkeit ergibt sich bei diesem Beispiel im wesentlichen daraus, daß das Dokument sehr einfach strukturiert ist.

Bisher haben wir stillschweigend angenommen, daß ein Dokument stets sowohl eine Layoutstruktur als auch eine logische Struktur besitzt. Dies ist im Prinzip auch richtig, denn ein Dokument läßt sich von einem Menschen nur lesen, wenn es auf einem Darstellungsmedium, zum Beispiel auf Papier oder auf einem Bildschirm, wiedergegeben ist, und dann hat es auch eine Layoutstruktur. Umgekehrt besitzt jedes Dokument – sofern es sich nicht nur um eine beliebige Anhäufung von Buchstaben ohne Semantik handelt – immer auch einen intellektuellen Inhalt und somit eine logische Struktur.

Wenn wir von ODA-Dokumenten sprechen, meinen wir damit aber immer elektronisch gespeicherte Dokumente, und bei solchen kann es vorkommen, daß sie keine Layoutstruktur oder keine logische Struktur haben. Damit ist folgendes gemeint: Man sagt, daß ein ODA-Dokument keine Layoutstruktur besitzt, wenn keine Information in elektronischer Form darüber vorliegt, wie das Dokument bei der Wiedergabe auf einem Darstellungsmedium aussieht, und wenn nur der eigentliche Inhalt und dessen logische Gliederung abgespeichert sind. Bevor der Inhalt eines solchen Dokuments von einem menschlichen Leser erfaßt werden kann, muß erst eine Layoutstruktur erzeugt werden, um das Dokument auf einem Darstellungsmedium wiedergeben zu können. Allerdings kann es durchaus sinnvoll sein, Dokumente mit nur logischer Struktur auf elektronischem Wege zu verschicken. Der Empfänger erhält dann alle Informationen, die den intellektuellen Inhalt des Dokuments ausmachen, und es bleibt ihm überlassen, eine passende Layoutstruktur zu erzeugen.

Entsprechend sagt man, daß ein ODA-Dokument nur eine Layoutstruktur besitzt, wenn keinerlei Informationen in elektronischer Form darüber vorliegen, wie der eigentliche Inhalt des Dokuments gegliedert ist. Als extremes Beispiel, das übrigens durchaus im Anwendungsbereich von ODA liegt, kann man sich etwa ein Dokument vorstellen, dessen einzelne Seiten im Telefax-Format abgespeichert sind, also im Prinzip in Form von *Bitmaps* (Rasterbildern) für die einzelnen Seiten. Auch eine elektronische Übertragung solcher Dokumente kann sinnvoll sein, wie ja gerade das Telefax-Beispiel zeigt. Der Empfänger kann ein solches Dokument auf einem Darstellungsmedium wiedergeben und dann dessen intellektuellen Inhalt erfassen. Dabei wird er üblicherweise auch wieder logische Strukturen in dem Dokument erkennen, allerdings dürften diese in aller Regel nicht identisch sein mit denen, die der Autor des Dokuments bei der Erstellung im Sinn hatte.

Man beachte, daß bisher zwar schon eine Reihe von Bemerkungen zur Struktur von ODA-Dokumenten gemacht wurden, aber noch nichts dazu

gesagt wurde, wie diese Strukturen in einem elektronisch gespeicherten
Dokument repräsentiert werden. Darauf wird später eingegangen (s. 3.1).

Zum Schluß dieses Abschnitts noch einige Bemerkungen zu den *content
portions*, die schon einige Male erwähnt wurden. Diese *content portions*
enthalten den eigentlichen Inhalt von ODA-Dokumenten. Alle anderen
Objekte, die bisher eingeführt wurden, enthalten im Prinzip nur Informationen, die die logische Struktur und die Layoutstruktur des Dokuments
beschreiben.

Die interne Struktur der *content portions* wird in der ODA-Norm in
den Teilen 6 (*character content architectures*), 7 (*raster graphics content
architectures*) und 8 (*geometric graphics content architectures*) beschrieben. Jede *content portion* hat genau eine *content architecture*, das heißt
eine Mischung etwa von Text (*character content*) und Rastergrafik in
einer *content portion* ist nicht erlaubt. (Allerdings können einem *basic
object* mehrere *content portions* zugeordnet sein, auch wenn dieser Fall
in dem obigen Geschäftsbrief nicht auftritt.) Für das Architekturmodell
von ODA genügt es zunächst, sich diese *content portions* als rechteckige
Flächen (aus Layoutsicht) oder als nicht weiter zu unterteilende Inhalts-
elemente (aus logischer Sicht) vorzustellen, die ein Stück Text (*character
content*), eine Rastergrafik oder eine Liniengrafik enthalten.

In dem Geschäftsbrief wäre etwa dem *block* mit der Bezeichnung „Logofeld" eine *content portion* des Typs Liniengrafik und dem *block* mit der
Bezeichnung „Unterschriftsfeld" eine *content portion* des Typs Rastergrafik zugeordnet. (Die Unterschrift möge etwa mit einem *Scanner* in
das Dokument eingefügt werden.) Allen anderen *basic objects* sind *content portions* mit einer *content architecture* des Typs *character content*
zugeordnet.

2.1.2 Dokumentklassen

In der Praxis weisen häufig bestimmte Dokumente ähnliche Strukturen
auf. Jeder Geschäftsbrief etwa hat eine Adresse, ein Datum, eine Grußformel, eine Unterschrift und eine Absenderangabe, das heißt die logische
Struktur von Geschäftsbriefen unterliegt einer Reihe von Regeln. Ebenso
ist auch das Aussehen von Geschäftsbriefen, zumindest innerhalb einer
Firma, bestimmten Regeln unterworfen. So mag genau festgelegt sein,
an welcher Stelle auf dem Papier das Firmenlogo, die Adresse oder das
Datum auftaucht.

Für diese Situation wurde in ODA das Konzept der *document class*
eingeführt. Eine Dokumentklasse ist die Festlegung einer Menge von
Regeln bezüglich der logischen Struktur und der Layoutstruktur für alle

Dokumente, die zu dieser Dokumentklasse gehören. Anders formuliert: Ein Dokument gehört zu einer bestimmten Dokumentklasse, wenn seine logische Struktur und seine Layoutstruktur den Festlegungen entspricht, die in der Dokumentklasse hierzu angegeben wurden.

Diejenigen Regeln, die sich in einer Dokumentklasse auf die logische Struktur beziehen, bilden die sogenannte generische logische Struktur (*generic logical structure*), und diejenigen, die sich auf die Layoutstruktur beziehen, bilden die sogenannte generische Layoutstruktur (*generic layout structure*). Dementsprechend werden die Strukturen in einem konkreten Dokument spezifische logische Struktur (*specific logical structure*) und spezifische Layoutstruktur (*specific layout structure*) genannt. (In 2.1.1 hätte also korrekterweise bei allen die Dokumentstruktur betreffenden Bezeichnungen stets das Adjektiv „spezifisch" hinzugefügt werden müssen, zum Beispiel *specific object*, *specific logical object* oder *specific layout structure*, worauf wir dort aber verzichtet haben, um den Einstieg in das ODA-Architekturmodell nicht unnötig zu komplizieren.)

Alle Objekte in der spezifischen Struktur finden sich als Objektklassen (*object classes*) in der generischen Struktur wieder. Es gibt also in der generischen logischen Struktur einer Dokumentklasse eine *document logical root class*, eine oder mehrere *composite logical object classes* und eine oder mehrere *basic logical object classes*. (Als Sammelbegriff hierfür wird auch die Bezeichnung *logical object class* verwendet.) In der generischen Layoutstruktur einer Dokumentklasse können neben der *document layout root class* noch *page set classes*, *page classes*, *frame classes* und *block classes* auftreten. (Als Sammelbegriff hierfür wird auch die Bezeichnung *layout object class* verwendet.)

Zur Verdeutlichung des Konzepts der Dokumentklasse in ODA betrachte man Abb. 4, die ein Beispiel für die generische logische Struktur eines Geschäftsbriefs zeigt.

Die grafische Notation, die in der oberen Hälfte zur Beschreibung der generischen logischen Struktur verwendet wird, ist in der unteren Hälfte der Abbildung erklärt. Das Bild ist demnach folgendermaßen zu interpretieren: Ein Geschäftsbrief, der den durch diese generische logische Struktur festgelegten Regeln genügt, besteht aus drei *composite logical objects*, die hier mit „Briefkopf", „Brieftext" und „Briefschluß" bezeichnet sind. Der „Briefkopf" besteht aus den *basic logical objects* „Adresse" und „Datum" und kann optional noch ein *basic logical object* mit der Bezeichnung „Betreff" enthalten. Der „Brieftext" besteht aus einem oder mehreren *composite logical objects*, hier „Inhaltsstück" genannt, die jeweils entweder ein *basic logical object* mit der Bezeichnung „Textstück" oder ein *composite logical object* mit der Bezeichnung „Abbildung" enthalten. Dabei besteht eine „Abbildung" aus zwei *basic logical objects*,

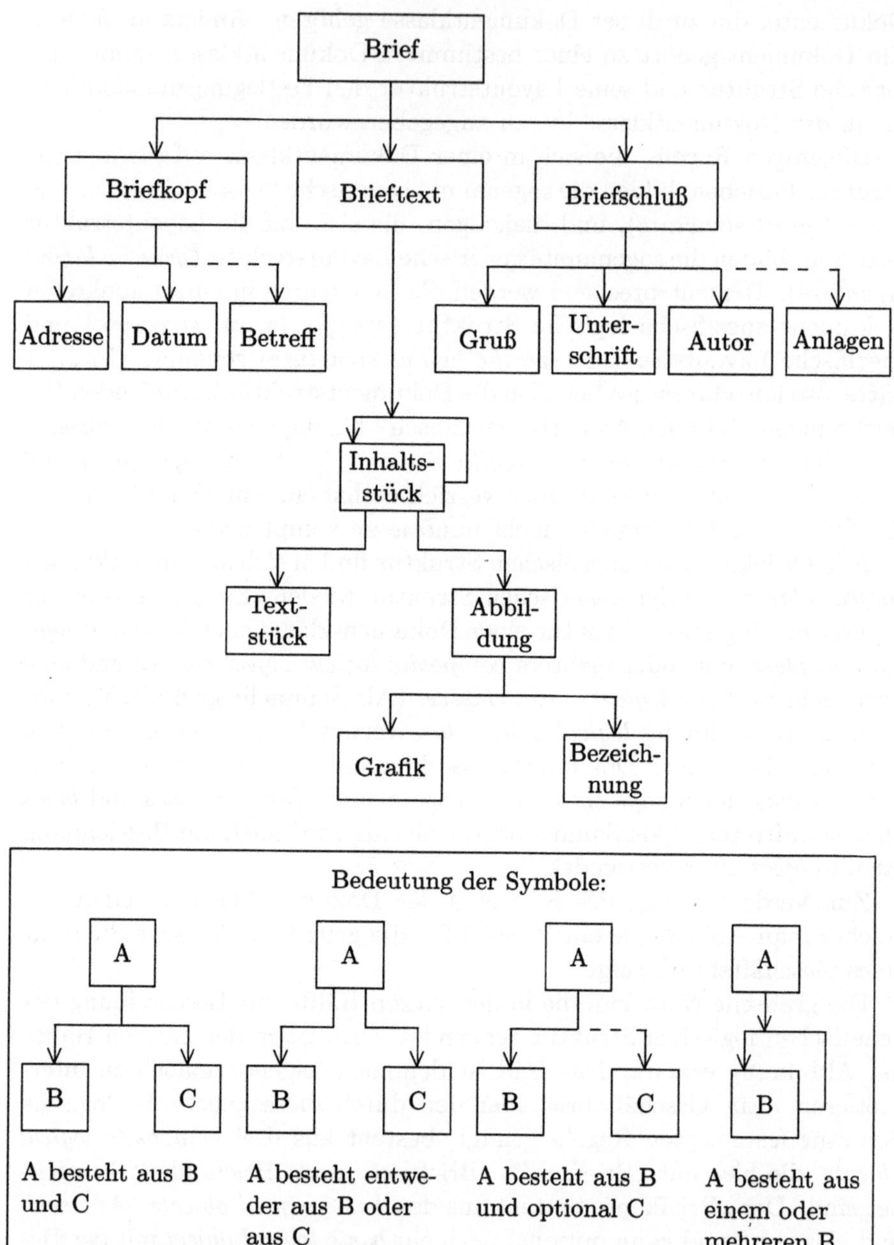

Abb. 4: Generische logische Struktur eines Geschäftsbriefs

„Grafik" und „Bezeichnung" (der Grafik) genannt. Der „Briefschluß" besteht aus den *basic logical objects* „Gruß", „Unterschrift" und „Autor" und optional noch aus einem *basic logical object* mit der Bezeichnung „Anlagen".

Man beachte, daß die spezifische logische Struktur des Geschäftsbriefs in Abb. 3 nicht dieser generischen Struktur genügt: Dort waren die untergeordneten Objekte von „Brieftext" *basic logical objects*, während in der in Abb. 4 dargestellt generischen logischen Struktur die untergeordneten Objekte von „Brieftext" *composite logical objects* sind. Anders formuliert: Das in Abb. 3 dargestellte spezifische Dokument kann nicht zu einer Dokumentklasse gehören, die die in Abb. 4 gezeigte generische logische Struktur besitzt.

Während die spezifische logische Struktur und die spezifische Layoutstruktur in ODA-Dokumenten Baumstrukturen sind (s. Abb. 3), ist dies für die generischen Strukturen nicht mehr der Fall, wie man Abb. 4 entnehmen kann. Allerdings muß sowohl die generische logische Struktur als auch die generische Layoutstruktur so aufgebaut sein, daß die davon abgeleiteten spezifischen Strukturen wieder eine Baumstruktur besitzen. Die genauen Regeln zum Aufbau der generischen Strukturen werden später angegeben (s. S. 90).

Dokumentklassen werden in ODA nicht nur dazu benutzt, um Regeln zur Beschreibung von *Strukturen* oder bestimmten *Eigenschaften* der ihnen zugeordneten spezifischen Dokumente festzulegen, sondern auch, um etwa *Inhalte* spezifischer Dokumente (oder auch sonstige, alle Dokumente dieser Dokumentklasse betreffende Informationen) zu spezifizieren. Anders formuliert: Mit generische Strukturen in ODA-Dokumenten werden häufig bestimmte Informationen aus den spezifischen Strukturen „herausfaktorisiert". So können beispielsweise auch in den generischen Strukturen *content portions* auftreten, die dort dann *generic content portions* genannt werden.

Dies hat folgende Konsequenz: Es kann durchaus ODA-Dokumente geben, deren Inhalt durch die *specific logical structure* und die *specific layout structure* nur unvollständig beschrieben ist. Um solche Dokumente auf einem Darstellungsmedium auszugeben, muß die *generic logical structure* und die *generic layout structure* gegebenenfalls mit herangezogen werden. Da die generischen Strukturen also derart eng mit spezifischen Dokumenten verbunden sind, ist es sinnvoll, den Begriff Dokument folgendermaßen festzulegen: Ein ODA-Dokument besitzt eine *specific logical structure*, eine *specific layout structure*, eine *generic logical structure* und eine *generic layout structure*. (Natürlich können diese Strukturen zum Teil auch fehlen, wie schon im vorhergehenden Abschnitt bezüglich der Dokumente ohne Layoutstruktur oder ohne logische Struktur erwähnt wurde. Die ge-

nauen Regeln, welche Strukturen in bestimmten Situationen vorhanden
sein müssen, werden in 3.3 angegeben.)

Zur Verdeutlichung betrachte man nochmals das Beispiel in Abb. 3.
Das „Logofeld" mit dem Firmenlogo in der zugehörigen *content portion* ist
dort Bestandteil der spezifischen Layoutstruktur. Aus ODA-Sicht wäre
es beim Vorliegen einer zugehörigen generischen Layoutstruktur naheliegend, zumindest diese *content portion* in die generische Layoutstruktur
zu faktorisieren und in der spezifischen Layoutstruktur nur eine Referenz
darauf zu haben. Dies würde beispielsweise vermeiden, daß in allen spezifischen Dokumenten der Dokumentklasse „Geschäftsbrief" Speicherplatz
für diese *content portion* benötigt würde. Andererseits braucht man dann
zur Wiedergabe eines Briefes auf einem Darstellungsmedium stets die generische Layoutstruktur, um den kompletten Inhalt des Briefes erzeugen
zu können.

Man beachte, daß beim Vorliegen von generischen Strukturen auch
die in 2.1.1 getroffene Feststellung, daß jedem *basic object* ein Teil des
eigentlichen Dokumentinhalts zugeordnet ist, etwas differenzierter zu interpretieren ist: Dieser Inhalt braucht nicht in der spezifische Struktur
aufzutreten, sondern kann indirekt über die generische Struktur dem *basic
object* zugeordnet sein.

2.1.3   Das Dokumentverarbeitungsmodell

Die ODA-Norm wurde im wesentlichen zum elektronischen Austausch von
Dokumenten entwickelt und beschreibt deshalb vorrangig die Datenstrukturen, denen ODA-Dokumente genügen. Wie solche Dokumente erzeugt
und verarbeitet werden, ist deshalb für die Norm selbst nur von sehr ge-
ringem Interesse. Trotzdem wird in der Norm an mehreren Stellen auf
das *document processing model* eingegangen. Der Grund dafür ist, daß im
Architekturmodell von ODA implizit einige Annahmen über diese Verarbeitung gemacht werden und einige Eigenschaften des Architekturmodells
erst verständlich werden, wenn man dieses „Verarbeitungsmodell" kennt.
Deshalb soll dieses im folgenden kurz eingeführt werden. Detailliertere
Angaben hierzu folgen später (s. 3.5).

Bezüglich der Verarbeitung eines konkreten Dokuments (nicht einer
Dokumentklasse) werden bei ODA drei Schritte unterschieden, nämlich

– der *editing process*,
– der *layout process* und
– der *imaging process*.

Der *editing process* beschäftigt sich mit der Erzeugung oder Änderung der *specific logical structure* eines Dokuments. Falls das Dokument zu einer Dokumentklasse gehört, kann dabei auch die zugehörige *generic logical structure* herangezogen werden, um die Struktur von *logical objects* aus der zugehörigen *logical object class* abzuleiten.

Der *layout process* erzeugt aus der logischen Struktur eines Dokuments die zugehörige (spezifische) Layoutstruktur beziehungsweise modifiziert die (spezifische) Layoutstruktur entsprechend den Änderungen in der logischen Struktur des Dokuments. Auch hier werden gegebenenfalls Informationen aus der zugehörigen generischen Struktur des Dokuments herangezogen.

Der *imaging process* erzeugt die Repräsentation eines Dokuments auf einem Darstellungsmedium (zum Beispiel auf Papier oder auf einem Bildschirm) auf der Basis der spezifischen und möglicherweise auch der generischen Layoutstruktur. Bisher wurde etwas salopp so getan, als sei die Layoutstruktur eines Dokuments identisch mit dessen Aussehen auf einem Darstellungsmedium. Dies ist genau genommen jedoch nicht der Fall, und deshalb wird im ODA-Verarbeitungsmodell hierfür der *imaging process* eingeführt: Physikalische Eigenschaften des Darstellungsmediums (zum Beispiel die Auflösung eines Druckers oder eines Bildschirms, die Fähigkeiten zur Farbwiedergabe usw.) können hier eine Rolle für das tatsächliche Aussehen des Dokuments spielen.

In Abb. 5 ist das Verarbeitungsmodell von ODA grafisch dargestellt. Es tauchen drei Begriffe auf, die bisher noch nicht erklärt wurden, nämlich *processable document*, *formatted document* und *formatted processable document*.

Ein *processable document* besitzt eine spezifische logische Struktur und möglicherweise auch eine generische logische Struktur. Der Empfänger eines solchen Dokuments kann dessen Inhalt modifizieren, muß allerdings den *layout process* und den *imaging process* selbst durchführen, bevor er das Dokument auf einem Darstellungsmedium ausgeben kann.

Ein *formatted document* besitzt eine spezifische Layoutstruktur und möglicherweise auch eine generische Layoutstruktur. Der Empfänger eines solchen Dokuments kann dieses nach Ausführung des *imaging process* auf einem Darstellungsmedium ausgeben, allerdings den Inhalt des Dokuments nicht ändern. (Eine Übertragung von ODA-Dokumenten als *imaged document* sieht ODA nicht vor. Dies bleibt nach wie vor den Postboten der Deutschen Bundespost vorbehalten.)

Ein *formatted processable document* besitzt sowohl eine spezifische logische Struktur als auch eine spezifische Layoutstruktur und möglicherweise auch noch zugehörige generische Strukturen. Der Empfänger eines solchen Dokuments kann es einerseits auf einem Darstellungsmedium aus-

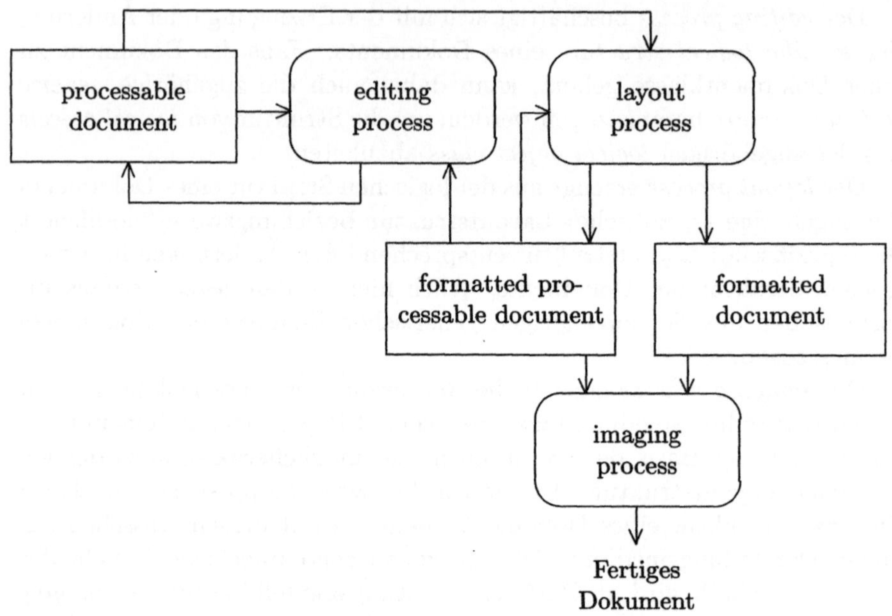

Abb. 5: Dokumentverarbeitungsmodell von ODA

geben, und zwar ohne einen Layoutprozeß durchführen zu müssen, das heißt genau in der Form, die der Autor des Dokuments spezifiziert hat (abgesehen von Abweichungen, die möglicherweise durch Unterschiede beim *imaging process* entstehen). Andererseits kann der Empfänger auch den Inhalt des Dokuments modifizieren, muß dann jedoch in aller Regel den Layoutprozeß erneut durchführen, bevor er das Dokument auf einem Darstellungsmedium wiedergeben kann.

Die Kästchen mit den abgerundeten Ecken in Abb. 5 repräsentieren Prozesse, während die Rechtecke bestimmte Formen (Verarbeitungsstufen) eines ODA-Dokuments darstellen. Dies bedeutet insbesondere, daß ein *processable document*, ein *formatted document* und ein *formatted processable document* bestimmte, durch die ODA-Norm festgelegte Datenstrukturen haben, die in elektronischer Form abgespeichert sind, und daß diese drei Begriffe nicht nur Konzepte sind. (Der größte Teil der ODA-Norm beschäftigt sich gerade mit der Beschreibung dieser Datenstrukturen.) Die Pfeile zwischen den Elementen in der Grafik beschreiben, welche Datenstrukturen von welchem Prozeß benutzt oder erzeugt werden.

Zwar sind in Abb. 5 die Verarbeitungsschritte *editing process, layout process* und *imaging process* getrennt dargestellt, doch sollte man beachten, daß dieses Modell in der Praxis nicht ganz zutreffend sein könnte.

Bei ODA-Implementierungen nach dem sogenannten WYSIWYG-Prinzip (*what you see is what you get*), bei dem der Bearbeiter ein Dokuments stets so auf dem Bildschirm sieht, wie es dann auch auf Papier erscheint, laufen diese drei Prozesse gleichzeitig und für den Benutzer nicht mehr voneinander trennbar ab: Er sieht im Prinzip die *imaged form* des Dokuments und führt, zumindest nach seinem subjektiven Eindruck, Änderungen des Dokuments unmittelbar auf der *imaged form* durch. Das Dokumentverarbeitungssystem muß gleichzeitig die spezifische logische Struktur und die spezifische Layoutstruktur entsprechend modifizieren.

2.1.4 Das *Document Profile*

Das ODA-Architekturmodell kennt noch einen weiteren Bestandteil von ODA-Dokumenten, nämlich das *document profile*. Dieses gehört weder zur spezifischen Struktur noch zur generischen Struktur eines Dokuments, sondern bildet ein eigenständiges Objekt in einem ODA-Dokument. (Das *document profile* ist in Teil 4 der Norm detailliert beschrieben.)

Das *document profile* enthält Informationen *über* das Dokument, zu dem es gehört. Es enthält keine Informationen, die zum eigentlichen Inhalt des Dokuments gehören. Dies bedeutet insbesondere, daß für den *editing process*, *layout process* und *imaging process* das *document profile* nicht benötigt wird. Informationen, die im *document profile* auftreten können, sind beispielsweise der Name des Autors, das Erstellungsdatum oder die Liste der Personen, an die das Dokument verschickt wurde. Insbesondere ist im *document profile* immer angegeben, ob das Dokument ein *processable document*, ein *formatted document* oder ein *formatted processable document* ist und welche *content architectures* (*character content*, *raster graphics content* oder *geometric graphics content*) in dem Dokument auftreten.

Jedes ODA-Dokument muß ein *document profile* besitzen. Deshalb kann der Begriff Dokument folgendermaßen weiter präzisiert werden: Ein ODA-Dokument besitzt ein *document profile*, eine *specific logical structure*, eine *specific layout structure*, eine *generic logical structure* und eine *generic layout structure*.

Die ODA-Norm sieht ausdrücklich vor, daß ein *document profile* alleine, ohne die zugehörigen spezifischen Strukturen und generischen Strukturen, an andere Empfänger verschickt werden kann. Der Zweck hiervon ist, daß der Empfänger allein an Hand des *document profile* prüfen kann, ob er überhaupt in der Lage ist, das Dokument zu verarbeiten, zum Beispiel auf einem Darstellungsmedium auszugeben. Dies mag etwas seltsam klingen, denn der Zweck der ODA-Norm ist ja gerade, ein

Datenformat festzulegen, das den beliebigen Austausch von dieser Norm entsprechenden Dokumenten gestattet. In der Theorie ist das auch richtig: Jedes System, das die (komplette) ODA-Norm implementiert hat, kann jedes beliebige ODA-Dokument auch weiterverarbeiten.

In der Praxis dürfte die Situation jedoch etwas anders aussehen: Die Norm ist sehr umfangreich und eine komplette Implementierung daher sehr aufwendig. Für einen längeren Zeitraum ist deshalb damit zu rechnen, daß viele Systeme nur eine Teilmenge der Norm implementieren, beispielsweise auf die *raster graphics content architecture* verzichten. Aus diesem Grund wurde es als sinnvoll angesehen, einen elektronischen Austausch von *document profiles* alleine als Option in die Norm aufzunehmen, um so gegebenenfalls vorab schon zu klären, ob der Versand eines konkreten Dokuments an ein bestimmtes Empfängersystem überhaupt sinnvoll ist beziehungsweise welche Probleme auf der Empfängeseite damit auftreten können. (Man berücksichtige zu dieser Problematik auch den nachfolgenden Abschnitt.)

2.2 *Document Application Profiles*

Das Konzept der *document application profiles* ist aus folgenden Überlegungen entstanden: Die Implementierung der kompletten ODA-Norm, also die Entwicklung eines Systems, das alle in der Norm beschriebenen Konzepte realisiert, ist auf Grund der großen Funktionalität der Norm recht aufwendig. Insbesondere müßte ein solches System beispielsweise Texte (*character content*), Rastergrafiken (*raster graphics content*) und Liniengrafiken (*geometric graphics content*) verarbeiten können. Bei vielen praktischen Anwendungen mag aber ein System, das die komplette ODA-Norm implementiert hat, gar nicht erforderlich sein. Zum Beispiel ist es für normale Geschäftsbriefe in der Regel ausreichend, Texte verarbeiten zu können; Rastergrafiken oder Liniengrafiken werden nicht gebraucht.

Deshalb wurde es als sinnvoll erachtet, für die Entwickler und Benutzer von ODA-Systemen die Festlegung von bestimmten Teilmengen der Funktionalität der ODA-Norm zu ermöglichen, die für eine bestimmte Klasse von Anwendungen gebraucht werden. Eine solche Festlegung wird durch die *document application profiles* vorgenommen; auf diese kann bei einem bestimmten Dokument oder einer bestimmten Dokumentklasse dann Bezug genommen werden. (Dies geschieht durch das Attribut **document application profile** im *document profile* des betreffenden Dokuments.) Bei der Erstellung eines Dokuments, dem ein *document application profile* zugeordnet ist, dürfen dann nur solche Funktionen verwendet werden, die durch das *document application profile* zugelassen werden.

Hinzu kommt, daß derzeit praktisch auf allen Rechnern im Bürobereich Systeme zur Verarbeitung von Dokumenten vorhanden sind. Es wäre unrealistisch zu erwarten, daß deren Benutzer bereit wären, diese Systeme übergangslos durch ODA-Systeme zu ersetzen; es wird vielmehr auf längere Zeit so sein, daß die Benutzer sowohl ODA-Systeme als auch bestehende Dokumentverarbeitungssysteme parallel benutzen wollen oder aus einer Reihe von Gründen auch müssen. Mit den *document application profiles* lassen sich nun auch Schnittstellen zwischen schon bestehenden Systemen und ODA-Systemen schaffen. In der Regel kann man nämlich viele, oft sogar alle Funktionen eines bestimmten Dokumentverarbeitungssystem auf ODA-Funktionen abbilden. Mit einem *document application profile* läßt sich dann festlegen, welche Funktionen ein bestimmtes System unterstützt und welche Klassen von ODA-Dokumenten es prinzipiell erzeugen und verarbeiten kann.

In der Praxis könnte das wie in Abb. 6 aussehen.

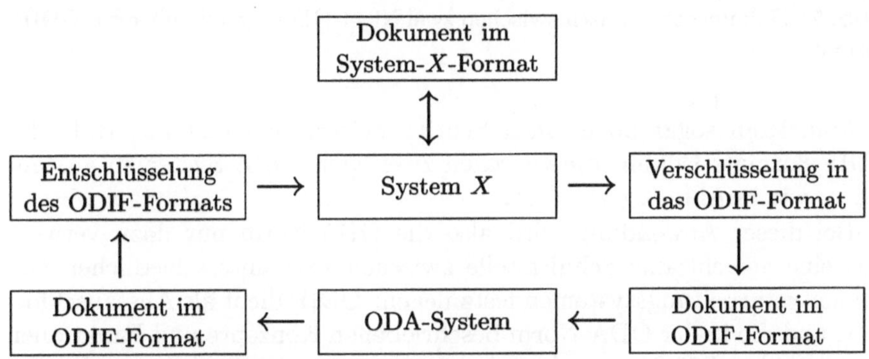

Abb. 6: Dokumentaustausch zwischen ODA- und Nicht-ODA-System

Bei der Verarbeitung eines Dokuments mit einem System X wird zur Abspeicherung das Datenformat dieses Systems verwendet. Wenn das Dokument zu einem ODA-System geschickt werden soll, wird es zunächst in das ODIF-Format konvertiert, damit das ODA-System es verarbeiten kann. Umgekehrt wird zunächst das ODIF-Format, in das ein Dokument von einem ODA-System verschlüsselt wird, in das Format des Systems X konvertiert, wenn das Dokument von diesem System weiterarbeitet werden soll.

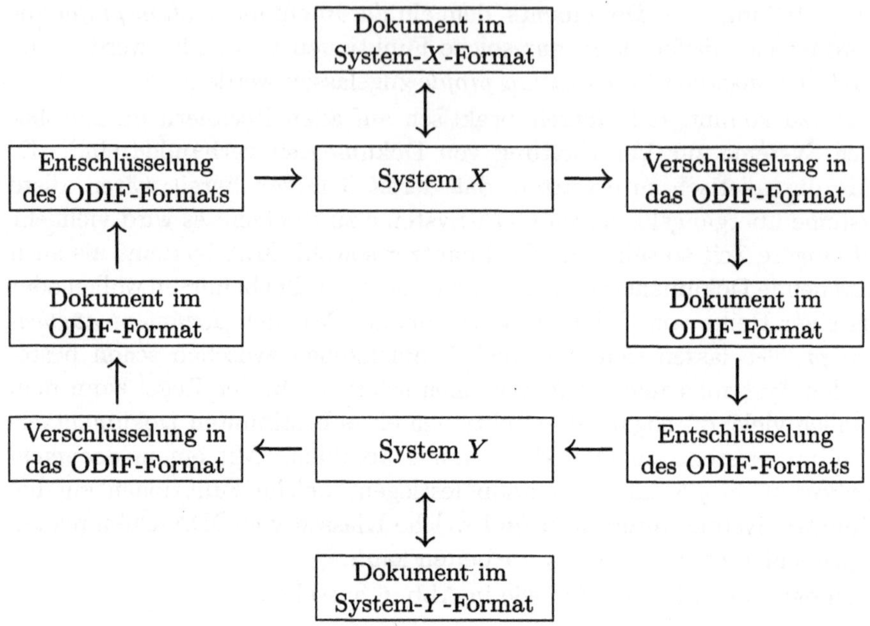

Abb. 7: Dokumentaustausch zwischen zwei Nicht-ODA-System über das ODIF-Format

Man kann sogar noch einen Schritt weitergehen und mit Hilfe des ODIF-Formats Dokumente zwischen zwei Nicht-ODA-Systemen austauschen, wie in Abb. 7 gezeigt ist.

Bei dieser Anwendung wird also die ODA-Norm nur dazu verwendet, eine gemeinsame Schnittstelle zwischen zwei unterschiedlichen Dokumentverarbeitungssystemen festzulegen: ODIF dient als Austauschformat, und die in der ODA-Norm beschriebenen Konzepte und Funktionen schlagen eine Brücke zwischen den Konzepten und Funktionen des Systems X und des Systems Y.

Zur Verdeutlichung betrachte man folgendes Beispiel: Ein Dokumentverarbeitungssystem X biete die Möglichkeit, ein Stück Text, etwa eine Überschrift, zu zentrieren. Die ODA-Norm besitzt auch die Funktionalität, ein Stück Text zu zentrieren, und beschreibt, wie dies bei ODA-Dokumenten spezifiziert wird. (Dies geschieht etwa mittels des Attributs block alignment.) Bei der Konvertierung eines Dokuments vom Format des Systems X in das ODIF-Format muß also die in der ODA-Norm festgelegte Spezifikationsweise für das Zentrieren von Text verwendet werden. Umgekehrt muß bei der Konvertierung vom ODIF-Format in das Format des Systems X die ODA-Methode zur Spezifikation von Textzentrierungen erkannt und in das interne Format des Systems X übersetzt werden.

Es dürfte wohl unmittelbar klar sein, daß ein beliebiges Dokumentverarbeitungssystem wohl kaum exakt die gleiche Funktionalität wie ein ODA-System (oder ein anderes Dokumentverarbeitungssystem) bietet; es wird in aller Regel nur eine bestimmte Teilmenge geben, die bei beiden Systemen gleich ist. Diese Teilmenge läßt sich dann durch *document application profiles* beschreiben.

In der Tat werden an zahlreichen Stellen Software-Entwicklungen zur Konvertierung zwischen dem ODIF-Format und den Formaten schon bestehender Dokumentverarbeitungssysteme durchgeführt. Ebenso haben sich eine Reihe nationaler und internationaler Benutzergruppen gebildet, die sich mit der Festlegung bestimmter *document application profiles* für ihre Anwendungszwecke beschäftigen.

Eigentlich widerspricht das Konzept der *document application profiles* dem Grundprinzip der ODA-Norm, den elektronischen Austausch von Dokumenten ohne zusätzliche Verabredungen zwischen den beteiligten Partnern zu ermöglichen, denn die Festlegung der *document application profiles* erfordert eine vorherige Einigung der Partner über deren Inhalt, das heißt eine Einigung, welche Teilmenge der Funktionen der ODA-Norm in den betreffenden Dokumenten verwendet werden darf. Die derzeit zu beobachtenden großen Aktivitäten bezüglich der *document application profiles* zeigen aber, daß in der Praxis offensichtlich großes Interesse an diesem Konzept besteht. Die Anbieter von Dokumentverarbeitungssystemen versprechen sich davon wohl eine wenigstens teilweise Integration ihrer Produkte in die ODA-Welt. Die Benutzer dieser Systeme erwarten, damit wenigstens einen Teil ihrer Probleme beim Dokumentaustausch lösen zu können, zumindest solange, bis komplette ODA-Implementierungen allgemein verfügbar sind.

2.2.1 Der Inhalt von *Document Application Profiles*

In diesem Abschnitt wird beschrieben, welche Angaben in einem *document application profile* gemacht werden. Die Ausführungen sind nur verständlich, wenn vorher zumindest Kap. 3 (*Document Structures*) gelesen wurde, da im folgenden Begriffe verwendet werden, die erst dort erklärt werden.

In einem *document application profile* wird beschrieben, welche Eigenschaften ein ODA-Dokument haben kann, das zu den durch dieses *document application profile* beschriebenen Dokumente gehört. Durch ein *document application profile* kann die Funktionalität von ODA nur eingeschränkt, nicht erweitert werden. Anders formuliert: Ein *document application profile* spezifiziert immer eine Teilmenge aus der Menge aller gültigen ODA-Dokumente.

ODA-Dokumente oder ODA-Dokumentklassen werden im wesentlichen durch die Angabe von Attributen und ihren Werten beschrieben (s. 3.1). In einem *document application profile* werden deshalb im wesentlichen die Attribute beschrieben, die in einem mit diesem *document application profile* kompatiblen Dokument auftreten dürfen.

Insbesondere müssen folgende Angaben in einem *document application profile* gemacht werden:

- Es müssen ein oder mehrere sogenannte *document architecture levels* angegeben werden. Hierzu gehört jeweils die Angabe, welche *document architecture classes* zulässig sind (*formatted document architecture class, processable document architecture class, formatted processable document architecture class* oder mehrere hiervon) und welche Strukturen bei den einzelnen *document architecture classes* vorhanden sein müssen oder können, zum Beispiel *generic structures, specific structures, logical structures* oder *layout structures* (s. 3.3.1).

Für jede dieser Strukturen muß ferner angegeben werden, welche Objekte oder Objektklassen jeweils zugelassen sind (s. 3.1.1 und 3.1.2) und welche Restriktionen für diese gelten. (Es kann beispielsweise festgelegt werden, daß in der Layoutstruktur keine *frames* oder *frame classes* auftreten dürfen und einem *basic logical object* oder *basic layout object* nur jeweils eine *content portion* zugeordnet werden darf.)

Für jedes Objekt und jede Objektklasse muß die Menge der zulässigen Attribute und für jedes dieser Attribute der zulässige Wertebereich angegeben werden. Falls für einen Attributwert mehrere Möglichkeiten bestehen, muß ein sogenannter *basic value* angegeben werden. Der *basic value* eines Attributs ist dabei derjenige, der für dieses Attribut auf jeden Fall zulässig ist (s. auch S. 185). Gegebenenfalls muß auch ein *Default*-Wert (wenn das Attribut als *defaultable* klassifiziert ist) festgelegt werden, und möglicherweise müssen dem Attribut auch noch sogenannte *non-basic values* zugeordnet werden, wenn das Attribut außer dem *basic value* noch andere Werte annehmen darf. (Es kann beispielsweise festgelegt werden, daß bei keinem Objekt und keiner Objektklasse das Attribut bindings verwendet werden darf, das Attribut protection nur den *basic value* unprotected haben darf und als *basic value* für die physikalische Größe einer Seite, angegeben durch den Parameter nominal page size des Attributs medium type, die Größe einer A4-Seite und als *non-basic value* die Größe einer A3-Seite zugelassen ist.)

Außerdem muß festgelegt werden, welche Attribute als *mandatory* zu betrachten sind, obwohl sie nach der ODA-Norm nur als *optional* oder *defaultable* klassifiziert sind (s. 3.2.4). Als *Default*-Werte können auch andere Werte, als in der ODA-Norm angegeben, gewählt werden. Selbstverständlich dürfen alle Attributwerte nur aus dem Wertevorrat gewählt werden, der in der ODA-Norm für das betreffende Attribut festgelegt ist.

– Es müssen ein oder mehrere sogenannte *content architecture levels* angegeben werden. Hierzu gehört jeweils die Angabe, welche *content architectures* zulässig sind (*character content architecture, raster graphics content architecture* oder *geometric graphics content architecture*). Für jede dieser *content architectures* muß dabei festgelegt werden, welche *presentation attributes, content elements, control functions* und *coding attributes* verwendet werden dürfen und welche Methoden der Codierung zulässig sind.

  Es kann beispielsweise festgelegt werden, daß in einem Dokument nur *character content* auftreten darf, das *presentation attribute* **widow size** für diese Inhaltsarchitektur nicht verwendet werden darf, die im eigentlichen Text zulässigen Zeichen (*content elements*) aus dem in ISO 6937-2 festgelegten Zeichensatz gewählt werden müssen und nur die *control functions* CR („*carriage return*"), LF („*line feed*") und SP („*space*") auftreten dürfen.

  Für alle zulässigen Attribute müssen wieder *basic* und gegebenenfalls *non-basic values* angegeben werden, und außerdem muß bei *defaultable attributes* jeweils der *Default*-Wert festgelegt werden.

– Es muß ein sogenanntes *document profile level* angegeben werden. Hierzu wird festgelegt, welche Attribute im *document profile* eines Dokuments, das mit dem betreffenden *document application profile* kompatibel ist, angegeben werden müssen (*mandatory* sind) oder können (*optional* sind). Für jedes dieser Attribute muß ferner der zulässige Wertebereich spezifiziert werden, natürlich wieder in Übereinstimmung mit den Angaben der ODA-Norm.

– Die *interchange format class* muß angegeben werden, also das Datenformat, in dem die Dokumente beim Austausch verschlüsselt werden. Zulässige Angaben sind hierbei SDIF und ODIF (s. Kap. 5); in letzterem Fall muß noch angegeben werden, ob das sogenannte *Class A*- oder *Class B*-Format benutzt wird (s. S. 200).

Es mag etwas überraschen, daß zwar diese Angaben zum Inhalt eines *document application profile* in der im Jahre 1989 veröffentlichen Fassung der ODA-Norm enthalten sind, daß aber keine Angaben gemacht werden, wie das Datenformat für ein *document application profile* aussieht, das heißt es wurde nicht festgelegt, wie ein *document application profile* in maschinenlesbarer Form zu codieren ist. (Die Codierung von ODA-Dokumenten selbst ist ja in Teil 5 der Norm exakt spezifiziert.) Dies kann natürlich dazu führen, daß unterschiedliche ODA-Implementierungen auch unterschiedliche Codierungen für *document application profiles* verwenden und diese dann nicht mehr ohne Probleme ausgetauscht werden können. Dies ist aber für den Austausch von ODA-Dokumenten, die auf *document application profiles* Bezug nehmen, erforderlich.

Um unterschiedliche Codierungen für *document application profiles* bei verschiedenen Benutzergruppen zu vermeiden, wurde deshalb auf ISO-Ebene mit der Entwicklung eines Anhangs zu Teil 1 von ISO 8613 begonnen, der den Titel „*Document Application Profile Proforma and Notation*" haben und nach dem üblichen Abstimmungsverfahren in der ISO als Ergänzung zur Norm veröffentlicht werden soll. Wenn somit das Datenformat für *document application profiles* genormt ist, können auch Systeme, die nur eine Teilmenge der ODA-Norm implementiert haben beziehungsweise, wie in den Abb. 6 und 7 gezeigt, nur nach außen auf Grund einer ODIF-Schnittstelle eine ODA-Implementierung simulieren, miteinander Dokumente austauschen oder zumindest, auf Grund der Interpretation der *document application profiles*, Probleme beim Austausch identifizieren.

2.2.2   Beispiel für ein *Document Application Profile*

Wegen der großen Bedeutung der *document application profiles* zumindest in der näheren Zukunft, soll in diesem Abschnitt ein etwas ausführlicheres Beispiel für ein *document application profile* gegeben werden. Die Ausführungen sind allerdings nur verständlich, wenn vorher Kap. 3 (*Document Structures*) und 6 (*Character Content Architecture*) gelesen wurden.

Das im folgenden schrittweise entwickelte *document application profile* soll eine sehr einfache Teilmenge von ODA-Dokumenten definieren, nämlich solche, die nur Text (*character content*) enthalten und deren Strukturen sehr einfach sind. Zur Spezifikation des *document application profile* soll eine einfache, wenig formale Notation verwendet werden, die nicht für eine automatische Interpretation durch ein Programm geeignet ist.

Ein Dokument, das zu der durch dieses *document application profile* beschriebenen Teilmenge der ODA-Dokumente gehört, soll ein *formatted document* sein, das nur ein *document profile*, eine spezifische Lay-

outstruktur und einen *presentation style* besitzt. In der Layoutstruktur
sind neben der *document layout root* nur *composite pages* (als untergeordnete Objekte der *document layout root*) und *blocks* (als untergeordnete
Objekte der *composite pages*) zugelassen. Jedem Block ist genau eine
content portion sowie der vorhandene *presentation style* zugeordnet. Die
content portions enthalten jeweils *formatted character content*. Es gibt
also nur ein *document architecture level* und ein *content architecture level*. Als Austauschformat soll ODIF, *Format Class A*, genommen werden.
Somit ergibt sich zunächst einmal die in Abb. 8 gezeigte Struktur für das
document application profile.

Document Architecture Level:
   Zulässige *document architecture class*:   *formatted*
   Zulässige Strukturen: *specific layout structure*
   Zulässige Objekte: *document layout root,*
      composite pages (mehrere),
      blocks (mehrere),
      content portions (mehrere),
      presentation style (einer)
  (weitere Angaben zum *Document Architecture Level*)

Content Architecture Level:
   Zulässige *content architecture class*:   *formatted character content*
  (weitere Angaben zum *Content Architecture Level*)

Document Profile Level:
  (Angaben zum *Document Profile Level*)

Interchange Format Class: ODIF, *Format Class A*

Abb. 8: Struktur des *document application profile*

Im nächsten Schritt müssen die zulässigen Attribute bei den einzelnen Objekten der spezifischen Layoutstruktur aufgeführt werden. In der
ODA-Norm ist festgelegt, daß bei der *document layout root*, den *pages*
und *blocks* die Attribute **object type** und **object identifier** *mandatory* sind;
sie müssen also auch im *document application profile* aufgeführt werden.
Analog muß bei *content portions* das Attribut **content identifier** layout angegeben werden. Bei der *document layout root* und den *pages* ist darüberhinaus das Attribut **subordinates** erforderlich. Bei den *blocks* sollen in un-
serem Beispiel auch die Attribute **presentation style** und **content portions**
vorhanden sein, denn diesen soll jeweils der *presentation style* sowie genau eine der vorhandenen *content portions* zugeordnet werden. Bei diesen
Attributen ist eine Unterscheidung zwischen *basic values* und *non-basic*

values nicht sinnvoll, denn man hat im Prinzip keine Wahlmöglichkeit für die Attributwerte.

Ferner sollen bei den *pages* und *blocks* Angaben zu deren Größe möglich sein, das heißt das Attribut dimensions soll bei diesen beiden Arten von Objekten als *optional* betrachtet werden. Der *basic value* soll bei *pages* die Größe einer A4-Seite sein, bei *blocks* horizontal die Seitenbreite und vertikal die Höhe, die sich entsprechend dem Inhalt des *blocks* ergibt. Als *non-basic values* sollen bei den *pages* alle Seitengrößen zwischen einer A5- und einer A3-Seite zugelassen sein, und bei den *blocks* soll als *non-basic value* eine feste Größenangabe für den Block auftreten dürfen. Die jeweiligen *Default*-Werte sollen die *basic values* sein. Damit ergeben sich die in Abb. 9 erforderlichen Angaben im *document architecture level* des *document application profile*.

Attribute bei der *document layout root*:

object identifier (m):	*object identifier*
object type (m):	document layout root
subordinates (m):	Liste von Objekten des Typs *page*

Attribute bei *pages*:

object identifier (m):	*object identifier*
object type (m):	composite or basic page
subordinates (m):	Liste von Objekten des Typs *block*
dimensions (o):	*basic value* und *Default*-Wert: Größe einer A4-Seite *non-basic value*: alle Seitengrößen zwischen A5 und A3

Attribute bei *blocks*:

object identifier (m):	*object identifier*
object type (m):	block
content portions (m):	Verweis auf eine *content portion*
presentation style (m):	Verweis auf den *presentation style*
dimensions (o):	*basic value* und *Default*-Wert: horizontal die Seitenbreite, vertikal die entsprechend dem Inhalt des *blocks* erforderliche Höhe *non-basic value*: feste Größenangabe für den *block*

Abb. 9: Zulässige Attribute bei den Objekte der *specific layout structure*

In Abb. 9 sind die Attribute aufgelistet, die bei den Objekten der *specific layout structure* angegeben werden können. Bei jedem Attribut ist außerdem festgelegt, ob das Attribut als *mandatory* („m") oder *optional* („o") gelten soll, und es werden die zulässigen Werte jeweils spezifiziert. Dabei wurde in der Regel nur eine Beschreibung der Werte vorgenommen und nicht der exakte Wert beziehungsweise dessen exakte Syntax entsprechend der Norm angegeben. So wurde beispielsweise für das Attribut **content portions** als Wert „Verweis auf eine *content portion*" aufgeführt. Ein solcher Verweis wird nach der ODA-Norm durch eine Folge von nicht negativen Zahlen realisiert (s. S. 92). Diese relativ unpräzise Beschreibung der Attributwerte wird in diesem Abschnitt verwendet, um die Darstellung nicht durch syntaktische Details, die hier von untergeordnetem Interesse sind, zu komplizieren. (Bei einigen Attributen, zum Beispiel bei **object type**, wird gelegentlich jedoch auch der exakte Wert entsprechend der Norm verwendet, wenn dies möglich ist, ohne die Lesbarkeit zu erschweren.)

Bei den *content portions* soll neben dem Attribut **content identifier layout**, das zur Identifikation der einzelnen *content portions* dient, nur das Attribut **content information**, mit dem der eigentliche Text des Dokument angegeben wird, zulässig sein. Im Text sollen nur Zeichen aus dem *minimum subrepertoire* von ISO 6937-2 sowie die *control functions* SP (*space*), CR (*carriage return*), LF (*line feed*) und BS (*back space*) auftreten.

Beim *presentation style* soll neben dem Attribut **presentation style identifier** zur Identifizierung nur das Attribut **presentation attributes** auftreten, dessen Wert eine Liste der drei *character content presentation attributes* **character spacing**, **line spacing** und **first line offset** ist. Bei diesen drei Attributen müssen ferner noch *basic values, non-basic values* und *Default*-Werte festgelegt werden. Entsprechend der Norm müssen die Werte in *basic measurement units* (BMU) beziehungsweise *scaled measurement units* (SMU) angegeben werden. Somit müssen im *document application profile* die in Abb. 10 gezeigten Angaben bezüglich des *content architecture level* gemacht werden.

Abschließend ist noch festzulegen, welche Attribute im *document profile* eines Dokuments, dem das betreffende *document application profile* zugeordnet ist, auftreten müssen. Neben den in der Norm als *mandatory* klassifizierten Attributen **document architecture class, content architecture classes, interchange format class, ODA version** und **document reference** sollen dies die beiden Attribute **document application profile** und **specific layout structure** sein, denn einerseits soll ja dem Dokument das *document application profile* zugeordnet sein und andererseits soll jedes Dokument ja gerade eine *specific layout structure* besitzen. Ferner soll im *document profile* der *Default*-Wert für die Seitengröße (Attribut **dimensions** bei den *pages*) angegeben werden, wenn dieser Wert vom üblichen *Default*-Wert der Norm (ISO A4-Größe) abweicht. Dies geschieht durch das Attribut **page dimensions**. Somit ergeben sich für das *document application profile* die in Abb. 11 gezeigten Angaben bezüglich des *document profile level*.

Attribute bei den *content portions*:	
content identifier layout (m):	*content portion identifier*
content information (m):	Zeichen aus dem *minimum subrepertoire* von ISO 6937-2 sowie die angegebenen *control functions*
Zulässige *control functions*:	SP (*space*), CR (*carriage return*), LF (*line feed*), BS (*back space*)
Attribute beim *presentation style*:	
presentation style identifier (m):	*presentation style identifier*
presentation attributes (m):	Liste der nachfolgend aufgeführten *presentation attributes* für *formatted character content*
character spacing (m):	*basic value* und *Default*-Wert: 120 BMU *non-basic values*: 100 BMU, 140 BMU
line spacing (m):	*basic value* und *Default*-Wert: 200 BMU *non-basic values*: 160 BMU, 180 BMU, 220 BMU
first line offset (m):	*basic value* und *Default*-Wert: 0 SMU *non-basic values*: alle Werte zwischen 1 SMU und 100 SMU

Abb. 10: Angaben zum *content architecture level*

Attribute des *document profile*:	
document architecture class (m):	formatted
content architecture classes (m):	⟦2 8 2 6 0⟧ (*formatted character content*)
interchange format class (m):	A
ODA version (m):	Verweise auf den verwendeten Stand der Norm
document reference (m):	Bezeichnung, mit der das zugehörige Dokument referiert werden kann
document application profile (m):	Verweise auf das betreffende *document application profile*
specific layout structure (m):	present
page dimensions (o):	Zulässige Werte: alle Seitengrößen zwischen A5 und A3 *Default*-Wert: Größe einer A4-Seite

Abb. 11: Angaben zum *document profile level*

Das in diesem Abschnitt vorgestellte Beispiel für ein *document application profile* ist sehr einfach; in der Praxis dürften sie wesentlich komplizierter sein. Ein mit diesem *document application profile* kompatibles Dokument besteht nämlich nur aus einem formatierten Text mit einem Zeichenvorrat aus der ISO-Norm 6937-2. Die einzelnen Seiten des Dokuments bestehen nur aus einfachen Absätzen (den *blocks*), und als Gestaltungsmöglichkeiten für das Dokument gibt es nur verschiedene Seitengrößen, eine sehr eingeschränkte Auswahl an Zeichen- und Zeilenabständen sowie die Möglichkeit, die erste Zeile eines Absatzes mit einem Einzug zu versehen.

Diese sehr wenigen Funktionen dürften andererseits bei praktisch allen im Bürobereich verwendeten Textverarbeitungssystemen vorhanden sein, und die Konvertierung eines derart simpel gestalteten Dokuments in das ODIF-Format beziehungsweise aus dem ODIF-Format in das private Datenformat eines Textverarbeitungssystems ist sicher sehr einfach. Das heißt auf der Basis dieses *document application profile* ist der Austausch von Dokumenten zwischen praktisch allen heute verfügbaren Textverarbeitungssystemen möglich, wobei natürlich vieles von der Funktionalität dieser Systeme beim Austausch verloren geht.

2.3 Konformität

In Teil 1 der ODA-Norm werden auch einige Festlegungen dazu gemacht, wann ein ODA-Dokument als normkonform zu betrachten ist. Dabei wird der Begriff Konformität nur hinsichtlich der Konformität eines Datenstroms, der ein solches Dokument repräsentiert, definiert.

Hierzu ist zunächst zu unterscheiden, ob zu dem Dokument ein *document application profile* gehört, das heißt im *document profile* des betreffenden Dokuments das Attribut document application profile vorhanden ist, oder ob dem Dokument kein *document application profile* zugeordnet ist, dieses Attribut also fehlt. Wenn ein solches *document application profile* vorhanden ist, wird ein Dokument nur dann als normkonform betrachtet, wenn der Datenstrom den zusätzlichen Restriktionen, die in dem *document application profile* angegeben sind, genügt.

Im übrigen gilt ein Dokument als normkonform, wenn

– der Datenstrom in einer der in Teil 5 der Norm spezifizierten *interchange format classes* vorliegt,

- im Datenstrom nur die im Teil 2 der Norm beschriebenen *constituents* mit den zulässigen Attributen und Attributwerten vorhanden sind,
- nur Inhaltsarchitekturen wie in den Teilen 6, 7 und 8 der Norm beschrieben verwendet werden und nur die dort spezifizierten Attribute mit den zulässigen Werten auftreten,
- nur Zeichensätze benutzt werden, die in ISO-Normen oder *CCITT Recommendations* festgelegt sind,
- bei Liniengrafiken der *Computer Graphics Metafile* zur betreffenden ISO-Norm 8632 (Teil 1 und 3) konform ist,
- im *document profile* des Dokuments nur die im Teil 4 der Norm beschriebenen Attribute mit den zulässigen Werten auftreten und
- ansonsten das Dokument, beschrieben durch die *constituents* und Attribute, dem Architekturmodell der Norm, wie in den Teilen 2, 6, 7 und 8 spezifiziert, genügt.

Insbesondere die letzte, sehr allgemeine Forderung ist bei genauerem Betrachten nicht sehr präzise und kann zu unterschiedlichen Interpretationen im Einzelfall führen. So kann beispielsweise bei einer statischen Analyse eines Datenstroms, der ein ODA-Dokument repräsentieren soll, nicht entscheidbar sein, ob die Werte zweier Attribut miteinander verträglich sind. Einige Attributwerte werden nämlich erst durch den Layoutprozeß festgelegt, der selbst jedoch in der ODA-Norm nicht exakt beschrieben ist, sondern Raum für unterschiedliche Implementierungen läßt. In diesem Fall kann eine Konformitätsprüfung etwas problematisch werden, denn die in der Norm gestellten Anforderungen an die Konformität können dann unterschiedlich interpretiert werden.

Diese Problematik wurde inzwischen auch auf ISO-Ebene erkannt, und es ist damit zu rechnen, daß die Festlegungen zur Normkonformität präzisiert werden.

Man beachte, daß in der Norm nur Aussagen zur Konformität von ODA-*Dokumenten* und nicht von ODA-*Implementierungen* gemacht werden. Dies ist aus der Sicht der Norm zwar konsequent – die Norm dient dem *Austausch*, nicht der *Verarbeitung* von Dokumenten –, aber aus Benutzersicht mag dies nicht ganz befriedigend sein. Ein Benutzer, der ein ODA-System erwerben will, interessiert sich sicher auch dafür, ob das System die in der Norm festgelegte Funktionalität voll und normkonform implementiert hat. Der Begriff „normkonforme Implementierung" ist jedoch in der ODA-Norm nicht definiert.

3 *Part 2: Document Structures*

Dieser Teil der ODA-Norm hat im wesentlichen folgenden technischen Inhalt:

- Das generelle Konzept für die Datenstrukturen, die zur Beschreibung von ODA-Dokumenten verwendet werden, wird eingeführt.
- Die Objekte in den generischen und spezifischen Strukturen werden spezifiert und die Querbeziehungen zwischen ihnen angegeben.
- Die Schnittstelle zwischen der Dokumentarchitekur und den einzelnen Inhaltsarchitekturen wird beschrieben.
- Ein Referenzmodell für den *document layout process* und den *document imaging process* wird angegeben.

Nicht enthalten sind in diesem Teil Informationen, die sich auf bestimmte *content architectures* (*character content architecture*, *raster graphics content architecture* oder *geometric graphics content architecture*) beziehen. Anders formuliert: Dieser Teil der Norm befaßt sich praktisch nur mit den *Strukturen* von Dokumenten, nicht mit deren eigentlichen *Inhalten*. Der eigentliche Inhalt eines Dokuments ist in den *content portions* „verpackt", die in diesem Teil der Norm als „*black box*" betrachtet werden, deren innere Struktur unbekannt ist.

3.1 Repräsentation der Dokumentstrukturen

In 2.1 wurde eine Einführung das ODA-Architekturmodell gegeben. Zur Repräsentation dieses konzeptionellen Modells, insbesondere zur elektronischen Speicherung von Dokumenten, die diesem Modell genügen, braucht man nun geeignete Datenstrukturen. Für die Beschreibung dieser Datenstrukturen wird in der ODA-Norm der Begriff *descriptive representation* verwendet.

Bezüglich der *descriptive representation* führt ODA den Begriff *constituents* ein. Ein *constituent* beschreibt, wenn man die spezifischen und generischen Strukturen als Baumstrukturen beziehungsweise (bei den generischen Strukturen) als allgemeinere Graphen betrachtet, jeweils einen Knoten des Baums beziehungsweise Graphen. Die *descriptive representation* eines bestimmten Dokuments besteht damit aus einer Menge (im Sinne der mathematischen Mengentheorie) von *constituents*.

Die Eigenschaften eines *constituent* und seine Beziehung zu anderen *constituents* werden durch sogenannte Attribute (*attributes*) beschrieben, das heißt ein *constituent* besteht aus einer Menge von Attributen. Jedes Attribut besitzt dabei einen Namen und einen Wert.

Zur Verdeutlichung betrachte man folgendes stark vereinfachtes Beispiel für die *descriptive representation* eines *block*. (Achtung: Dieses Beispiel ist keine korrekte Spezifikation für einen *block*, sondern sehr vereinfacht und teilweise auch falsch; die exakte Definition folgt später.)

„Die *descriptive representation* eines *block* besteht aus den Attributen **object type**, **object identifier**, **dimensions** und **content portions**. Das Attribut **object type** hat stets den Wert **block**. Der Wert des Attributs **object identifier** ist eine Zeichenfolge (*character string*), die eine Bezeichnung für den betreffenden *block* angibt. Das Attribut **dimensions** hat die zwei Parameter **height** und **width**, die als Wert jeweils eine Zahl haben und die vertikale und horizontale Größe des *block* festlegen. Der Wert des Attributs **content portions** ist eine nicht-leere Menge von Zeichenfolgen, die jeweils die Bezeichnung von *content portions* darstellen. (Das heißt es gibt in dem betrachteten Dokument *content portions*, bei denen der Wert des dortigen Attributs **object identifier** mit diesen Bezeichnungen übereinstimmt.)"

Nach diesem Schema werden in der Norm alle *descriptive representations* der Objekte in der generischen und spezifischen Struktur spezifiziert. (Allerdings sind diese Spezifikationen für ein bestimmtes Objekt häufig im Text der Norm verstreut und deshalb gelegentlich etwas mühsam zu finden.)

Ohne längeres Nachdenken wird man feststellen, daß diese Art der Beschreibung einer *descriptive-representation* eines Objekts zwar mehr oder weniger genau eine Daten*struktur*, aber keinewegs ein exaktes Daten*format* spezifiziert. Dies ist durchaus beabsichtigt: In welcher Art diese Datenstrukturen in digitaler Form abgespeichert werden, ist den ODA-Implementierungen freigestellt. Wenn allerdings ein ODA-Dokument an einen externen Empfänger verschickt werden soll, muß natürlich ein bis auf das letzte *Bit* genau vorgeschriebenes Daten*format*

eingehalten werden, damit der Empfänger das Dokument verarbeiten
kann. Dieses Datenformat heißt *Office Document Interchange Format*,
abgekürzt ODIF, und ist in Teil 5 der Norm festgelegt. Zwar könnte eine
ODA-Implementierung auch unmittelbar ODIF als Datenformat zur Abspeicherung der durch die *descriptive representation* festgelegten Datenstrukturen nehmen, aber dies dürfte in der Praxis eher unwahrscheinlich
sein, da ODIF nicht besonders effizient bei der Verarbeitung von ODA-
Dokumenten (zum Bespiel zur Implementierung eines ODA-Editors) ist.

Würde man eine ODA-Implementierung etwa in der Programmierspra-
che PASCAL durchführen, könnte als Datenformat für das obige (fiktive)
Beispiel eines *block* folgende *Record*-Struktur mit der angegebenen Initialisierung verwendet werden:

```
TYPE layout_object_type_value=(block,frame,page,
                              page_set,layout_root);
    dimensions_value=
      RECORD
          height: integer;
          width: integer;
      END;
    block_description=
      RECORD
          object_type: layout_object_type_value;
          object_identifier: string;
          dimensions: dimensions_value;
          content_portions: set of string;
      END;
  VAR block_constituent: block_description;
      :
      BEGIN ... block_constituent.object_type:=block; ...
```

(Zur Vereinfachung wurde angenommem, daß „string“ ein existie-
render Datentyp und „set of string“ zulässig ist. Bei den meisten
PASCAL-Compilern ist dies nicht der Fall.)

In Abb. 12 ist ein Überblick über die *descriptive representation* von
ODA-Dokumenten gegeben. Die einzelnen *constituents* eines Dokuments
werden dabei durch Rechtecke dargestellt, übergeordnete Mengen, die
durch die Zusammenfassung von *constituents* oder Mengen von *constituents* gebildet werden, sind mit abgerundeten Ecken gezeichnet.

In dieser Abbildung tauchen fünf Begriffe auf, die bei der Einführung
des ODA-Architekturmodells (s. 2.1) noch nicht verwendet wurden,
nämlich *layout style* und *presentation style* und die drei übergeordneten

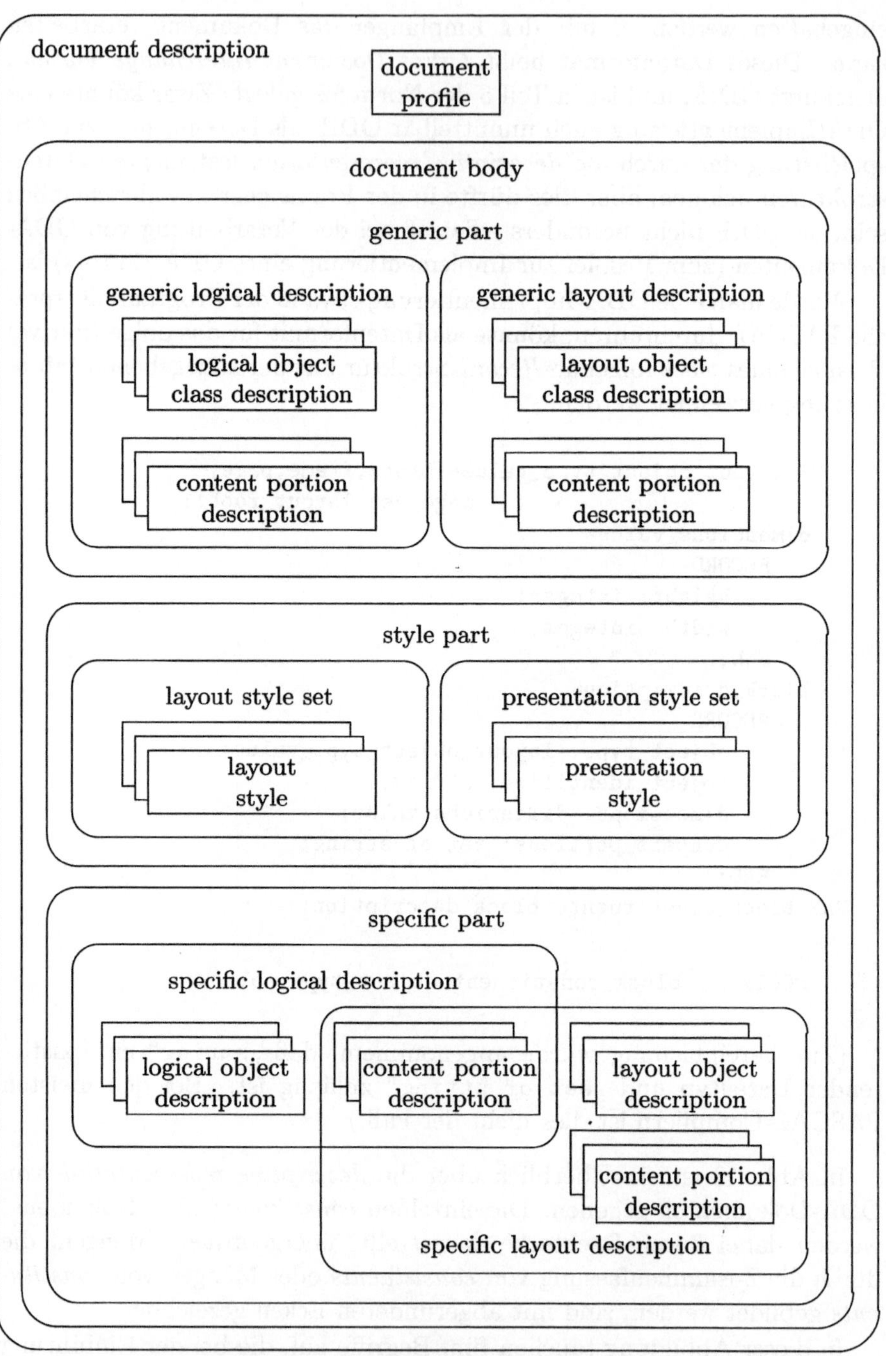

Abb. 12: *Descriptive model* eines ODA-Dokuments

Begriffe *layout style set, presentation style set* und *style part*. Es handelt sich dabei auch nicht um ein neues *Konzept* im ODA-Architekturmodell, das neben dem *document profile* nur generische und spezifische Strukturen, logische Strukturen und Layoutstrukturen kennt, sondern im Prinzip nur um bestimmte Arten von *constituents*, deren Einführung sich bei der Abbildung des Architekturmodells auf Datenstrukturen als notwendig erwies: Die Zuordnung dieser *constituents* (beziehungsweise der Informationen, die durch diese *constituents* repräsentiert werden) zu einer der anderen Mengen von *constituents* in der *descriptive representation* ist wenig sinnvoll.

Genau genommen muß man zwischen den Objekten im ODA-Architekturmodell (einem Konzept) und den Objekten in der ODA *descriptive representation* (Datenstrukturen, die Teile dieses Architekturmodells repräsentieren) unterscheiden. Das heißt eine *generic logical structure* wird durch eine *generic logical description* repräsentiert, ein *logical object* durch eine *logical object description* oder ein *frame* durch eine *frame description*. Im folgenden soll diese Unterscheidung jedoch nicht konsequent durchgeführt werden, um die Darstellung nicht zu komplizieren, das heißt wir sagen etwa „Ein *frame* besteht aus den Attributen ... ", obwohl es korrekterweise „Eine *frame description* besteht aus den Attributen ... " heißen müßte. Da wir uns in diesem Kapitel fast ausschließlich mit der *descriptive representation* von Dokumenten beschäftigen, dürften aber keine Unklarheiten auftreten. (Auch im Text der Norm wird diese Unterscheidung nicht immer konsequent durchgeführt.)

Im folgenden sollen zunächst die *constituents* eines Dokuments und anschließend die Attribute, die ODA zur Beschreibung der *constituents* verwendet, behandelt werden. (Man beachte, daß ein *constituent* nichts anderes als eine Menge von Attributen ist, die die Eigenschaften des *constituent* oder dessen Beziehung zu anderen *constituents* beschreiben.)

Dabei läßt es sich leider nicht ganz vermeiden, daß der Leser bei der Beschreibung der *constituents* die Beschreibung der zugehörigen Attribute weiter hinten im Buch nachschlagen muß, um den Text voll verstehen zu können. Die Alternative, ein Attribut jeweils dann zu beschreiben, wenn es erstmalig bei einem *constituent* auftritt, scheint weniger sinnvoll, da dann dieses Kapitel sehr unübersichtlich geworden wäre.

Die *constituents* sollen entsprechend den Strukturen, in denen sie auftreten, eingeführt werden. Zunächst werden also die *constituents* der spezifischen logischen Struktur, dann die der spezifischen Layoutstruktur, anschließend die der generischen logischen Struktur und der generischen Layoutstruktur und zum Schluß die der *content portions, layout styles* und *presentation styles* beschrieben.

Auf das *document profile*, das ebenfalls ein *constituent* eines Dokuments ist, soll nur eingegangen werden, wenn es für diesen Teil der Norm
erforderlich ist. Die genaue Beschreibung des *document profile* folgt in
Kap. 4.

Zunächst soll aber noch eine bestimmte Notation eingeführt werden,
die im folgenden verwendet wird und m. E. eine übersichtlichere Darstellung als die in der Norm ermöglicht. Die Regeln für diese Notation sind
folgende:

$a := \ldots$ gibt an, daß der Begriff a durch die Spezifikation „..." definiert ist.

$\{\ldots\}$ bezeichnet eine Menge. (Beispiel: $a := \{b, c\}$ bedeutet, daß
a eine Menge mit den zwei Elementen b und c ist.)

$[\ldots]$ bezeichnet das optionale Auftreten eines Objekts. (Beispiel:
„$[a]$" bedeutet, daß „a" vorhanden sein kann, aber nicht vorhanden sein muß.)

$\langle\ldots\rangle$ bedeutet, daß das Objekt „..." auftreten kann, daß es
aber, wenn es nicht vorhanden ist, auf Grund eines *Default*-
Mechanismus erzeugt wird. (Hierzu folgen gleich noch weitere
Erklärungen.)

$a = \ldots$ bedeutet, daß a den Wert „..." hat. Diese Schreibweise
wird für Attribute und ihre Werte verwendet. (Beispiel: Mit
„object type = block" wird festgelegt, daß das Attribut mit
dem Namen „object type" den Wert „block" hat.)

$\langle a = \ldots \rangle$ bedeutet, daß das Attribut auftreten kann, dann aber den
angegebenen Wert haben muß.

Um die Bedeutung der Notation „$\langle\ldots\rangle$" zu verstehen, muß man folgendes wissen: ODA unterscheidet zwischen drei Arten von Attributen
eines *constituent*: Es gibt Attribute, die (in der Regel abhängig von der
Art des *constituent*) angegeben werden müssen (*mandatory attributes*),
solche, die vorhanden sein oder auch fehlen können (*non-mandatory attributes*), und solche, die zwar bei einem bestimmten *constituent* fehlen
können, für die aber dann nach einem bestimmten Verfahren dennoch
ein Attributwert ermittelt wird (*defaultable attributes*). Man kann also
defaultable attributes im Prinzip als *mandatory attributes* auffassen: Ihr
Wert braucht zwar nicht unmittelbar in der Attributmenge des *constituent* angegeben sein, muß dann aber „irgendwo anders" zu finden sein.
(Das Verfahren zur Ermittlung der Werte von *defaultable attributes* ist
in 3.2.14 beschrieben.)

Man betrachte beispielsweise ein Layoutobjekt vom Typ *block*, das ein
Rechteck auf dem Ausgabemedium ist und deshalb eine bestimmte Höhe

und Breite, durch das Attribut „dimensions" spezifiziert, haben muß. Falls
in einem ODA-Dokument nun einem bestimmten *block* eine *block class* zugeordnet ist, kann in dem *constituent*, der den *block* beschreibt, eine explizite Wertzuweisung an das Attribut „dimensions" fehlen, wenn hierfür
in der *block class* ein *Default*-Wert angegeben ist. (Die tatsächlichen Regeln, nach denen der *Default*-Wert ermittelt wird, sind übrigens noch
etwas komplizierter.)

3.1.1   Die *Constituents* der spezifischen logischen Struktur

Die *constituents* der spezifischen logischen Struktur sind die *document
logical root*, *composite logical objects* und *basic logical objects*.

Document logical root

Eine *document logical root* wird durch folgende Attributmenge repräsentiert:

```
document logical root :=
   {object identifier, ⟨object type = document logical root⟩,
    subordinates,
    ⟨application comments⟩, ⟨bindings⟩, ⟨protection⟩,
    ⟨user-readable comments⟩, ⟨user-visible name⟩,
    [default value lists], [layout style], [object class]}
```

Das Attribut object identifier muß also, wie auch bei allen übrigen
constituents der spezifischen Struktur, angegeben werden. Dies ist wohl
unmittelbar einleuchtend, denn der Wert dieses Attributs ist im Prinzip
der „Name" des *constituent*, und jedes Objekt muß in der *descriptive
representation* einen „Namen" haben, mit Hilfe dessen es von anderen
constituents referiert werden kann und Objekte des gleichen Typs voneinander unterschieden werden können. (Allerdings kann es im Unterschied
zu den anderen Objekten in der spezifischen logischen Struktur nur *ein*
Objekt vom Typ *document logical root* geben.)

Das Attribut object type braucht nicht angegeben zu werden, wenn
das Attribut object class vorhanden ist. Falls es aber angegeben ist, muß
sein Wert document logical root sein, und entsprechend muß der Wert des
Attributs object class, sofern vorhanden, eine *document logical root class*
referieren (s. die Beschreibung dieses Attributs auf S. 86). Da eine ent-

sprechende Beziehung zwischen diesen beiden Attributen auch bei anderen *constituents* auftritt, soll sie für spätere Referenzzwecke festgehalten werden:

Bemerkung 1:   Das Attribut object type darf nur dann fehlen, wenn das Attribut object class angegeben ist. Der durch den Wert von object class referierte *constituent* legt in diesem Fall den Wert des Attributs object type fest.

Das Attribut subordinates, das die der *document logical root* direkt untergeordneten Objekte angibt, muß ebenfalls angegeben sein, und die *constituents*, die durch dessen Wert referiert werden, müssen *composite logical objects* oder *basic logical objects* repräsentieren.

Das Attribut object class ist zwar prinzipiell optional (man berücksichtige allerdings Bemerkung 1), aber für Dokumente, für die die generische logische Struktur ein sogenanntes „*complete generator set*" ist, muß dieses Attribut angegeben werden. Was ein *complete generator set* ist, wird in 3.2.13 erklärt. Da es auch für die anderen *constituents* der spezifischen logischen Struktur zutrifft, sei dies explizit für Referenzzwecke festgehalten:

Bemerkung 2:   Das Attribut object class muß angegeben werden, wenn die generische logische Struktur des Dokuments ein *complete generator set* ist (s. 3.2.13).

Auf die übrigen Attribute der *document logical root* soll hier nicht weiter eingegangen werden; man vergleiche die Beschreibung der Attribute auf den Seiten 106 (application comments), 99 (bindings), 135 (default value lists), 94 (layout style), 93 (object class), 86 (object identifier), 85 (object type), 134 (protection), 87 (subordinates) und 105 (user-readable comments und user-visible name).

Composite logical object

Ein *composite logical object* wird durch folgende Attributmenge repräsentiert:

```
composite logical object :=
   {object identifier, ⟨object type = composite logical object⟩,
    subordinates,
    ⟨application comments⟩, ⟨bindings⟩, ⟨protection⟩,
    ⟨user-readable comments⟩, ⟨user-visible name⟩,
    [default value lists], [layout style], [object class]}
```

Die Attributmenge ist mit der für die *document logical root* identisch, allerdings muß der Wert des Attributs object type, wenn es vorhanden ist, jetzt composite logical object sein. Für die Beziehung zwischen den Attributen object type und object class gilt auch hier Bemerkung 1, wobei der durch den Wert des Attributs object class gegebenenfalls referierte *constituent* eine *composite logical object class* repräsentieren muß. Ebenso gilt Bemerkung 2.

Das Attribut subordinates, das die dem *composite logical object* direkt untergeordneten Objekte angibt, muß ebenfalls angegeben sein, und die *constituents*, die durch dessen Wert referiert werden, müssen *composite logical objects* oder *basic logical objects* repräsentieren. Zwischen der *document logical root* und einem bestimmten *basic logical object* können also beliebig viele $(0, 1, 2, \ldots n)$ hierachische Ebenen von *composite logical objects* liegen. Durch die Datenstruktur des Wertes des Attributs subordinates ist dabei gesichert, daß die Objekte der spezifischen logischen Struktur eine Baumstruktur bilden (s. S. 89), das heißt ein *composite logical object* kann weder direkt noch indirekt sich selbst als untergeordnetes Objekt enthalten.

Auf die übrigen Attribute von *composite logical objects* soll hier nicht weiter eingegangen werden; man vergleiche die Beschreibung der Attribute auf den Seiten 106 (application comments), 99 (bindings), 135 (default value lists), 94 (layout style), 93 (object class), 86 (object identifier), 85 (object type), 134 (protection), 87 (subordinates) und 105 (user-readable comments und user-visible name).

Basic logical object

Ein *basic logical object* wird durch folgende Attributmenge repräsentiert:

```
basic logical object :=
   {object identifier, ⟨object type = basic logical object⟩,
    ⟨application comments⟩, ⟨bindings⟩, ⟨content architecture class⟩,
    ⟨protection⟩, ⟨user-readable comments⟩, ⟨user-visible name⟩,
    [content generator], [content portions], [layout style], [object class],
    [presentation style]}
```

Im Unterschied zu *composite logical objects* fehlt hier, wie nicht anders zu erwarten, das Attribut subordinates. Der Wert des Attributs object type ist, wenn es vorhanden ist, jetzt basic logical object. Für die Beziehung zwischen den Attributen object type und object class gilt ebenfalls Bemerkung 1, wobei der durch den Wert des Attributs object class gegebenenfalls referierte *constituent* eine *basic logical object class* repräsentieren muß. Ferner gilt wieder Bemerkung 2.

Das Attribut default value lists ist bei *basic logical objects* nicht vorhanden, da es nur für *constituents* mit untergeordneten Objekten sinnvoll ist (siehe die Beschreibung dieses Attributs auf S. 135).

Im Vergleich zu *composite logical objects* sind die Attribute content architecture class, content generator, content portions und presentation style hinzugekommen. Jedem *basic logical object* ist ein bestimmter Teil des eigentlichen Inhalts eines Dokuments zugeordnet, und dieses Stück Inhalt hat eine bestimmte *content architecture*. Deshalb muß das Attribut content architecture class einen Wert haben, der gegebenenfalls durch einen *Default*-Mechanismus ermittelt wird.

Das Attribut content portions kann zwar fehlen, dann wird aber der dem *basic logical object* zugeordnete Inhalt entweder durch das Attribut content generator erzeugt oder aus der dem *basic logical object* zugeordneten *basic logical object class* abgeleitet. Das genaue Verfahren, nach dem der den *basic logical objects* zugeordnete Inhalt ermittelt wird, ist in 3.2.15 beschrieben.

Auf die übrigen Attribute soll hier nicht weiter eingegangen werden; man vergleiche die Beschreibung der Attribute auf den Seiten 106 (application comments), 99 (bindings), 95 (content architecture class), 100 (content generator), 92 (content portions), 94 (layout style), 93 (object class), 86 (object identifier), 85 (object type), 94 (presentation style), 134 (protection) und 105 (user-readable comments und user-visible name).

3.1.2   Die *Constituents* der spezifischen Layoutstruktur

Die *constituents* der spezifischen Layoutstruktur sind die *document layout root*, *page sets*, *pages*, *frames* und *blocks*.

Document layout root

Eine *document layout root* wird durch folgende Attributmenge repräsentiert:

```
document layout root :=
    {object identifier, ⟨object type = document layout root⟩,
     subordinates,
     ⟨application comments⟩, ⟨balance⟩, ⟨bindings⟩,
     ⟨user-readable comments⟩, ⟨user-visible name⟩,
     [default value lists], [object class]}
```

Die Attribute object identifier und subordinates müssen zwar im Normalfall spezifiziert werden, und deshalb wurden diese Attribute auch in obiger Definition als *mandatory* klassifiziert, aber es gibt eine bestimmte Klasse von ODA-Dokumenten, die wir als „*simple-structured CCITT documents*" bezeichnen wollen (s. 3.3.3, wo auch dieser Name erklärt wird), bei denen diese Attribute fehlen können. Da diese Klasse von Dokumenten eigentlich schon sehr am Rande der ODA-Modellwelt liegt, kann man also der Einfachheit halber davon ausgehen, daß die Attribute object identifier und subordinates bei einer *document layout root* stets vorhanden sind. Für spätere Referenzzwecke sei jedoch festgehalten:

Bemerkung 3:   Bei *simple-structured CCITT documents* (s. 3.3.3) kann das Attribut object identifier fehlen.

Bemerkung 4:   Bei *simple-structured CCITT documents* (s. 3.3.3) kann das Attribut subordinates fehlen.

Für die Beziehung zwischen den Attributen object type und object class gilt wieder Bemerkung 1, wobei der durch den Wert des Attributs object class gegebenenfalls referierte *constituent* eine *document layout root class* repräsentieren muß. Analog Bemerkung 2 gilt jetzt:

Bemerkung 5:   Das Attribut object class muß angegeben werden, wenn die generische Layoutstruktur des Dokuments ein *complete generator set* ist (s. 3.2.13).

Der Wert des Attributs subordinates referiert bei einer *document layout root* solche *constituents*, die *page sets* oder *pages* repräsentieren. Dabei ist es zulässig, daß gleichzeitig *page sets* und *pages* als untergeordnete Objekte auftreten.

Auf die übrigen Attribute der *document layout root* soll hier nicht weiter eingegangen werden; man vergleiche die Beschreibung der Attribute auf den Seiten 106 (application comments), 123 (balance), 99 (bindings), 135 (default value lists), 93 (object class), 86 (object identifier), 85 (object type), 87 (subordinates) und 105 (user-readable comments und user-visible name).

Page set

Ein *page set* wird durch folgende Attributmenge repräsentiert:

    page set :=
      {object identifier, ⟨object type = page set⟩,
      subordinates,
      ⟨application comments⟩, ⟨balance⟩, ⟨bindings⟩,
      ⟨user-readable comments⟩, ⟨user-visible name⟩,
      [default value lists], [object class]}

Für die Beziehung zwischen den Attributen object type und object class gilt wieder Bemerkung 1, wobei der durch den Wert des Attributs object class gegebenenfalls referierte *constituent* eine *page set class* repräsentieren muß. Ebenso gilt Bemerkung 5.

Der Wert des Attributs subordinates referiert *constituents*, die *page sets* oder *pages* repräsentieren. Dabei ist es zulässig, daß gleichzeitig *page sets* und *pages* als untergeordnete Objekte auftreten. Zwischen der *document layout root* und einer bestimmten *page* können also beliebig viele $(0, 1, 2, \ldots n)$ hierarchische Ebenen von *page sets* liegen. Allerdings ist es nicht möglich, daß ein bestimmtes *page set* sich selbst direkt oder indirekt als untergeordnetes Objekt enthält.

Auf die übrigen Attribute bei *page sets* soll hier nicht weiter eingegangen werden; man vergleiche die Beschreibung der Attribute auf den Seiten 106 (application comments), 123 (balance), 99 (bindings), 135 (default value lists), 93 (object class), 86 (object identifier), 85 (object type), 87 (subordinates) und 105 (user-readable comments und user-visible name).

Pages

ODA unterscheidet im Prinzip zwei Arten von *pages*, nämlich *composite pages* und *basic pages*; insbesondere sind die Attributemengen, die bei beiden Arten angegeben werden müssen oder können, recht unterschiedlich. Aus diesem Grund sollen sie nachfolgend auch als zwei unterschiedliche *constituents* eingeführt werden.

Man beachte aber, daß der Wert des Attributs object type bei beiden Arten gleich ist, nämlich composite or basic page, das heißt an Hand dieses Attributs lassen sich die beiden Arten von *pages* nicht unterscheiden. Ob eine *page* eine *composite page* oder eine *basic page* ist, erkennt man in der Regel (auf eine Ausnahme von dieser Regel wird bei den *composite pages* eingegangen) am Attribut subordinates: *basic pages* haben keine untergeordneten Objekte. (Diese Art der Ermittlung des Typs eines *constituent* ist ein Sonderfall in der ODA *descriptive representation*, denn in allen anderen Fällen wird der Typ über den Wert des Attributs **object type** bestimmt, gegebenenfalls durch Bezug auf die zugeordnete *object class*. Es wäre sicher konsequenter gewesen, für *composite pages* und *basic pages* unterschiedliche Werte des Attributs **object type** vorzusehen.)

Man beachte ferner, daß in der spezifischen Layoutstruktur eines bestimmten Dokuments entweder nur *composite pages* oder nur *basic pages* auftreten können; eine Mischung aus beiden ist nicht zulässig.

Composite page

Eine *composite page* wird durch folgende Attributmenge repräsentiert:

composite page :=
  {object identifier, ⟨object type = composite or basic page⟩,
  subordinates,
  ⟨application comments⟩, ⟨balance⟩, ⟨bindings⟩, ⟨colour⟩,
  ⟨dimensions⟩, ⟨medium type⟩, ⟨page position⟩, ⟨transparency⟩,
  ⟨user-readable comments⟩, ⟨user-visible name⟩,
  [default value lists], [imaging order], [object class]}

Für die Beziehung zwischen den Attributen **object type** und **object class** gilt wieder Bemerkung 1, wobei der durch den Wert des Attributs **object class** gegebenenfalls referierte *constituent* eine *composite page class* repräsentieren muß. Ebenso gilt Bemerkung 5.

Der Wert des Attributs **subordinates** referiert *constituents*, die entweder alle *frames* oder alle *blocks* repräsentieren. Es ist also nicht zulässig, daß gleichzeitig *frames* und *blocks* als direkt untergeordnete Objekte auftreten.

Das Attribut **balance** (s. S. 123), das hier als optional angegeben ist, ist nur bei *composite pages* sinnvoll, deren unmittelbar untergeordnete Objekte *frames* sind. Wenn also der Wert des Attributs **subordinates** Objekte vom Typ *block* referiert, darf das Attribut **balance** nicht angegeben werden, und es wird auch kein *Default*-Wert dafür ermittelt; wenn jedoch der Wert des Attributs **subordinates** Objekte vom Typ *frame* referiert, kann dieses Attribut vorhanden sein, andernfalls wird ein *Default*-Wert dafür ermittelt.

(Bezüglich der *simple-structured CCITT documents* gelten wieder die Bemerkungen 3 und 4. Dann taucht natürlich sofort die Frage auf, wie bei diesen Dokumenten *composite pages* und *basic pages* unterschieden

werden, denn das Vorhandensein des Attributs subordinates ist ja eigentlich das Unterscheidungsmerkmal. Antwort: Wenn in solchen Dokumenten *blocks* auftreten, sind die Seiten *composite pages*, andernfalls *basic
pages*.)

In der Attributmenge von *composite pages* tauchen nun erstmals Attribute auf, die das Aussehen des entsprechenden Objekt auf einem Darstellungsmedium beschreiben, nämlich colour, dimensions, medium type,
page position, transparency und imaging order. Hier soll allerdings nicht
weiter auf diese (und die übrigen) Attribute eingegangen werden; man
vergleiche die Beschreibung der Attribute auf den Seiten 106 (application
comments), 123 (balance), 99 (bindings), 133 (colour), 135 (default value
lists), 117 (dimensions), 131 (imaging order), 133 (medium type), 93 (object
class), 86 (object identifier), 85 (object type), 133 (page position), 87 (subordinates), 131 (transparency) und 105 (user-readable comments und user-
visible name).

Basic page

Eine *basic page* wird durch folgende Attributmenge repräsentiert:

```
basic page :=
   {object identifier, ⟨object type = composite or basic page⟩,
    ⟨application comments⟩, ⟨bindings⟩, ⟨colour⟩,
    ⟨content architecture class⟩, ⟨content type⟩, ⟨dimensions⟩,
    ⟨medium type⟩, ⟨page position⟩, ⟨presentation attributes⟩,
    ⟨transparency⟩, ⟨user-readable comments⟩, ⟨user-visible name⟩,
    [content portions], [object class], [presentation style]}
```

Für die Beziehung zwischen den Attributen object type und object class
gilt wieder Bemerkung 1, wobei der durch den Wert des Attributs object
class gegebenenfalls referierte *constituent* eine *basic page class* repräsentieren muß. Bezüglich der *simple-structured CCITT documents* gelten
die analogen Ausführungen, die bei der Beschreibung der *composite page*
gemacht wurden; insbesondere gelten die Bemerkungen 3 und 4.

Wie schon erwähnt, fehlt im Vergleich zu *composite pages* das Attribut
subordinates, und auch das Attribut balance ist nicht vorhanden.

Im Vergleich zu *composite pages* sind die Attribute content architecture
class, content portions, content type, presentation attributes und presentation style hinzugekommen.

Jeder *basic page* ist ein bestimmtes Stück des eigentlichen Inhalts eines Dokuments zugeordnet, und dieses Stück Inhalt hat eine bestimmte

content architecture. Deshalb muß entweder das Attribut content architecture class einen Wert haben, der gegebenenfalls durch einen *Default*-Mechanismus ermittelt wird, oder das Attribut content type muß angegeben werden. Beide Attribute können also zur Ermittlung der *content architecture*, die einer *basic page* zugeordnet ist, verwendet werden. Die etwas ungewöhnliche Tatsache, daß zwei verschiedene Attribute praktisch die gleiche Information enthalten, ist aus Kompatibilitätsgründen zu den CCITT *Recommendations* der T.410er Serie zu erklären: Eigentlich ist das Attribut content type überflüssig, aber in den CCITT *Recommendations* ist es vorhanden, und deshalb wurde es auch in ISO 8613 aufgenommen.

Das Attribut content portions kann zwar fehlen, dann wird aber der Inhalt der *basic page* aus der zugeordneten *basic page class* abgeleitet. Das genaue Verfahren zur Ermittlung des Inhalts ist in 3.2.15 beschrieben.

Bezüglich der *simple-structured CCITT documents* gilt außerdem, daß das Attribut content portions selbst dann fehlen kann, wenn der *basic page content portions* zugeordnet sind (s. 3.3.3).

Auf die übrigen Attribute soll hier nicht näher eingegangen werden; man vergleiche ihre Beschreibung auf den Seiten 106 (application comments), 99 (bindings), 133 (colour), 95 (content architecture class), 92 (content portions), 96 (content type), 117 (dimensions), 133 (medium type), 93 (object class), 86 (object identifier), 85 (object type), 133 (page position), 98 (presentation attributes), 94 (presentation style), 131 (transparency) und 105 (user-readable comments und user-visible name).

Frame

Ein *frame* wird durch folgende Attributmenge repräsentiert:

```
frame :=
  {object identifier, ⟨object type = frame⟩,
   subordinates,
   ⟨application comments⟩, ⟨balance⟩, ⟨bindings⟩, ⟨border⟩, ⟨colour⟩,
   ⟨dimensions⟩, ⟨layout path⟩, ⟨permitted categories⟩, ⟨position⟩,
   ⟨transparency⟩, ⟨user-readable comments⟩, ⟨user-visible name⟩,
   [default value lists], [imaging order], [object class]}
```

Für die Beziehung zwischen den Attributen object type und object class gilt wieder Bemerkung 1, wobei der durch den Wert des Attributs object class gegebenenfalls referierte *constituent* eine *frame class* repräsentieren muß. Ebenso gilt Bemerkung 5.

Der Wert des Attributs subordinates referiert *constituents*, die entweder alle *frames* oder alle *blocks* repräsentieren. Eine Mischung von *frames* und *blocks* ist nicht zulässig. Falls keine weiteren *frames* mehr als untergeordnete Objekte auftreten, sondern *blocks*, wird ein solcher *frame* auch als *lowest level frame* bezeichnet. Zwischen einer *page* und einem bestimmten *block* können also beliebig viele $(0, 1, 2, \ldots n)$ hierarchische Ebenen von *frames* liegen. Durch die Datenstruktur des Wertes des Attributs subordinates ist dabei gesichert, daß die Objekte der spezifischen Layoutstruktur eine Baumstruktur bilden (s. S. 89), das heißt insbesondere, daß ein *frame* sich weder direkt noch indirekt selbst als untergeordnetes Objekt enthalten kann.

Das Attribut balance (s. S. 123), das hier als *defaultable* angegeben ist, darf nicht bei *lowest level frames* (*frames*, denen direkt *blocks* untergeordnet sind) angegeben werden, und bei diesen wird auch kein *Default*-Wert dafür ermittelt.

Das Attribut permitted categories ist nur für *lowest level frames* zulässig (s. S. 128).

Auf die übrigen Attribute soll hier nicht näher eingegangen werden; man vergleiche ihre Beschreibung auf den Seiten 106 (application comments), 123 (balance), 99 (bindings), 119 (border), 133 (colour), 135 (default value lists), 117 (dimensions), 131 (imaging order), 107 (layout path), 93 (object class), 86 (object identifier), 85 (object type), 128 (permitted categories), 114 (position), 87 (subordinates), 131 (transparency) und 105 (user-readable comments und user-visible name).

Block

Ein *block* wird durch folgende Attributmenge repräsentiert:

```
block :=
    {object identifier, ⟨object type = block⟩,
     ⟨application comments⟩, ⟨bindings⟩, ⟨border⟩, ⟨colour⟩,
     ⟨content architecture class⟩, ⟨content type⟩, ⟨dimensions⟩, ⟨position⟩,
     ⟨presentation attributes⟩, ⟨transparency⟩, ⟨user-readable comments⟩,
     ⟨user-visible name⟩,
     [content portions], [object class], [presentation style]}
```

Für die Beziehung zwischen den Attributen object type und object class gilt wieder Bemerkung 1, wobei der durch den Wert des Attributs object class gegebenenfalls referierte *constituent* eine *block class* repräsentieren muß. Bezüglich der *simple-structured CCITT documents* gilt Bemerkung 3.

Jedem *block* ist ein bestimmtes Stück des eigentlichen Inhalts eines Dokuments zugeordnet, und dieses Stück Inhalt hat eine bestimmte *content architecture*. Deshalb muß entweder das Attribut content architecture class einen Wert haben, der gegebenenfalls durch einen *Default*-Mechanismus ermittelt wird, oder das Attribut content type muß angegeben werden. Beide Attribute können also zur Ermittlung der *content architecture*, die einem *block* zugeordnet ist, verwendet werden. Man vergleiche hierzu die diesbezüglichen Ausführungen bei der *basic page*.

Das Attribut content portions kann zwar fehlen, dann wird aber der Inhalt des *blocks* aus der zugeordneten *block class* abgeleitet. Das genaue Verfahren hierfür ist in 3.2.15 beschrieben.

Bezüglich der *simple-structured CCITT documents* gilt außerdem, daß das Attribut content portions selbst dann fehlen kann, wenn dem *block content portions* zugeordnet sind (s. 3.3.3).

Auf die übrigen Attribute soll hier nicht näher eingegangen werden; man vergleiche ihre Beschreibung auf den Seiten 106 (application comments), 99 (bindings), 119 (border), 133 (colour), 95 (content architecture class), 92 (content portions), 96 (content type), 117 (dimensions), 93 (object class), 86 (object identifier), 85 (object type), 114 (position), 98 (presentation attributes), 94 (presentation style), 131 (transparency) und 105 (user-readable comments und user-visible name).

3.1.3 Die *Constituents* der generischen logischen Struktur

Die *constituents* der generischen Strukturen sind alle praktisch völlig symmetrisch zu den *constituents* der spezifischen Strukturen aufgebaut, das heißt alle Attribute, die bei einem bestimmten *object* in den spezifischen Strukturen auftreten, sind auch in der entsprechenden *object class* der generischen Strukturen vorhanden. Von diesem Prinzip gibt es nur folgende Abweichungen:

– Statt des Attributs object identifier in den spezifischen Strukturen tritt in den generischen Strukturen das Attribut object class identifier auf.

– Statt des Attributs subordinates in den spezifischen Strukturen wird in den generischen Strukturen das Attribut generator for subordinates verwendet.

- Das Attribut **object class**, mit Hilfe dessen in den spezifischen Strukturen Referenzen auf Objektklassen in den generischen Strukturen
gemacht werden, fehlt in den generischen Strukturen.
- Das Attribut **imaging order** (s. S. 131) erscheint nur in spezifischen
Strukturen, nämlich bei *composite pages* und *frames*.
- Die Attribute **resource** (s. S. 94) und **logical source** (s. S. 102) können
nicht bei *constituents* der spezifischen Struktur, sondern nur bei denen
der generischen Struktur angegeben werden (**resource** bei allen *constituents* der generischen Struktur, **logical source** nur bei *frame classes*).
- Das Attribut **content generator** (s. S. 100) ist zwar bei *basic logical
object classes*, *basic page classes* und *block classes* zulässig, aber in
der spezifischen Struktur nur bei *basic logical objects*.

In den generischen Strukturen sind generell die Attribute **object class
identifier** und **object type** vorhanden, das heißt sie sind in den generischen
Strukturen immer *mandatory attributes* der *object classes*.

In den generischen Strukturen gibt es nur *mandatory attributes* und
non-mandatory attributes. Wie wohl unmittelbar klar ist, machen *defaultable attributes* hier auch keinen Sinn, denn es gibt über den generischen Strukturen keine weiteren mehr, aus denen ein *Default*-Wert abgeleitet werden könnte. (Allerdings spezifiziert die ODA-Norm selbst für
eine Reihe von Attributen *Default*-Werte, wenn für diese bei einem bestimmten Dokument weder in den spezifischen noch in den generischen
Strukturen ein Wert explizit festgelegt wird.)

Die *constituents* der generischen logischen Struktur sind die *document
logical root class*, *composite logical object classes* und *basic logical object
classes*.

Document logical root class

Eine *document logical root class* wird durch folgende Attributmenge repräsentiert:

```
document logical root class :=
    {object class identifier, object type = document logical root,
      [application comments], [bindings], [default value lists],
      [generator for subordinates], [layout style], [protection], [resource],
      [user-readable comments], [user-visible name]}
```

Das Attribut **generator for subordinates** legt in der Regel fest, welche Objekte einer *document logical root*, die dieser *document logical root* *class* zugeordnet ist, direkt untergeordnet sein können (s. Beschreibung dieses Attributs auf S. 90). (Eine Ausnahme von dieser Regel wird unten beschrieben.) Da eine *document logical root* immer untergeordnete Objekte besitzt, mag es etwas verwundern, daß dieses Attribut als *non-mandatory* klassifiziert ist. Dies liegt wieder an den unterschiedlichen Arten von generischen logischen Strukturen, die in ODA-Dokumenten auftreten können: Falls die generische logische Struktur ein *complete generator set* (s. 3.2.13) bildet, muß das Attribut angegeben werden; es ist dann also ein *mandatory attribute*. Falls die generische logische Struktur ein sogenanntes *factor set* (s. 3.2.13) bildet, darf das Attribut *nicht* spezifiziert werden. Für spätere Referenzzwecke sei dies nochmals explizit festgehalten:

Bemerkung 6:   Das Attribut **generator for subordinates** muß dann angegeben werden, wenn die generische logische Struktur des Dokuments ein *complete generator set* ist (s. 3.2.13). Das Attribut darf nicht angegeben werden, wenn die generische logische Struktur ein *factor set* (s. 3.2.13) ist.

Neben *complete generator sets* und *factor sets* gibt es noch eine dritte Art von generischen logischen Strukturen, nämlich die sogenannten *partial generator sets* (s. 3.2.13), bei denen das Attribut nur eine eingeschränkte „Verbindlichkeit" besitzt: Bei *partial generator sets* können als direkt untergeordnete Objekte einer *document logical root*, die der *document logical root class* zugeordnet ist, auch Objekte auftreten, die *nicht* durch das Attribut **generator for subordinates** „erfaßt" werden (s. Beschreibung des Attribus auf S. 90). Wir halten für später nochmals ausdrücklich fest:

Bemerkung 7:   Wenn die generische logische Struktur des Dokuments ein *partial generator set* ist (s. 3.2.13) ist, können die dieser Klasse zugeordneten Objekte in der spezifischen logischen Struktur auch solche direkt untergeordneten Objekte haben, die nicht durch das Attribut **generator for subordinates** erzeugt werden.

Auf die übrigen Attribute soll hier nicht näher eingegangen werden; man vergleiche ihre Beschreibung auf den Seiten 106 (application comments), 99 (bindings), 135 (default value lists), 90 (generator for subordinates), 94 (layout style), 86 (object class identifier), 85 (object type), 134 (protection), 94 (resource) und 105 (user-readable comments und user-visible name).

Composite logical object class

Eine *composite logical object class* wird durch folgende Attributmenge repräsentiert:

composite logical object class :=
  {object class identifier, object type = composite logical object,
   [application comments], [bindings], [default value lists],
   [generator for subordinates], [layout style], [protection], [resource],
   [user-readable comments], [user-visible name]}

Man stellt fest, daß die Attributmenge mit der für die *document logical root class* identisch ist, allerding muß der Wert des Attributs object type jetzt composite logical object sein. Bezüglich des Attributs generator for subordinates gelten wieder die Bemerkungen 6 und 7.

Die Beschreibung der Attribute findet sich auf den Seiten 106 (application comments), 99 (bindings), 135 (default value lists), 90 (generator for subordinates), 94 (layout style), 86 (object class identifier), 85 (object type), 134 (protection), 94 (resource) und 105 (user-readable comments und user-visible name).

Basic logical object class

Eine *basic logical object class* wird durch folgende Attributmenge repräsentiert:

basic logical object class :=
  {object class identifier, object type = basic logical object,
   [application comments], [bindings], [content architecture class],
   [content generator], [content portions], [layout style],
   [presentation style], [protection], [resource],
   [user-readable comments], [user-visible name]}

Im Unterschied zu *composite logical object classes* fehlen die Attribute generator for subordinates und default value lists. Hinzugekommen sind die Attribute content architecture class, content generator, content portions und presentation style, die den einem *basic logical object* zugeordneten Inhalt betreffen.

Die Beschreibung der Attribute findet sich auf den Seiten 106 (application comments), 99 (bindings), 95 (content architecture class), 100 (content generator), 92 (content portions), 94 (layout style), 86 (object class identi-

fier), 85 (object type), 94 (presentation style), 134 (protection), 94 (resource)
und 105 (user-readable comments und user-visible name).

3.1.4   Die *Constituents* der generischen Layoutstruktur

Die *constituents* der generischen Layoutstruktur sind die *document layout
root class*, *page set classes*, *page classes*, *frame classes* und *block classes*.

Document layout root class

Eine *document layout root class* wird durch folgende Attributmenge repräsentiert:

> *document layout root class* :=
>   {object class identifier, object type = document layout root,
>   [application comments], [bindings], [default value lists],
>   [generator for subordinates], [resource], [user-readable comments],
>   [user-visible name]}

Wie bei den generischen Strukturen gelten bezüglich des Attributs generator for subordinates einige Sonderregeln, die für spätere Referenzzwecke
festgehalten werden sollen:

Bemerkung 8:   Das Attribut generator for subordinates muß dann ange-
              geben werden, wenn die generische Layoutstruktur des
              Dokuments ein *complete generator set* ist (s. 3.2.13). Das
              Attribut darf nicht angegeben werden, wenn die generi-
              sche Layoutstruktur ein *factor set* ist (s. 3.2.13).

Bemerkung 9:   Wenn die generische Layoutstruktur des Dokuments ein
              partial generator set ist (s. 3.2.13), können die dieser
              Klasse zugeordneten Objekte in der spezifischen Layout-
              struktur auch solche direkt untergeordneten Objekte ha-
              ben, die nicht durch das Attribut generator for subordi-
              nates erzeugt werden.

Die Beschreibung der Attribute findet sich auf den Seiten 106 (application comments), 99 (bindings), 135 (default value lists), 90 (generator for
subordinates), 86 (object class identifier), 85 (object type), 94 (resource)
und 105 (user-readable comments und user-visible name).

Page set class

Eine *page set class* wird durch folgende Attributmenge repräsentiert:

page set class :=
{object class identifier, object type = page set,
[application comments], [bindings], [default value lists],
[generator for subordinates], [resource], [user-readable comments],
[user-visible name]}

Bezüglich des Attributs **generator for subordinates** gelten wieder die Bemerkungen 8 und 9.

Die Beschreibung der Attribute findet sich auf den Seiten 106 (application comments), 99 (bindings), 135 (default value lists), 90 (generator for subordinates), 86 (object class identifier), 85 (object type), 94 (resource) und 105 (user-readable comments und user-visible name).

Page classes

Wie bei den spezifischen Strukturen schon erwähnt, unterscheidet ODA im Prinzip zwischen zwei Arten von *pages*, nämlich *composite pages* und *basic pages*, dementsprechend gibt es in den generischen Strukturen auch *composite page classes* und *basic page classes*. Die Attributmengen, die bei den beiden Arten jeweils angegeben werden müssen oder können, sind recht unterschiedlich. Aus diesem Grund sollen sie nachfolgend auch als zwei unterschiedliche *constituents* eingeführt werden. Analog der spezifischen Layoutstruktur können in der generischen Layoutstruktur eines bestimmten Dokuments entweder nur *composite page classes* oder nur *basic page classes* auftreten; eine Mischung aus beiden ist nicht zulässig.

Man beachte, daß der Wert des Attributs **object type** bei beiden Arten gleich ist, nämlich **composite or basic page**, das heißt an Hand dieses Attributs lassen sich die beiden Arten von *page classes* nicht unterscheiden. Während bei den spezifischen Strukturen zwischen *basic pages* und *composite pages* an Hand des Attributs **subordinates** unterschieden werden kann (s. S. 46), ist dies bei *page classes* nicht mehr so einfach möglich: Das Attribut **generator for subordinates** kann auch bei *composite page classes* fehlen, wenn die generische Layoutstruktur ein *partial generator set* oder ein *factor set* ist.

Zwar kann man am Vorhandensein eines bestimmten Attributs bei einer *page class* möglicherweise erkennen, ob es sich um eine *composite page class* oder eine *basic page class* handelt – wenn zum Beispiel das Attribut

balance auftritt, muß es sich um eine *composite page class* handeln, wenn
das Attribut presentation attributes auftritt, um eine *basic page class* –,
aber in bestimmten Fällen ist eine Unterscheidung nur mit Hilfe anderer
in dem Dokument auftretender *constituents* möglich. Wenn beispielsweise in der generischen Layoutstruktur *frame classes* oder *block classes*
vorhanden sind, sind nur *composite page classes* zulässig, oder wenn eine
page class von einer *basic page* in der spezifischen Layoutstruktur referiert
wird, muß es sich um eine *basic page class* handeln.

Composite page class

Eine *composite page class* wird durch folgende Attributmenge repräsentiert:

> *composite page class* :=
> {object class identifier, object type = composite or basic page,
> [application comments], [balance], [bindings], [colour],
> [default value lists], [dimensions], [generator for subordinates],
> [medium type], [page position], [resource], [transparency],
> [user-readable comments], [user-visible name]}

Bezüglich des Attributs generator for subordinates gelten wieder die
Bemerkungen 8 und 9.

Das Attribut balance darf nur dann angegeben werden, wenn der *composite page class* keine *block classes* direkt untergeordnet sind. Wenn
das Attribut angegeben ist, muß auch das Attribut generator for subordinates angegeben werden und die Werte dieser beiden Attribute müssen
zueinander passen (s. S. 123).

Die Beschreibung der Attribute findet sich auf den Seiten 106 (application comments), 123 (balance), 99 (bindings), 133 (colour), 135 (default
value lists), 117 (dimensions), 90 (generator for subordinates), 133 (medium
type), 86 (object class identifier), 85 (object type), 133 (page position),
94 (resource), 131 (transparency) und 105 (user-readable comments und
user-visible name).

Basic page class

Eine *basic page class* wird durch die folgende Attributmenge repräsentiert:

basic page class :=
   {object class identifier, object type = composite or basic page,
   [application comments], [bindings], [colour],
   [content architecture class], [content generator], [content portions],
   [content type], [dimensions], [medium type], [page position],
   [presentation attributes], [presentation style], [resource],
   [transparency], [user-readable comments], [user-visible name]}

Im Vergleich zu *composite page classes* fehlen die Attribute balance, default value lists und generator for subordinates. Hinzugekommen sind die Attribute content architecture class, content generator, content portions, content type, presentation attributes und presentation style, die den eigentlichen Inhalt einer *basic page* betreffen.

Die Beschreibung der Attribute findet sich auf den Seiten 106 (application comments), 99 (bindings), 133 (colour), 95 (content architecture class), 100 (content generator), 92 (content portions), 96 (content type), 117 (dimensions), 133 (medium type), 86 (object class identifier), 85 (object type), 133 (page position), 98 (presentation attributes), 94 (presentation style), 94 (resource), 131 (transparency) und 105 (user-readable comments und user-visible name).

Frame class

Eine *frame class* wird durch folgende Attributmenge repräsentiert:

frame class :=
   {object class identifier, object type = frame,
   [application comments], [balance], [bindings], [border], [colour],
   [default value lists], [dimensions], [generator for subordinates],
   [layout path], [logical source], [permitted categories], [position],
   [resource], [transparency], [user-readable comments],
   [user-visible name]}

Bezüglich des Attributs generator for subordinates gelten wieder die Bemerkungen 8 und 9.

Für das Attribut balance gelten die entsprechenden Einschränkungen wie bei *composite page classes*: Es darf nur dann angegeben werden, wenn der *frame class* keine *block classes* direkt untergeordnet sind. Wenn das Attribut angegeben ist, muß auch das Attribut generator for subordinates angegeben werden und die Werte dieser beiden Attribute müssen zueinander passen (s. S. 123).

Das Attribut **permitted categories** (s. S. 128) ist nur bei den sogenannten *lowest level frame classes* zulässig, denen nur *block classes* untergeordnet sind.

Die Beschreibung der Attribute findet sich auf den Seiten 106 (application comments), 123 (balance), 99 (bindings), 119 (border), 133 (colour), 135 (default value lists), 117 (dimensions), 90 (generator for subordinates), 107 (layout path), 102 (logical source), 86 (object class identifier), 85 (object type), 128 (permitted categories), 114 (position), 94 (resource), 131 (transparency) und 105 (user-readable comments und user-visible name).

Block class

Eine *block class* wird durch folgende Attributmenge repräsentiert:

> *block class* :=
>   {object class identifier, object type = block,
>   [application comments], [bindings], [border], [colour],
>   [content architecture class], [content generator],
>   [content portions], [content type], [dimensions], [position],
>   [presentation attributes], [presentation style], [resource],
>   [transparency], [user-readable comments], [user-visible name]}

Die Beschreibung der Attribute findet sich auf den Seiten 106 (application comments), 99 (bindings), 119 (border), 133 (colour), 95 (content architecture class), 100 (content generator), 92 (content portions), 96 (content type), 117 (dimensions), 86 (object class identifier), 85 (object type), 114 (position), 98 (presentation attributes), 94 (presentation style), 94 (resource), 131 (transparency) und 105 (user-readable comments und user-visible name).

3.1.5   *Content Portions* und *Styles*

In diesem Abschnitt sollen drei weitere Typen von *constituents* beschrieben werden, die entweder, wie die *content portions*, bei allen vier Arten von Strukturen auftreten oder keiner dieser vier Arten zugerechnet werden können, wie die *layout styles* und *presentation styles* (s. Abb. 12).

Content portion

Eine *content portion* wird durch folgende Attributmenge repräsentiert:

```
content portion :=
  { ⟨type of coding⟩,
    [content identifier layout], [content identifier logical],
    [alternative representation], [coding attributes],
    [content information] }
```

Der Wert des Attributs type of coding legt fest, auf welche Art der Inhalt, der zu der *content portion* gehört (*character content, raster graphics content* oder *geometric graphics content*), codiert ist. Da dies von der *content architecture* abhängt, werden die zulässigen Werte dieses Attributs auch nicht in Part 2 der Norm festgelegt, sondern in den Teilen 6, 7 und 8, die die unterschiedlichen *content architectures* behandeln (s. S. 97). Dort sind auch die *Default*-Werte für dieses Attribut festgelegt, wenn es nicht explizit bei einer *content portion* angegeben ist. Die *content architecture* selbst ist nicht bei den *content portions* angegeben, sondern wird bei den Objekten, denen eine *content portion* zugeordnet ist, durch den Wert des Attributs content architecture class festgelegt.

Die Attribute content identifier logical und content identifier layout sind zwar, jedes für sich betrachtet, *non-mandatory*, aber zumindest eines von beiden muß vorhanden sein, denn jede *content portion* ist entweder einem Objekt der logischen Struktur oder einem Objekt der Layoutstruktur zugeordnet. (Eine Ausnahme bilden wieder die *simple-structured CCITT documents*, bei denen beide Attribute fehlen können; s. 3.3.3). Es können aber auch beide Attribute angegeben werden. Das bedeutet, daß die betreffende *content portion* zu beiden Strukturen gehört, wie es zum Beispiel bei dem Geschäftsbrief (Abb. 3 in 2.1.1) mit Ausnahme des Firmenlogos der Fall ist.

Der eigentliche Inhalt eines Dokuments, also der *character content, raster graphics content* oder *geometric graphics content*, wird als Wert des Attributs content information angegeben. Hier also verbirgt sich letztendlich (fast) alles von dem, was der Autor eines Dokuments als dessen Inhalt ansieht. Es mag etwas überraschend erscheinen, daß dieses Attribut *non-mandatory* ist, also fehlen kann. In diesem Fall enthält die *content portion* schließlich keinen Inhalt, und man sollte meinen, daß eine solche *content portion* dann auch völlig fehlen könnte, also gar kein *constituent* des Dokuments sein brauchte. Der Inhalt eines Dokuments kann jedoch noch auf andere Art und Weise als mit dem Attribut content information erzeugt werden, wie in 3.2.8 genauer erklärt wird. Eine *content portion* ohne Inhalt kann dann dazu benutzt werden, diesem auf andere Art erzeugten Inhalt Attributwerte zuzuordnen, wie in 3.2.15 beschrieben wird.

Die Beschreibung der Attribute findet sich auf den Seiten 97 (alternative representation), 98 (coding attributes), 87 (content identifier layout), 87 (content identifier logical), 96 (content information) und 97 (type of coding).

Man beachte allerdings noch folgendes: Genau genommen werden bei *content portions* noch weitere Attribute angegeben, die weitere Eigenschaften des eigentlichen Inhalts eines Dokuments festlegen und von der Inhaltsarchitektur (*character content, raster graphics content* oder *geometric graphics content*) abhängen. Diese Attribute werden in den Teilen 6, 7 und 8 der Norm beschrieben.

Layout style

Ein *layout style* wird durch folgende Attributmenge repräsentiert:

```
layout style :=
  {layout style identifier,
   [block alignment], [concatenation], [fill order], [indivisibility],
   [layout category], [layout object class], [new layout object],
   [offset], [same layout object], [separation], [synchronization],
   [user-readable comments], [user-visible name]}
```

Auf einen *layout style* kann von allen *constituents* der generischen und spezifischen logischen Struktur mittels des Attributs layout style Bezug genommen werden. Die Attribute eines *layout style* repräsentieren im wesentlichen Informationen, die die Erzeugung der spezifischen Layoutstruktur eines Dokuments aus der generischen und spezifischen logischen Struktur beeinflussen. Anders formuliert: Die in den *layout styles* enthaltenen Informationen werden während des Layoutprozesses eines Dokuments ausgewertet (s. 3.5.2).

Das Attribut layout style identifier muß angegeben werden und repräsentiert den „Namen" eines *layout style*. Die übrigen Attribute sind alle optional, allerdings ist ein *layout style*, der kein Attribut außer dem layout style identifier enthält, wenig sinnvoll, da er keine Information zur Steuerung des Layoutprozesses enthält und somit auch ganz entfallen kann.

Die Beschreibung der Attribute findet sich auf den Seiten 110 (block alignment), 121 (concatenation), 108 (fill order), 128 (indivisibility), 126 (layout category), 122 (layout object class), 129 (new layout object), 111 (off-

set), 130 (same layout object), 112 (separation), 125 (synchronization)
und 105 (user-readable comments und user-visible name).

Presentation style

Ein *presentation style* wird durch folgende Attributmenge repräsentiert:

> *presentation style* :=
>   { presentation style identifier,
>   [border], [colour], [presentation attributes], [transparency],
>   [user-readable comments], [user-visible name] }

Auf einen *presentation style* kann von allen *constituents*, die *basic objects* oder *basic object classes* der logischen Struktur oder der Layoutstruktur eines Dokuments sind, also von einem *basic logical object*, einer *basic logical object class*, einer *basic page*, *basic page class*, einem *block* und einer *block class* mittels des Attributs presentation style Bezug genommen werden. Die Attribute eines *presentation style* repräsentieren im wesentlichen Informationen, die den Layoutprozeß und den *imaging process* eines Dokuments beeinflussen (s. 3.5.2 und 3.5.3).

Das Attribut presentation style identifier muß angegeben werden und repräsentiert den „Namen" eines *presentation style*. Die übrigen Attribute sind alle optional, allerdings ist ein *presentation style*, der kein Attribut außer dem presentation style identifier enthält, wenig sinnvoll, da er keine Information zur Steuerung des *imaging process* enthält und somit auch ganz entfallen kann.

Die Beschreibung der Attribute findet sich auf den Seiten 119 (border), 133 (colour), 98 (presentation attributes), 86 (presentation style identifier), 131 (transparency) und 105 (user-readable comments und user-visible name).

3.2 Attribute für Dokumentstrukturen

In diesem Abschnitt sollen die in Teil 2 der ODA-Norm eingeführten Attribute beschrieben werden, insbesondere die Werte, die bei den einzelnen Attributen angeben werden können, und deren Semantik.

3.2.1 Attribute bei spezifischen und generischen Strukturen

Wie in 3.1.1 bis 3.1.5 dargestellt, gibt es Attribute, die nur bei spezifischen Strukturen, nur bei generischen Strukturen oder sowohl bei spezifischen als auch bei generischen Strukturen auftreten. Die Rolle eines Attributs in einem Dokument hängt nun davon ab, ob es in der spezifischen Struktur oder in der generischen Struktur auftaucht: Ein Attribut in der spezifischen Struktur beschreibt eine Eigenschaft eines bestimmten *constituent* eines konkreten Dokuments; ein Attribut in der generischen Struktur (also ein Attribut, das bei einer *object class* angegeben ist) beschreibt üblicherweise eine Regel bezüglich einer Eigenschaft, die für ein bestimmtes Objekt der betreffenden Objektklasse gelten soll. Allerdings muß sich bei vielen Attributen ein Objekt in der spezifischen Struktur nicht strikt an die in der ihm zugeordneten Objektklasse festgelegten Regel halten, sondern kann davon abweichen: In diesem Fall dient das Attribut in der generischen Struktur also im wesentlichen dazu, für die entsprechenden Objekte der spezifischen Struktur *Default*-Werte zur Verfügung zu stellen, falls das Attribut bei den Objekten der spezifischen Struktur fehlt.

(Auf die Attribute für *content portions* und *styles* soll in diesem Abschnitt nicht weiter eingegangen werden. Als Faustregel gilt, daß diese Attribute eine ähnliche Rolle spielen wie Attribute in spezifischen Strukturen, wenn eine *content portion* oder ein *style* von einem Objekt der spezifischen Struktur referiert wird, oder wie Attribute in generischen Strukturen, wenn eine *content portion* oder ein *style* von einer Objektklasse der generischen Struktur referiert wird.)

Man betrachte beispielsweise das Attribut **subordinates**, das nur bei Objekten in spezifischen Strukturen auftreten kann. Es beschreibt (s. S. 87), welche Objekte einem bestimmten Objekt unmittelbar untergeordnet *sind*. Das analoge Attribut, das in der generischen Struktur bei einer *object class* angegeben wird, ist **generator for subordinates**, das Regeln beschreibt, welche Objekte einem bestimmten zu dieser Objektklasse gehörenden Objekt untergeordnet *sein können*. (Die genaue Beschreibung dieses Attributs erfolgt auf den Seiten 90 bis 92.)

Als Beispiel für ein Attribut, das sowohl bei spezifischen als auch bei generischen Strukturen angegeben werden kann, betrachte man etwa colour. Wenn dieses Attribut bei einem Objekt der spezifischen Struktur (es kommen nur *pages*, *frames* und *blocks* in Frage) angegeben ist, legt es die Farbe für die dem Objekt zugeordnete Fläche fest. (Derzeit verfügt die ODA-Norm allerdings noch über kein ausgearbeitetes Farbmodell; es sind nur die „Farben" colourless und white möglich.) Wenn das Attribut bei einer Objektklasse der generischen Struktur angegeben ist, spielt es die Rolle einer Regel: Die Farbe der Fläche für die dieser Objektklasse zugeordneten Objekte ist „in der Regel" dieselbe, die bei der Objektklasse angegeben ist. Ein Objekt der spezifischen Struktur muß jedoch nicht unbedingt den Attributwert aus der Objektklasse übernehmen, sondern kann diesen dadurch ignorieren, daß bei dem betreffenden Objekt explizit das Attribut colour mit einem bestimmten Wert angegeben wird.

Bei einigen Attributen ist die Situation allerdings noch etwas komplizierter. Es kommt nämlich gelegentlich vor, daß ein Attribut sowohl bei spezifischen als auch bei generischen Strukturen angegeben werden kann, der Wert, den das Attribut haben kann, aber davon abhängt, ob es bei einem Objekt der spezifischen Struktur oder bei einer Objektklasse der generischen Struktur angegeben ist. Hierauf wird bei den betreffenden Attributen eingegangen.

3.2.2   Datentypen bei Attributwerten

Die Werte der Attribute sind, abhängig vom jeweiligen Attribut, nach bestimmten Regeln aufgebaut, das heißt jedem Attribut ist ein Datentyp zugeordnet, und der Wert des Attributs ist ein Exemplar dieses Datentyps.

Als elementare Datentypen treten in der ODA-Norm die Zahlenarten *integers* $(\ldots, -2, -1, 0, 1, 2, \ldots)$, *non-negative integers* $(0, 1, 2, \ldots)$ und *positive integers* $(1, 2, \ldots)$ auf.

Die Werte einiger Attribute sind Zeichenketten (*character strings*), wobei im wesentlichen zwei Arten unterschieden werden: zum einen Zeichenketten, bei denen nur die Zeichen aus dem *minimum subrepertoire* von ISO 6937, Teil 2, („*Coded character sets for text communication – Part 2: Latin alphabetic and non-alphabetic graphic characters*") zulässig sind, und zum anderen solche, bei denen der zulässige Zeichenvorrat im *document profile* angegeben ist, in der Regel durch Verweise auf andere Normen zur Festlegung von Zeichensätzen (s. 4.2.5). Die in diesen Zeichenketten zulässigen Zeichen sind also durch außerhalb der ODA-Norm liegende andere Normen festgelegt; deshalb sollen im folgenden diese *character strings* als elementare Datentypen aufgefaßt werden. Außer Zeichenketten treten gelegentlich sogar beliebige Folgen von *Bytes* (Folgen von je acht *Bits*) auf, deren Semantik außerhalb der ODA-Norm festgelegt ist.

Für spätere Referenzzwecke sollen deshalb die folgenden drei Begriffe eingeführt werden:

- Ein „*ISO-6937/2 character string*" ist eine Zeichenkette, die aus dem *minimum subrepertoire* der Zeichen in ISO 6937, Teil 2, gebildet wird. Dies sind folgende Zeichen: „a...z" (26 Kleinbuchstaben), „A...Z" (26 Großbuchstaben), „0...9" (10 Ziffern) und „' ( ) , - . / : ? + =" (11 Sonderzeichen).

- Ein „*comments character string*" ist eine Zeichenkette, deren Zeichen aus einem Zeichenvorrat stammen, der durch das Attribut comments character sets im *document profile* festgelegt wird.

- Ein „*alternative representation character string*" ist eine Zeichenkette, deren Zeichen aus einem durch das Attribut alternative representation character sets im *document profile* festgelegten Zeichenvorrat stammen.

- Ein „*octet string*" ist eine Folge von *Bits*, deren Anzahl durch Acht teilbar ist.

Bevor auf einige weitere Datentypen bei Attributen angegangen wird, sollen noch einige zusätzliche Notationen eingeführt werden:

[...]⁺   bezeichnet das einmalige oder mehrmalige Auftreten eines Objekts. (Beispiel: „{[a]⁺}" ist eine Menge, die ein oder mehrere Elemente „a" enthält.)

[...]*   bezeichnet das keinmalige, einmalige oder mehrmalige Auftreten eines Objekts.

(...|...)   bezeichnet eine Alternative. (Beispiel: „(a|b|c)" ist entweder „a" oder „b" oder „c".)

[[...]]   bezeichnet eine Folge von Objekten. (Beispiele: „[[a b c]]" ist eine Folge, die aus den drei Elementen „a" (erstes Element), „b" (zweites Element) und „c" (drittes und letztes Element) besteht. „[[[a]⁺]]" bezeichnet eine Folge, die aus einem oder mehreren Elementen a besteht, als „[[a]]", „[[a a]]", „[[a a a]]" usw. Man beachte, daß die Elemente einer Folge im Unterschied zu einer Menge eine Anordnung besitzen, man also von einem ersten, zweiten, dritten usw. Element sprechen kann.)

Manchmal treten Begriffe auf, deren Bezeichnung aus mehr als einem Wort besteht, zum Beispiel „*string function*". Diese werden dann gelegentlich in Apostrophe eingeschlossen ('*string function*'), um Fehlinterpretationen zu vermeiden, daß heißt „*a b*" bezeichnet zwei Terme, der eine ist „*a*", der andere „*b*", aber „'*a b*'" ist nur ein Term mit der Bezeichnung „*a b*". Die Apostrophe selbst haben keine Bedeutung.

Wie wir oben bei der Einführung der *constituents* gesehen haben, gibt es in ODA-Dokumenten unterschiedliche Typen von Objekten; die Typunterscheidung erfolgt meistens durch den Wert des Attributs **object type**. Von vielen Objekttypen gibt es in einem ODA-Dokument in der Regel mehrere Exemplare, beispielsweise mehrere *constituents* des Typs **block** in der spezifischen Layoutstruktur.

Um solche Exemplare voneinander unterscheiden zu können, muß jedes Objekt in einem Dokument also noch einen „Namen" erhalten. Der Name des Objekts wird durch die Werte der Attribute **object identifier**, **object class identifier**, **layout style identifier**, **presentation style identifier** sowie **content identifier logical** oder **content identifier layout** festgelegt. Dieser Name muß in einem bestimmten Dokuments eindeutig sein, daß heißt es darf in einem Dokument keine zwei *constituents* mit gleichen Namen geben.

Für die „Namensgebung" wird in ODA folgende Vorgehensweise gewählt:

– Der Name von Objekten, also der Wert eines der sechs eben erwähnten Attribute zur Identifizierung von Objekten, ist eine Folge von nicht negativen Zahlen.

– Die jeweils erste Zahl in dieser Folge ist durch den Typ des Objekts festgelegt:
„0" bei Objekten der generischen Layoutstruktur,
„1" bei Objekten der spezifischen Layoutstruktur,
„2" bei Objekten der generischen logischen Struktur,
„3" bei Objekten der spezifischen logischen Struktur,
„4" bei *layout styles* und
„5" bei *presentation styles*.
Bei *content portions* kann die erste Zahl „0", „1", „2" oder „3" sein, je nachdem, welchem Strukturteil die betreffende *content portion* zugeordnet ist.

– Für die *document layout root class*, die *document layout root*, die *document logical root class* und die *document logical root* enthält die Folge nur jeweils eine Zahl, das heißt der „Name" dieser *constituents* (Wert der Attribute **object class identifier** beziehungsweise **object identifier**) ist [[0]], [[1]], [[2]] beziehungsweise [[3]].

- In den spezifischen Strukturen werden die Zahlenfolgen so gebildet, daß die Objekte die Zahlenfolgen der ihnen jeweils direkt übergeordneten Objekte „erben" und nur eine weitere zusätzliche Zahl angefügt wird. Das bedeutet, daß die Anzahl der Zahlen in einer solchen Folge die hierarchische Ebene widerspiegelt, auf der sich das Objekt befindet, und daß sich außerdem aus den Zahlenfolgen die Baumstrukturen der spezifischen logischen Struktur beziehungsweise der spezifischen Layoutstruktur eines Dokuments ermitteln lassen. (Man vergleiche die nachfolgenden Beispiele.)
- Die *content portions* „erben" ebenfalls die Zahlenfolgen der Objekte, denen sie zugeordnet sind, und fügen nur eine weitere Zahl zur Unterscheidung hinzu.

Zum besseren Verständnis betrachte man nochmals Abb. 3 in Abschnitt 2.1.1. Bei den einzelnen Objekten der spezifischen Layoutstruktur und der spezifischen logischen Struktur dieses Beispiels könnten bei den *constituents*, die diese Objekte repräsentieren, die jeweiligen Werte des Attributs object identifier wie in Abb. 13 aussehen.

Layoutstruktur		Logische Struktur	
Objekt	Object identifier	Objekt	Object identifier
Brieflayout	[1]	Brief	[3]
Briefseite	[1 0]	Briefkopf	[3 1]
Kopffeld	[1 0 0]	Brieftext	[3 2]
Textfeld	[1 0 3]	Briefschluß	[3 5]
Schlußfeld	[1 0 1]	Adresse	[3 1 0]
Adressenfeld	[1 0 0 0]	Betreff	[3 1 1]
Betreffeld	[1 0 0 1]	Datum	[3 1 2]
Datumfeld	[1 0 0 2]	Anrede	[3 2 0]
Logofeld	[1 0 0 3]	1. Absatz	[3 2 2]
Anredefeld	[1 0 3 0]	2. Absatz	[3 2 1]
1. Absatzfeld	[1 0 3 1]	3. Absatz	[3 2 3]
2. Absatzfeld	[1 0 3 2]	Gruß	[3 5 1]
⋮	⋮	⋮	⋮
Autorfeld	[1 0 1 3]	Autor	[3 5 3]
Anlagefeld	[1 0 1 4]	Anlagen	[3 5 4]

Abb. 13: Mögliche Werte des Attributs object identifier bei Objekten des Geschäftsbriefs

Bei näherer Betrachtung der Abb. 13 kann man einige Eigenschaften dieser Art der „Namensgebung" erkennen. Die Anzahl der Zahlen in der Folge spiegelt die Hierarchiestufe (den Abstand eines Objekts von der *document logical root* beziehungsweise der *document layout root*) wider. Man kann unmittelbar das jeweils übergeordnete Objekt ermitteln (indem man die letzte Zahl in der Folge wegläßt) und ebenso die direkt untergeordneten Objekte finden (indem man nach den Zahlenfolgen sucht, die genau eine Zahl mehr enthalten und bis auf die jeweils letzte Zahl mit der gegebenen Zahlenfolge übereinstimmen). Das heißt, wie oben schon erwähnt lassen sich aus den „Namen" der Objekte direkt die Baumstrukturen der spezifischen logischen Struktur und der spezifischen Layoutstruktur ableiten.

Es ist nicht erforderlich, daß die verwendeten Zahlenfolgen „lückenlos" aufgebaut sind. In Abb. 13 etwa fehlen die Zahlenfolgen $[1\,0\,2]$, $[3\,0]$, $[3\,3]$ oder $[3\,4]$. Ebenso ist es nicht erforderlich, daß die Zahlenfolgen die Reihenfolge der Objekte in einem Dokument widerspiegeln. In dem Beispiel hat etwa das „Textfeld" die Zahlenfolge $[1\,0\,3]$ und das „Schlußfeld" die Zahlenfolge $[1\,0\,1]$, obwohl das „Schlußfeld" in dem Dokument vor dem „Textfeld" auftritt. Die Reihenfolge der Objekte wird durch das Attribut **subordinates** (s. S. 87) festgelegt.

Da eine ganze Reihe von Attributen bei bestimmten *constituents* andere Objekte referieren, sollen einige Begriffe, die später verwendet werden und auf dieser Namensgebung aufbauen, eingeführt werden:

– Ein *layout-object-class-id* ist eine Folge nichtnegativer Zahlen, bei der die erste Zahl eine „0" ist, also:

$$layout\text{-}object\text{-}class\text{-}id := [\![\,0\,[non\text{-}negative\ integer]^*\,]\!]$$

– Ein *layout-object-id* ist eine Folge nichtnegativer Zahlen, bei der die erste Zahl eine „1" ist, also:

$$layout\text{-}object\text{-}id := [\![\,1\,[non\text{-}negative\ integer]^*\,]\!]$$

– Ein *logical-object-class-id* ist eine Folge nichtnegativer Zahlen, bei der die erste Zahl eine „2" ist, also:

$$logical\text{-}object\text{-}class\text{-}id := [\![\,2\,[non\text{-}negative\ integer]^*\,]\!]$$

– Ein *logical-object-id* ist eine Folge nichtnegativer Zahlen, bei der die erste Zahl eine „3" ist, also:

$$logical\text{-}object\text{-}id := [\![\,3\,[non\text{-}negative\ integer]^*\,]\!]$$

Als Oberbegriffe hiervon werden definiert:

– Ein *object-class-id* ist entweder ein *logical-object-class-id* oder ein *layout-object-class-id*, also:

$$object\text{-}class\text{-}id := (logical\text{-}object\text{-}class\text{-}id \mid layout\text{-}object\text{-}class\text{-}id)$$

– Ein *object-id* ist entweder ein *logical-object-id* oder ein *layout-object-id*, also:

$$object\text{-}id := (logical\text{-}object\text{-}id \mid layout\text{-}object\text{-}id)$$

Entsprechend wird für *layout styles*, *presentation styles* und *content portions* definiert:

– Ein *layout-style-id* ist eine Folge nichtnegativer Zahlen mit zwei Elementen, bei der die erste Zahl eine „4" ist, also:

$$layout\text{-}style\text{-}id := [\![\,4\ '\,non\text{-}negative\ integer\,'\,]\!]$$

– Ein *presentation-style-id* ist eine Folge nichtnegativer Zahlen mit zwei Elementen, bei der die erste Zahl eine „5" ist, also:

$$presentation\text{-}style\text{-}id := [\![\,5\ '\,non\text{-}negative\ integer\,'\,]\!]$$

– Ein *content-portion-id* ist eine Folge nichtnegativer Zahlen mit mindestens zwei Elementen, bei der die erste Zahl eine „0", „1", „2" oder „3" ist, also:

$$content\text{-}portion\text{-}id := [\![\,(0 \mid 1 \mid 2 \mid 3)\ [non\text{-}negative\ integer]^{+}\,]\!]$$

Dabei hängt die erste Zahl in dieser Zahlenfolge davon ab, ob die *content portion* zur generischen oder spezifischen logischen Struktur beziehungsweise zur generischen oder spezifischen Layoutstruktur gehört. Wenn man bei der Zahlenfolge die letzte Zahl wegläßt, muß man den *object-id* oder *object-class-id* eines *basic objects* oder einer *basic object class* erhalten; diesem *basic object* beziehungsweise dieser *basic object class* ist dann die betreffende *content portion* zugeordnet.

Als Beispiel betrachte man Abb. 3 und Abb. 13. Die *content-portion-id* für die *content portions*, die dem „Adressenfeld", dem „Logofeld", dem „Autorfeld" oder dem „Autor" zugeordnet sind, könnten etwa $[\![1\ 0\ 0\ 0\ 0]\!]$, $[\![1\ 0\ 0\ 3\ 0]\!]$, $[\![1\ 0\ 1\ 3\ 3]\!]$ oder $[\![3\ 5\ 3\ 1]\!]$ sein.

Bei einigen Attributen treten als Werte die Namen von sogenannten *layout categories* (s. S. 126) auf. Diese Namen bestehen aus Zeichenketten mit Zeichen aus dem *minimum subrepertoire* von ISO 6937, Teil 2. Für solche Namen soll im folgenden der Begriff *layout-category-id* verwendet werden, also:

$$layout\text{-}category\text{-}id := ISO\text{-}6937/2\ character\ string$$

3.2.3   *Expressions* bei Attributwerten

Die Werte einiger Attribute sind sogenannte *expressions*, daß heißt das Attribut hat keinen fest vorgegebenen Wert, sondern der Wert ist durch eine Art „Berechnungsvorschrift" definiert. Die Ermittlung eines konkreten Wertes für solche Attribute erfolgt während der Verarbeitung des Dokuments, zum Beispiel während des *editing process* oder *layout process*.

Als einfaches Beispiel dafür, wo das Konzept von *expressions* benötigt wird, betrachte man folgenden Fall: Ein Dokument soll auf jeder Seite eine Fußzeile haben, in der die Seitennummer des Dokuments gedruckt wird. Die Numerierung der Seiten soll nicht vom Autor des Dokuments, sondern automatisch während des Layoutprozesses vorgenommen werden. Die Lösung dieses Problems sähe dann in etwa so aus, daß in der generischen Layoutstruktur jeder Objektklasse vom Type *page class* eine *block class* zugeordnet wird, für die das Attribut **content generator** spezifiziert ist. Der Wert des Attributs **content generator** wäre eine *expression*, deren Auswertung während des Layoutprozesses, also bei der Erzeugung einer dieser *page class* zugeordneten *page*, jeweils die aktuelle Seitennummer liefert.

ODA kennt fünf Arten von *expressions*, nämlich *string expressions*, *numeric expressions*, *object identifier expressions*, *binding reference expressions* und *construction expressions*, die im folgenden erklärt werden.

String expressions

Eine *string expression* ist entweder eine *atomic string expression* oder eine Folge von zwei oder mehr *atomic string expressions*. Eine *atomic string expression* ist dabei entweder ein *string literal*, eine *binding reference* oder eine *string function*, angewandt auf eine *numeric expression*. Die dabei zulässigen *string functions* sind MAKE-STRING, UPPER-ALPHA, LOWER-ALPHA, UPPER-ROMAN und LOWER-ROMAN. Zusammengefaßt ergibt sich also:

> *string expression* :=
>   (*' atomic string expression '*
> | ⟦*' atomic string expression '* [*' atomic string expression '*]$^+$ ⟧)

> *atomic string expression* :=
>   (*' string literal '* | *' binding reference '*
> | *' string function '* *' numeric expression '*)

string function :=
  (MAKE-STRING | UPPER-ALPHA | LOWER-ALPHA
   | UPPER-ROMAN | LOWER-ROMAN)

(Bei den Definitionen wurde einige Terme mit Apostrophen einge-schlossen, wenn ein Term aus mehr als einem Wort besteht; s. hierzu die Bemerkungen auf S. 66.)

Ein *string literal* ist ein *octet-string* (s. S. 65), dessen Interpretation vom Kontext abhängt. Zum Beispiel wird ein *string literal* als Zeichen-kette interpretiert, wenn es im Zusammenhang mit *character content* auf-tritt, als Rasterbild, wenn es bei *raster graphics content* auftritt, und als eine Liniengrafik bei *geometric graphics content.*

Eine *binding reference* ist im Prinzip der Zugriff auf eine „Variable", die mit Hilfe des Attributs bindings eingeführt wurde. Solche *binding references* werden genauer auf S. 77 beschrieben; man vergleiche hierzu auch die Beschreibung des Attributs bindings auf S. 99.

Die Anwendung einer *string function* auf eine *numeric expression* lie-fert ein Zeichen beziehungsweise eine Zeichenfolge. (Die Berechnung der *numeric expression* erfolgt *vor* der Auswertung der *string function.*) Da-bei erzeugt MAKE-STRING, angewandt auf eine Zahl, die Darstellung ihres Wertes als Folge von Dezimalziffern. UPPER-ROMAN und LOWER-ROMAN liefern die Darstellung der Zahl mit römischen Ziffern, und zwar mit Groß- beziehungsweise Kleinbuchstaben geschrieben. UPPER-ALPHA und LOWER-ALPHA erzeugen als Ergebnis einen der Buchstaben „A... Z" beziehungsweise „a... z", wobei die Zahl die Ordnungsnummer des Buch-stabens im Alphabet angibt. Der Wert der *numeric expression* sollte bei diesen beiden Funktionen also zwischen 1 und 26 liegen, andernfalls ist das Ergebnis eine leere Zeichenkette.

Zur Verdeutlichung einige Beispiele: „MAKE-STRING 13" liefert als Ergebnis „13". (Die erste 13 ist eine Zahl, die sich etwa bei der Auswer-tung einer *numeric expression* ergeben haben möge, die zweite 13 eine Zeichenfolge aus den beiden Zeichen „1" und „3".) „UPPER-ROMAN 13" liefert die Zeichenfolge „XIII" und „LOWER-ROMAN 13" entsprechend „xiii". Das Ergebnis von „UPPER-ALPHA 13" ist „M" und das von „LOWER-ALPHA 13" „m", der dreizehnte Buchstabe im Alphabet.

Wenn eine *string expression* aus eine Folge von *atomic string expre-ssions* besteht, werden diese der Reihe nach ausgewertet und die dabei erzeugten Zeichenfolgen miteinander verkettet. Letztendlich liefert die Auswertung einer *string expression* also immer eine Zeichenkette.

Numeric expressions

Eine *numeric expression* ist entweder eine Zahl (*integer*), eine *binding reference* oder eine *numeric function*, die bei den Funktionen INCREMENT und DECREMENT auf eine *numeric expression* und bei der Funktion OR-DINAL auf ein *object-id* oder eine *object identifier expression* angewandt wird. Es ergibt sich also:

```
numeric expression :=
    (integer | 'binding reference'
      | INCREMENT 'numeric expression'
      | DECREMENT 'numeric expression'
      | ORDINAL object-id
      | ORDINAL 'object identifier expression')
```

Die Funktionen INCREMENT und DECREMENT liefern als Ergebnis den um 1 erhöhten beziehungsweise um 1 erniedrigten Wert der *numeric expression*, auf die die Funktionen angewandt werden.

Die Funktion ORDINAL liefert als Ergebnis eine Zahl, die die Reihenfolge angibt, die das durch *object-id* direkt beziehungsweise durch die *object identifier expression* indirekt spezifizierte Objekt in der Menge seiner direkt benachbarten Objekte entsprechend der *sequential order* (s. S. 88) annimmt. Dabei gelten zwei Objekte als direkt benachbart, wenn sie das gleiche direkt übergeordnete Objekt besitzen.

Man betrachte als Beispiel Abb. 18. Der Wert der *numeric expression* „ORDINAL [3 1 2]" ist dabei „3", denn die benachbarten Objekte sind diejenigen mit den *object-ids* [3 1 0] und [3 1 1], und entsprechend der *sequential order* ist das Objekt mit dem *object-id* [3 1 2] das dritte. Wäre beispielsweise bei dem Objekt mit dem *object-id* [3 2 2] der Wert eines Attributs „ORDINAL CURRENT-OBJECT" (die Funktion CURRENT-OBJECT wird im folgenden Abschnitt erklärt), würde sich bei der Auswertung dieser *numeric expression* der Wert „2" ergeben, denn es gibt genau ein benachbartes Objekt, nämlich das mit dem *object-id* [3 2 0], das dem Objekt mit dem *object-id* [3 2 2] vorausgeht.

Object identifier expressions

Eine *object identifier expression* besteht aus einer der vier *object selection functions* CURRENT-OBJECT, SUPERIOR-OBJECT, PRECEDING-OBJECT und CURRENT-INSTANCE, die entweder kein Argument, ein Argument oder zwei Argumente haben:

> *object identifier expression* :=
>   (CURRENT-OBJECT
> | SUPERIOR-OBJECT '*object identifier expression*'
> | PRECEDING-OBJECT '*object identifier expression*'
> | CURRENT-INSTANCE ('*object class identifier*' | '*object type*')
>   ('*object identifier expression*' | *object-id*))

Die Auswertung einer *object identifier expression* ergibt jeweils einen *object-id* (s. S. 69). Für die Funktion CURRENT-OBJECT wird dabei der *object-id* desjenigen Objekts erzeugt, das die Auswertung der *object identifier expression* veranlaßte.

Zur Verdeutlichung ein Beispiel: Ein Objekt in der spezifischen Struktur möge ein Attribut besitzen, dessen Wert als *Default*-Wert aus einer zugehörigen Objektklasse ermittelt werden muß, und bei der Objektklasse möge das Attribut den Wert „CURRENT-OBJECT" (also eine *object identifier expression*) haben. Die Auswertung des Attributs möge zu einem bestimmten Zeitpunkt des Layoutprozesses erforderlich sein. Dann ist der Wert des Attributs zu diesem Zeitpunkt gerade der *object-id* desjenigen Objekts, für das das Attribut spezifiziert ist.

Die Funktion SUPERIOR-OBJECT erzeugt den *object-id* desjenigen Objekts, das dem durch das Argument referierten Objekt unmittelbar übergeordnet ist. (Die „Berechnung" des Arguments, also die „Reduktion" der *object identifier expression* auf ein *object-id*, erfolgt *vor* der Auswertung der Funktion.)

Zur Verdeutlichung zwei Beispiele: Die Auswertung der *object identifier expression* „SUPERIOR-OBJECT 〚1 0 3〛" – es sei angenommen, daß sich bei der Auswertung der *object identifier expression* der Wert 〚1 0 3〛 ergeben hat – liefert den *object-id* 〚1 0〛. Wenn bei einer bestimmten Objektklasse der Wert eines Attributs „SUPERIOR-OBJECT CURRENT-OBJECT" (also eine *object identifier expression*) ist, wird diesem Attribut bei der Verarbeitung als Wert der *object-id* des ihm unmittelbar übergeordneten Objekts zugewiesen.

Entsprechend erzeugt die Funktion PRECEDING-OBJECT den *object-id* desjenigen Objekts, das dem durch das Argument referierten Objekt in der *sequential order* (s. S. 88) unmittelbar vorangeht.

Bei dem Beispiel in Abb. 18 würde „PRECEDING-OBJECT 〚3 2 2〛" – es sei angenommen, daß sich bei der Auswertung der *object identifier expression* der Wert 〚3 2 2〛 ergeben hat – als Ergebnis den *object-id* 〚3 2 0〛 liefern. Falls bei dem Objekt mit dem *object-id* 〚3 5 4〛 ein Attribut den Wert „PRECEDING-OBJECT SUPERIOR-OBJECT CURRENT-OBJECT" hätte, ergäbe dessen Auswertung 〚3 2〛.

Die Funktion CURRENT-INSTANCE hat zwei Argumente. Das erste ist entweder ein *object class identifier* oder ein *object type*, also einer der zulässigen Werte für das Attribut object type (s. S. 85). Das zweite Argument ist entweder eine *object identifier expression* oder ein *object-id*. Das Ergebnis ist stets ein *object-id*, der nach einer der folgenden vier Methoden ermittelt wird.

1. Das erste Argument spezifiert eine *logical object class* oder einen *logical object type* (document logical root, composite logical object oder basic logical object), und das zweite Argument referiert ein Objekt der spezifischen logischen Struktur: Das durch das zweite Argument referierte Objekt heißt „Referenzobjekt".

    – Falls dieses Referenzobjekt zu der durch das erste Argument angegebenen Objektklasse gehört oder vom angegebenen Objekttyp ist, ist das Ergebnis der Funktion der *object-id* des Referenzobjekts.

    – Andernfalls ist der Wert der Funktion der *object-id* desjenigen Objekts, das zu der durch das erste Argument angegebenen Objektklasse gehört oder vom angegebenen Objekttyp ist und dem Referenzobjekt am nächsten liegt. Dabei erfolgt die Suche nach dem nächstgelegenen Objekt in aufsteigender hierarchischer Ordnung in der spezifischen logischen Struktur, das heißt in Richtung der *document logical root*.

    Zur Verdeutlichung ein Beispiel: ⟦3 4 1⟧ möge der *object-id* eines *basic logical objects* sein. Dann ist das Ergebnis von

    CURRENT-INSTANCE 'composite logical object' ⟦3 4 1⟧

    der *object-id* desjenigen *composite logical object*, dem das *basic logical object* direkt untergeordnet ist.

2. Das erste Argument spezifiert eine *layout object class* oder einen *layout object type* (document layout root, page set, composite or basic page, frame oder block), und das zweite Argument referiert ein Objekt der spezifischen logischen Struktur oder ein temporäres logisches Objekt, das als Ergebnis des Attributs logical source (s. S. 102) erzeugt wurde: Das „Referenzobjekt" ist in diesem Fall dasjenige *basic layout object*, das den Inhalt des durch das zweite Argument angegebenen logischen Objekts aufnimmt. (Falls dieser Inhalt durch den Layoutprozeß auf mehrere *basic layout objects* aufgeteilt wird, wird das erste dieser *basic layout objects* genommen.)

    – Falls dieses Referenzobjekt zu der durch das erste Argument angegebenen Objektklasse gehört oder vom angegebenen Objekttyp ist, ist das Ergebnis der Funktion der *object-id* des Referenzobjekts.

– Andernfalls ist der Wert der Funktion der *object-id* desjenigen Objekts, das zu der durch das erste Argument angegebenen Objektklasse gehört oder vom angegebenen Objekttyp ist und dem Referenzobjekt am nächsten liegt. Dabei erfolgt die Suche nach dem nächstgelegenen Objekt in aufsteigender hierarchischer Ordnung in der spezifischen Layoutstruktur, das heißt in Richtung der *document layout root*.

Beispiel: ⟦3 4 1⟧ möge der *object-id* eines *basic logical objects* sein. Dann ist das Ergebnis von

CURRENT-INSTANCE 'composite or basic page' ⟦3 4 1⟧

der *object-id* derjenigen *page*, auf der der Inhalt, der dem *basic logical object* zugeordnet ist, in der spezifischen Layoutstruktur erscheint.

3. Das erste Argument spezifiert eine *logical object class* oder einen *logical object type* (document logical root, composite logical object oder basic logical object), und das zweite Argument referiert ein Layoutobjekt, dessen zugehörige Objektlasse von (mindestens) einem *basic layout object* referiert wird, das keine *generic content portion* (s. S. 93) enthält: Als „Referenzobjekt" gilt jetzt dasjenige logische Objekt, das während des Layoutprozesses als erstes Inhalt in dem durch das zweite Argument angebenen Layoutobjekt erzeugt hat.

– Falls dieses Referenzobjekt zu der durch das erste Argument angegebenen Objektklasse gehört oder vom angegebenen Objekttyp ist, ist das Ergebnis der Funktion der *object-id* des Referenzobjekts.

– Andernfalls ist der Wert der Funktion der *object-id* desjenigen Objekts, das zu der durch das erste Argument angegebenen Objektklasse gehört oder vom angegebenen Objekttyp ist und dem Referenzobjekt am nächsten liegt. Dabei erfolgt die Suche nach dem nächstgelegenen Objekt in aufsteigender hierarchischer Ordnung in der spezifischen logischen Struktur, das heißt in Richtung der *document logical root*.

Beispiel: ⟦1 2 5⟧ möge der *object-id* eine *page* sein. Dann ist das Ergebnis von

CURRENT-INSTANCE 'basic logical object' ⟦1 2 5⟧

der *object-id* desjenigen *basic logical object*, das während des Layoutprozesses als erstes zum eigentlichen Inhalt auf dieser *page* beigetragen hat.

4. Das erste Argument spezifiert eine *logical object class* oder einen *logical object type* (document logical root, composite logical object oder basic logical object), und das zweite Argument referiert ein temporäres logisches Objekt, das als Ergebnis des Attributs logical source (s. S. 102) erzeugt wurde: In diesem Fall werden zwei Referenzobjekte festgelegt, nämlich ein „Layout-Referenzobjekt" und ein „logisches Referenzobjekt".

Dabei ist das „Layout-Referenzobjekt" dasjenige *basic layout object*, das den Inhalt des durch das zweite Argument angegebenen temporären logischen Objekts aufnimmt. (Falls dieser Inhalt durch den Layoutprozeß auf mehrere *basic layout objects* aufgeteilt wird, wird das erste dieser *basic layout objects* genommen.) Anschließend wird dasjenige Layoutobjekt ermittelt, das dem „Layout-Referenzobjekt" in der *sequential order* (s. S. 88) nachfolgt und in dem durch den Layoutprozeß Inhalt eines oder mehrerer *basic logical objects* erzeugt wird. Das erste dieser *basic logical objects* wird als „logisches Referenzobjekt" bezeichnet.

– Falls das logische Referenzobjekt zu der durch das erste Argument angegebenen Objektklasse gehört oder vom angegebenen Objekttyp ist, ist das Ergebnis der Funktion der *object-id* des logischen Referenzobjekts.

– Andernfalls ist der Wert der Funktion der *object-id* desjenigen Objekts, das zu der durch das erste Argument angegebenen Objektklasse gehört oder vom angegebenen Objekttyp ist und dem logischen Referenzobjekt am nächsten liegt. Dabei erfolgt die Suche nach dem nächstgelegenen Objekt in aufsteigender hierarchischer Ordnung in der spezifischen logischen Struktur, das heißt in Richtung der *document logical root*.

Wenn nach diesen Methoden kein Objekt gefunden werden kann, das die angegeben Bedingungen erfüllt, ist das Ergebnis der Funktion ein leerer *object-id* (⟦ ⟧). Dies kann etwa bei der Auswertung von

CURRENT-INSTANCE 'page set' ⟦3 4 1⟧

der Fall sein, wenn in der Layoutstruktur kein *page set* vorhanden ist.

Es gibt keine *object selection function*, mit der man ein Objekt referieren kann, das in der Hierarchie „tiefer" steht als das aktuelle Objekt oder das in der *sequential order* „hinter" dem aktuellen Objekt folgt. Der Grund dafür ist, daß während der Verarbeitung eines Dokuments, zum Beispiel während des Layoutprozesses, tiefer stehende oder später folgende Objekte im Prinzip noch unbekannt sind und deshalb auch nicht referiert werden können.

Binding references und *binding reference expressions*

Für Leser mit Kenntnissen von Programmiersprachen eine Vorbemerkung: Eine *binding reference* läßt sich als eine Art Zugriff auf eine „Variable" auffassen, die an einer anderen Stelle in einem ODA-Dokument „abgespeichert" ist. Zwar wird in der ODA-Norm der Begriff „Variable" nicht verwendet, aber im Prinzip wird mit dem Attribut bindings (s. S. 99), in allerdings sehr eingeschränktem Maße, das Konzept von Variablen eingeführt. Eine typische Anwendung dieses Konzepts ist etwa die automatische Seitennumerierung.

Eine *binding reference* besteht aus einer *binding reference expression* gefolgt von einem *binding name*. Eine *binding reference expression* besteht entweder aus einem *object-id* oder aus einer der vier *binding selection functions* CURRENT-OBJECT, SUPERIOR, PRECEDING und CURRENT-INSTANCE, die entweder kein Argument (bei CURRENT-OBJECT), ein Argument (bei SUPERIOR oder PRECEDING) oder zwei Argumente (bei CURRENT-INSTANCE) haben, also:

> *binding reference* :=
>   ⟦ ' *binding reference expression* ' ' *binding name* ' ⟧
>
> *binding reference expression* :=
>   (*object-id* | CURRENT-OBJECT
> | SUPERIOR ' *object identifier expression* '
> | PRECEDING ' *object identifier expression* '
> | CURRENT-INSTANCE (' *object class identifier* ' | ' *object type* ')
>   (' *object identifier expression* ' | *object-id*))

Ein *binding name* ist eine Zeichenkette, deren Zeichen aus dem *minimum subrepertoire* von ISO 6937, Teil 2, gewählt werden (s. S. 99). (Der *binding name* ist im Prinzip der „Variablenname"; die *binding reference expression* gibt an, an welcher Stelle diese Variable zu finden ist.)

Die beiden *binding selection functions* CURRENT-INSTANCE und CURRENT-OBJECT haben die gleiche Semantik und das gleiche Argument beziehungsweise die gleichen Argumente wie die gleichnamigen *object selection functions*.

Die Semantik der *binding selection functions* SUPERIOR und PRECEDING ist ähnlich wie bei den *object selection functions* SUPERIOR-OBJECT und PRECEDING-OBJECT, allerdings gibt es folgenden Unterschied:

Wenn für das Objekt mit dem *object-id*, der sich bei der Auswertung der *object identifier expression* ergeben hat, das Attribut bindings nicht spezifiziert ist oder wenn bei diesem Attribut der angegebene *binding name* nicht gefunden wird, dann wird versucht, ein anderes Objekt zu finden, für das das Attribut bindings mit dem angegeben *binding name* spezifiziert ist. Die „Suchrichtung" hängt dabei von der *binding selection function* ab.

Bei der Funktion SUPERIOR wird die Suche nach dem *binding name* in der Baumstruktur in Richtung der *document logical root* oder der *document layout root* fortgesetzt, das heißt, wenn der *binding name* nicht bei dem Wert des Attributs bindings bei einem bestimmten Objekt gefunden wird, erfolgt als nächstes die Suche bei dem direkt übergeordneten Objekt. Es wird dann so lange gesucht, bis der angegebene *binding name* gefunden oder die *document logical root* oder *document layout root* erreicht ist.

Bei der Funktion PRECEDING wird die Suche nach dem *binding name* in umgekehrter Richtung der *sequential order* fortgesetzt, das heißt, wenn der *binding name* nicht bei dem Wert des Attributs bindings bei einem bestimmten Objekt gefunden wird, erfolgt als nächstes die Suche bei dem bezüglich der *sequential order* direkt voranstehenden Objekt. Es wird dabei so lange gesucht, bis der angegebene *binding name* gefunden oder die *document logical root* oder *document layout root* erreicht ist.

Wenn der angegebene *binding name* gefunden wird, ist das Ergebnis der *binding reference* der dem *binding name* zugeordnete Wert. Der Wert kann dabei wiederum eine *expression* sein, die dann ausgewertet wird. Letztendlich muß sich als Wert der *binding reference* je nach Kontext jedoch eine Zeichenkette, eine Zahl (*integer*) oder ein *object-id* ergeben. Wenn der angegebene *binding name* nicht gefunden wird, ist das Ergebnis der *binding reference* entweder eine leere Zeichenkette, die Zahl 0 oder der leere *object-id* [[ ]], jeweils wieder in Abhängigkeit vom Kontext, in dem die *binding reference* verwendet wurde.

Zum besseren Verständnis betrachte man Abb. 18, mit der zwei Beispiele beschrieben werden sollen. Wenn bei dem Objekt mit dem *object-id* [[3 2 2]] die *binding reference* „SUPERIOR CURRENT-OBJECT abc" aufgelöst werden soll, wird zunächst bei dem Objekt mit dem *object-id* [[3 2]] geprüft, ob dort (oder gegebenenfalls in der zugehörigen Objektklasse) das Attribut bindings mit dem *binding name* abc vorhanden ist. Falls ja, wird der diesem *binding name* zugeordnete Wert als Ergebnis der *binding reference* genommen. Falls nicht, erfolgt ein weiterer Versuch der Auflösung der *binding reference* bei der *document logical root*, dem Objekt mit dem *object-id* [[3]].

Wenn bei dem Objekt mit dem *object-id* [[3 2 2]] die *binding reference* „PRECEDING CURRENT-OBJECT abc" aufgelöst werden soll, wird zunächst bei dem Objekt mit der Ordungsnummer 7 in der *sequential*

order (*object-id* ⟦3 2 0⟧) die Auflösung der Referenz versucht, dann bei
dem mit der Ordungsnummer 6, dann bei dem mit der Nummer 5 usw.,
bis möglicherweise die *document logical root* erreicht ist.

Construction expressions

Als Werte des Attributs **generator for subordinates** (s. S. 90) treten sogenannte *construction expressions* auf, die in der ODA-Norm rekursiv
beschrieben werden: Eine *construction expression* ist entweder ein *construction type* oder ein *construction term*. Ein *construction type* besteht
aus mindestens einem *construction term*, der mit einem Präfix versehen
ist, wobei als Präfix **sequence**, **aggregate** oder **choice** verwendet werden.
Ein *construction term* wiederum ist entweder ein *object-class-id* oder ein
construction type, ebenfalls jeweils versehen mit einem Präfix, wobei als
Präfix **req** (*required*), **opt** (*optional*), **rep** (*repetitive*) oder **optrep** (*optional
repetitive*) zugelassen sind. Es ergibt sich also:

construction expression :=
  ('*construction type*' | '*construction term*')

construction type :=
    (**sequence** ['*construction term*']$^+$
     | **aggregate** ['*construction term*']$^+$
     | **choice** ['*construction term*']$^+$)

construction term :=
    (**req** (*object-class-id* | '*construction type*')
     | **opt** (*object-class-id* | '*construction type*')
     | **rep** (*object-class-id* | '*construction type*')
     | **optrep** (*object-class-id* | '*construction type*'))

Bevor diese wegen der Rekursivität etwas unübersichtlichen Definitionen an Beispielen verdeutlicht werden, soll zunächst die Bedeutung der
Präfixe erklärt werden.

Das Präfix **sequence** legt fest, daß die Elemente des nachfolgenden *construction term* eine Folge bilden, also von einem ersten, zweiten, dritten
usw. Element gesprochen werden kann. Das Präfix **aggregate** bedeutet,
daß die Elemente der *construction expression* ungeordnet sind, also eine
Menge bilden; **choice** legt fest, daß die Elemente als alternativ zu betrachten sind, also bei der Auswertung der *construction expression* genau ein
Element selektiert werden soll.

Das Präfix req legt fest, daß der nachfolgende Term (*object-class-id* oder *construction type*) bei der Auswertung einer *construction expression* vorhanden sein muß, und opt spezifiert, daß er optional ist, also vorhanden ist oder fehlt. Das Präfix rep bedeutet, daß der nachfolgende Term einmal oder mehrmals, und optrep, daß er keinmal, einmal oder mehrmals vorhanden sein kann.

Bei der Auswertung einer *construction expression* werden die auftretenden Terme so lange weiter evaluiert, bis nur noch die angegebenen Präfixe und *object-class-id* übrig bleiben, das heißt es ergibt sich zunächst eine Folge von terminalen Symbolen, und zwar sequence, aggregate, choice, req, opt, rep, optrep sowie *object-class-id*. Die weitere Auswertung dieser Folge unter Berücksichtigung der Semantik der Präfixe führt dann letztendlich zu einer Folge von *object-class-id*, die auch leer sein, also kein Element enthalten kann.

Zur Verdeutlichung einige Beispiele, bei denen auf die generische logische Struktur des Geschäftsbriefs zurückgegriffen werden soll, wie sie in Abb. 4 gezeigt ist. Zunächst sollen einigen der Objektklassen in dieser Abbildung jeweils ein *object-class-id* zugeordnet werden, zum Beispiel die in Abb. 14 gezeigten. (Die Objektklassen „Grafik" und „Bezeichnung" fehlen in Abb. 14.)

Objektklasse	*object-class-id*	Objektklasse	*object-class-id*
Brief	⟦ 2 ⟧	Inhaltsstück	⟦ 2 2 1 ⟧
Briefkopf	⟦ 2 0 ⟧	Textstück	⟦ 2 2 1 0 ⟧
Brieftext	⟦ 2 2 ⟧	Abbildung	⟦ 2 2 1 1 ⟧
Briefschluß	⟦ 2 1 ⟧	Gruß	⟦ 2 1 0 ⟧
Adresse	⟦ 2 0 1 ⟧	Unterschrift	⟦ 2 1 2 ⟧
Datum	⟦ 2 0 2 ⟧	Autor	⟦ 2 1 1 ⟧
Betreff	⟦ 2 0 3 ⟧	Anlagen	⟦ 2 1 3 ⟧

Abb. 14: Mögliche Werte des Attributs object class identifier bei der generischen logischen Struktur des Geschäftsbriefs

Dann wären die Werte des Attributs generator for subordinates bei den einzelnen Objektklassen die in Abb. 15 gezeigten (man vergleiche Abb. 4 und beachte die dort beschriebene Bedeutung der Symbole).

object-class-id	Wert des Attributs generator for subordinates
[2]	sequence req [2 0] req [2 2] req [2 1]
[2 0]	sequence req [2 0 1] req [2 0 2] opt [2 0 3]
[2 1]	sequence req [2 1 0] req [2 1 2] req [2 1 1] opt [2 1 3]
[2 2]	sequence req [2 2 1] optrep [2 2 1]
[2 2 1]	choice [2 2 1 0] [2 2 1 1]

Abb. 15: Mögliche Werte des Attributs generator for subordinates bei Objektklassen des Geschäftsbriefs

Zur Verdeutlichung, daß diese Attributwerte tatsächlich *construction expressions* gemäß obiger Definition sind, betrachte man folgenden Ausdruck, bei dem die Zerlegung in die verwendeten Begriffe dargestellt ist:

$$
\text{sequence req } \underbrace{\underbrace{[\,2\ 0\ 1\,]}_{\substack{object\text{-}\\class\text{-}id}}}_{\substack{construction\\term}} \text{ req } \underbrace{\underbrace{[\,2\ 0\ 2\,]}_{\substack{object\text{-}\\class\text{-}id}}}_{\substack{construction\\term}} \text{ opt } \underbrace{\underbrace{[\,2\ 0\ 3\,]}_{\substack{object\text{-}\\class\text{-}id}}}_{\substack{construction\\term}}
$$

$$
construction\ type
$$

(Das Präfix req wird in ODA-Dokumenten in der Regel weggelassen. Zur besseren Verdeutlichung des Konzepts der *construction expressions* ist er hier explizit angegeben.)

Man beachte folgenden Unterschied zu den oben beschriebenen vier Arten von *expressions*: Während die „Berechnung" dieser vier Arten jeweils genau einen Wert als Ergebnis liefert (ein Zeichen beziehungsweise eine Zeichenfolge bei *string expressions*, eine Zahl bei *numeric expressions*, ein *object-id* bei *object identifier expressions* und einen *binding value* bei *binding reference expressions*), kann die Berechnung einer *construction expression* eine Wertemenge als Ergebnis liefern.

Man betrachte beispielsweise nochmals die *construction expression* „sequence req [2 0 1] [2 0 2] opt [2 0 3]". Bei der Auswertung kann sich sowohl „[[2 0 1] [2 0 2]]" als auch „[[2 0 1] [2 0 2] [2 0 3]]" ergeben; beides sind zulässige Ergebnisse. Bei „sequence req [2 2 1] optrep [2 2 1]" sind theoretisch sogar unendlich viele Auswertungen möglich, nämlich „[[2 2 1]]", „[[2 2 1] [2 2 1]]", „[[2 2 1] [2 2 1] [2 2 1]]" usw. Bei der Beschreibung des Attributs generator for subordinates (s. S. 90) wird darauf genauer eingegangen.

3.2.4   Klassifizierung der Attribute

In den Abschnitten 3.1.1 bis 3.1.5 sind in der Beschreibung der *constituents* alle in der *decriptive representation* zur Beschreibung der Strukturen von ODA-Dokumenten verwendeten Attribute aufgetreten. Allerdings wurden die Attribute selbst noch nicht genau beschrieben; insbesondere wurde (bis auf das Attribut **object type**) nicht erklärt, welche Werte die Attribute haben können. Dies soll in den Abschnitten 3.2.5 bis 3.2.12 geschehen.

Wie in der obigen Beschreibung der Attribute bei etwas genauerem Betrachten zu sehen ist, gibt es Attribute, die sowohl bei *constituents* der logischen Struktur als auch bei solchen der Layoutstruktur oder auch bei *styles* oder *content portions* auftreten. Sie werden in der ODA-Norm *shared attributes* genannt. Einige Attribute hingegen treten nur bei *constituents* der logischen Struktur oder nur der Layoutstruktur, nur bei *layout styles*, *presentation styles* oder *content portions* auf. Sie werden dann jeweils auch als *logical attributes*, *layout attributes*, *layout style attributes*, *presentation style attributes* oder *content portion attributes* bezeichnet.

In Abb. 16 sind alle in Teil 2 der Norm beschriebenen Attribute aufgelistet, und es ist jeweils angegeben, bei welcher Art von *constituents* sie auftreten. Bei der Interpretation der Tabelle ist folgendes zu beachten: Ein „–" in einem Tabellenfeld bedeutet, daß das Attribut in dieser Zeile bei der im Kopf der Spalte angegebenen Art von *constituent* nicht angegeben werden kann. Die übrigen Einträge bestehen aus jeweils zwei Buchstaben, „o" für „*optional*" (*non-mandatory*), „d" für „*defaultable*" und „m" für „*mandatory*", die je nach Spalte allerdings unterschiedlich zu interpretieren sind. (Ein „–" bedeutet wieder, daß das Attribut nicht angegeben werden kann.)

In den ersten beiden Spalten (logische Struktur beziehungsweise Layoutstruktur) gibt der erste Buchstabe an, ob das betreffende Attribut in der jeweiligen generischen Struktur *optional* oder *mandatory* ist, und der zweite Buchstabe (nach dem /) gibt an, ob das betreffende Attribut in der jeweiligen spezifischen logischen Struktur *optional*, *defaultable* oder *mandatory* ist. Allerdings ist diese Angabe nicht so zu interpretieren, daß dieses Attribut bei *allen constituents* der jeweiligen Strukturen diese Eigenschaft hat, sondern in der Regel trifft dies nur für eine Teilmenge der *constituents* zu; gelegentlich hängt die Klassifizierung eines Attributs als *optional*, *defaultable* oder *mandatory* auch von zusätzlichen Bedingungen ab. In der Abbildung wird durch Anmerkungen auf solche Einschränkungen hingewiesen.

Bei den *content portions* gibt der erste Buchstabe die Klassifizierung eines Attributs an, wenn die *content portion* zu einer generischen Struktur

Attribut	logische Struktur	Layout-struktur	*content portions*	*layout styles*	*presenta-tion styles*
alternative representation	–	–	o/o	–	–
application comments	o/d	o/d	–	–	–
balance	–	o/d[1]	–	–	–
bindings	o/d	o/d	–	–	–
block alignment	–	–	–	o/d[2]	–
border	–	o/d[3]	–	–	o/d
coding attributes	–	–	o/o[4]	–	–
colour	–	o/d[5]	–	–	o/d
concatenation	–	–	–	o/d[2]	–
content architecture class	o/d[6]	o/d[6]	–	–	–
content generator	o/o[7]	o/–[7]	–	–	–
content identifier layout	–	–	o/o	–	–
content identifier logical	–	–	o/o	–	–
content information	–	–	o/o	–	–
content portions	o/o[6,16]	o/o[6,16]	–	–	–
content type	–	o/d[6]	–	–	–
default value lists	o/o[8]	o/o[8]	–	–	–
dimensions	–	o/d[5]	–	–	–
fill order	–	–	–	o/d[2]	–
generator for subordinates	o/–[9]	o/–[9]	–	–	–
imaging order	–	–/o[10]	–	–	–
indivisibility	–	–	–	o/d[11]	–
layout category	–	–	–	o/d[2]	–
layout object class	–	–	–	o/d	–
layout path	–	o/d[12]	–	–	–
layout style identifier	–	–	–	m/m	–
layout style	o/o	–	–	–	–
logical source	–	o/–[13]	–	–	–
medium type	–	o/d[14]	–	–	–
new layout object	–	–	–	o/d[11]	–
object class identifier	m/–	m/–	–	–	–
object class	–/o[15]	–/o[15]	–	–	–
object identifier	–/m[16]	–/m[16]	–	–	–
object type	m/d[17]	m/d[17]	–	–	–
offset	–	–	–	o/d[2]	–
page position	–	o/d[14]	–	–	–
permitted categories	–	o/d[18]	–	–	–
position	–	o/d[3]	–	–	–

Abb. 16: Zuordnung der Attribute zu den *constituents*

Attribut	logische Struktur	Layout- struktur	*content portions*	*layout styles*	*presenta- tion styles*
presentation attributes	–	o/d[19]	–	–	o/d
presentation style identifier	–	–	–	–	m/m
presentation style	o/o[6]	o/o[6]	–	–	–
protection	o/d	–	–	–	–
resource	o/–	o/–	–	–	–
same layout object	–	–	–	o/d[11]	–
separation	–	–	–	o/d[2]	–
subordinates	–/m[16,20]	–/m[16,20]	–	–	–
synchronization	–	–	–	o/d[11]	–
transparency	–	o/d[5]	–	–	o/d
type of coding	–	–	d/d	–	–
user-readable comments	o/d	o/d	–	o/o	o/o
user-visible name	o/d	o/d	–	o/o	o/o

1: nur bei *composite objects* und *composite object classes* ohne direkt untergeordnete *blocks* zulässig

2: nur für *basic logical objects* und *basic logical object classes* anwendbar

3: nur bei *frames, blocks, frame classes* und *block classes* zulässig

4: abhängig von *content architecture*

5: nur bei *pages, frames, blocks, page classes, frame classes* und *block classes* zulässig

6: nur bei *basic objects* und *basic object classes* zulässig

7: nur bei *basic logical objects* und *basic object classes* zulässig

8: nur bei *composite objects* und *composite object classes* zulässig

9: nur bei *composite object classes* zulässig

10: nur bei *composite pages* und *frames* zulässig

11: nicht für *document logical roots* und *document logical root classes* anwendbar

12: nur bei *frames* und *frame classes* zulässig

13: nur bei *frame classes* zulässig

14: nur bei *pages* und *page classes* zulässig

15: *mandatory* bei *logical objects* und *composite layout objects* im Falle von *complete generator sets*; nicht zulässig im Falle von *factor sets*

16: bei *simple-structured CCITT documents* nicht erforderlich

17: bei spezifischen Strukturen *mandatory*, falls das Attribut **object class** fehlt

18: nur bei *lowest level frames* und *lowest level frame classes* zulässig

19: nur bei *basic pages, blocks, basic page classes* und *block classes* zulässig

20: nur bei *composite objects* zulässig

Abb. 16: (Fortsetzung)

gehört, und der zweite Buchstabe die Klassifizierung, wenn es zu einer spezifischen Struktur gehört.

Bei den beiden letzten Spalten (*layout styles* und *presentation styles*) sind die Einträge noch etwas anders zu interpretieren. Der jeweils erste Buchstabe gibt an, ob dieses Attribut *optional* oder *mandatory* ist, wenn ein *style* von einer Objektklasse der generischen Struktur referiert wird, und der zweite Buchstabe gibt an, ob diese Attribut *optional*, *defaultable* oder *mandatory* ist, wenn er von einem Objekt der spezifischen Struktur referiert wird.

Man beachte, daß Attribute bei *styles* eine etwas andere Rolle als bei den übrigen Arten von *constituents* spielen: Ein Attribut in der logischen Struktur, der Layoutstruktur oder bei *content portions* beschreibt eine Eigenschaft des *constituent*, bei dem das Attribut angegeben ist. Ein Attribut bei einem *style* beschreibt hingegen eine Eigenschaft eines *constituent* der spezifischen Struktur oder der generischen Struktur, der auf diesen *style* mittels des Attributs layout style oder presentation style Bezug nimmt, wobei die Auswertung eines solchen *style*-Attributs während des Layoutprozesses oder des *imaging process* erfolgt.

3.2.5 Attribute zur Identifizierung von *Constituents*

Bei den *constituents* treten sieben Attribute auf, die zur Identifizierung des jeweiligen *constituents* dienen, nämlich object type, object identifier, object class identifier, layout style identifier, presentation style identifier sowie content identifier logical und content identifier layout.

Der Wert des Attributs object type wurde bei obiger Beschreibung der *constituents* schon aufgeführt; zusammengefaßt ergibt sich also:

```
object type =
    (document logical root | composite logical object |
      basic logical object | document layout root | page set |
      composite or basic page | frame | block)
```

Dieses Attribut muß bei allen Objektklassen angegeben werden. Bei Objekten der spezifischen Strukturen kann es fehlen, dann muß aber für das Objekt das Attribut object class angegeben sein, und der Wert des Attributs object type der referierten Objektklasse wird als *Default*-Wert für das betreffende Objekt übernommen. Anders formuliert: Für jeden *constituent* in der generischen oder spezifischen logischen Struktur beziehungsweise in der generischen oder spezifischen Layoutstruktur ist ein Objekttyp festgelegt, entweder dadurch, daß für den *constituent* das

Attribut. object type explizit angegeben ist, oder dadurch, daß von der referierten Objektklasse der Wert des Attributs object type übernommen wird.

Der Wert der Attribute object identifier und object class identifier ist entweder ein *layout-object-id* beziehungsweise *logical-object-id* oder ein *layout-object-class-id* beziehungsweise *logical-object-class-id* (zur Definition der Begriffe s. S. 66 bis 69), das heißt:

object identifier = (*layout-object-id* | *logical-object-id*)

beziehungsweise

object class identifier = (*layout-object-class-id* | *logical-object-class-id*)

Das Attribut object identifier beziehungsweise object class identifier muß immer angegeben werden. (Eine Ausnahme bilden allerdings die *simple structured CCITT documents*, bei denen das Attribut object identifier auch fehlen darf.) Die Werte dieser Attribute müssen innerhalb eines Dokuments eindeutig sein, das heißt es darf in einem Dokument keine *constituents* geben, bei denen der Wert des Attributs object identifier beziehungsweise object class identifier aus der gleichen Folge von Zahlen besteht. Diese Eindeutigkeitsforderung ist wohl unmittelbar einsichtig: Diese *identifier* spielen die Rolle der „Namen" der *constituents* und müssen deshalb in einem Dokument immer so gewählt werden, daß ein *constituent* damit eindeutig identifiziert werden kann.

Der Wert des Attributs layout style identifier ist ein *layout-style-id* (siehe S. 69):

layout style identifier = *layout-style-id*

Dieses Attribut wird bei *constituents*, die *layout styles* repräsentieren, angegeben und legt den jeweiligen „Namen" fest, unter dem der betreffende *layout style* von Objekten oder Objektklassen der logischen Struktur mittels des Attributs layout style referiert werden kann.

Der Wert des Attributs presentation style identifier ist ein *presentation-style-id* (s. S. 69):

presentation style identifier = *presentation-style-id*

Dieses Attribut wird bei *constituents*, die *presentation styles* repräsentieren, angegeben und legt den jeweiligen „Namen" fest, unter dem der betreffende *presentation style* von anderen Objekten oder Objektklassen mittels des Attributs presentation style referiert werden kann.

Der Wert der Attribute content identifier logical und content identifier layout ist jeweils ein *content-portion-id*:

content identifier logical = *content-portion-id*

content identifier layout = *content-portion-id*

Diese Attribute werden bei *content portions* angegeben und legen den jeweiligen „Namen" fest, unter dem die betreffende *content portion* von *basic logical object classes*, *basic layout object classes*, *basic logical objects* oder *basic layout objects* mittels des Attributs content portions (s. S. 92) referiert werden kann.

Mindestens eines der beiden Attribute muß bei jeder *content portion* angegeben werden; es können aber auch beide vorhanden sein, nämlich dann, wenn eine *content portion* sowohl zur logischen Struktur als auch zur Layoutstruktur gehört.

3.2.6 Attribute zum Aufbau von Strukturen

Es gibt drei Attribute, die für die Erzeugung der Strukturen in ODA-Dokumenten dienen, nämlich subordinates, generator for subordinates und content portions. Der Aufbau der hierarchischen Beziehungen (Baumstruktur) in den spezifischen Strukturen wird durch das Attribut subordinates festgelegt. Das analoge Attribut in den generischen Strukturen ist generator for subordinates, das Regeln für den Aufbau der Strukturen spezifiziert. Das Attribut content portions ordnet die *content portions* in einem Dokument den *constituents* der logischen Struktur oder der Layoutstruktur zu.

Der Wert des Attributs subordinates ist eine Folge nicht negativer Zahlen, das heißt:

subordinates = [[[*non-negative integer*]$^+$]]

Dieses Attribut muß bei allen *composite objects* der spezifischen logischen Struktur und der spezifischen Layoutstruktur angegeben werden, also bei der *document logical root* und bei *composite logical objects*, bei der *document layout root*, bei *page sets*, *composite pages* und *frames*. (Eine

Ausnahme bilden die *simple-structured CCITT documents*, bei denen dieses Attribut fehlen kann.)

Das Attribut legt die direkt untergeordneten Objekte desjenigen Objekt fest, bei dem es angegeben ist. Genauer: Wenn der Wert des Attributs object identifier für ein bestimmtes Objekt $[\![x_1\ x_2\ \dots\ x_n]\!]$ und der Wert des Attributs subordinates $[\![y_1\ y_2\ \dots\ y_m]\!]$ ist, dann ist damit festgelegt, daß die direkt untergeordneten Objekte diejenigen sind, bei denen der Wert des Attributs object identifier $[\![x_1\ x_2\ \dots\ x_n\ y_1]\!]$, $[\![x_1\ x_2\ \dots\ x_n\ y_2]\!]\ \dots\ [\![x_1\ x_2\ \dots\ x_n\ y_m]\!]$ ist. Dabei darf in der Zahlenfolge $[\![y_1\ y_2\ \dots\ y_m]\!]$ keine Zahl zweimal auftreten ($y_i \neq y_j$ für $i \neq j$), wie wohl unmittelbar einsichtig ist.

Die Reihenfolge der Zahlen in der Folge ist von Bedeutung, denn durch sie wird die sogenannte *sequential order* der Objekte in der logischen Struktur und in der Layoutstruktur festgelegt. Diese *sequential order* spielt eine Rolle beim Layoutprozeß und beim *imaging process* eines Dokuments.

Die *sequential order* der Objekte in der logischen Struktur legt fest, in welcher Reihenfolge diese Objekte vom Layoutprozeß verarbeitet werden sollen, und die *sequential order* der Objekte der Layoutstruktur bestimmt, in welcher Reihenfolge diese vom *imaging process* abgearbeitet werden sollen. Wenn sich Layoutobjekte in einem Dokument überlagern, beispielsweise zwei *blocks*, denen ganz oder teilweise die gleiche Fläche auf dem Darstellungsmedium zugeordnet ist, hängt das Aussehen des Dokuments auf Papier oder Bildschirm nämlich in der Regel davon ab, welcher der beiden *blocks* zuerst dargestellt wird. (Die Reihenfolge kann auch durch das Attribut imaging order beeinflußt werden, mit dem Abweichungen von der *sequential order* der spezifischen Layoutstruktur angegeben werden können; s. S. 131.)

Zur Verdeutlichung betrachte man nochmals Abb. 3 und Abb. 13. Als mögliche Werte für das Attribut subordinates wären dann etwa die in Abb. 17 gezeigten möglich.

Durch $[\![0\ 1\ 2\ 3]\!]$ als Wert des Attributs subordinates bei dem Layoutobjekt „Kopffeld" wird zum Beispiel festgelegt, daß die direkt untergeordneten Objekte von „Kopffeld" diejenigen mit dem *object-id* $[\![1\ 0\ 0\ 0]\!]$, $[\![1\ 0\ 0\ 1]\!]$, $[\![1\ 0\ 0\ 2]\!]$ und $[\![1\ 0\ 0\ 3]\!]$ sind. (Der *object-id* von „Kopffeld" selbst ist $[\![1\ 0\ 0]\!]$.) Entsprechend sind die direkt untergeordneten Objekte des logischen Objekts „Brieftext" diejenigen mit dem *object-id* $[\![3\ 2\ 0]\!]$, $[\![3\ 2\ 2]\!]$, $[\![3\ 2\ 1]\!]$ und $[\![3\ 2\ 3]\!]$.

Man beachte die Reihenfolge der Zahlen beim Wert des Attributs subordinates für das Objekt „Brieftext": Die „2" steht vor der „1". In Abb. 13 hat das Attribut object identifier für das Objekt „1. Absatz" den Wert $[\![3\ 2\ 2]\!]$ und für das Objekt „2. Absatz" den Wert $[\![3\ 2\ 1]\!]$. Natürlich

Layoutstruktur		Logische Struktur	
Objekt	Subordinates	Objekt	Subordinates
Brieflayout	[0]	Brief	[1 2 5]
Briefseite	[0 3 1]	Briefkopf	[0 1 2]
Kopffeld	[0 1 2 3]	Brieftext	[0 2 1 3]
Textfeld	[0 1 2 3]	Briefschluß	[1 2 3 4]
Schlußfeld	[1 2 3 4]		

Abb. 17: Mögliche Werte des Attributs **subordinates** bei Objekten des Geschäftsbriefs

muß der erste Absatz des Briefes vor dem zweiten stehen, und dies wird durch den Wert des Attributs **subordinates** erreicht. Eine Erklärung dafür, warum die Werte des Attributs **object identifier** bei den beiden Absätzen „vertauscht" sind, könnte sein, daß der Autor des Briefes zunächst den zweiten Absatz und erst später den ersten in das Dokument eingegeben und der ODA-Editor die Werte des Attributs in der Reihenfolge der Erzeugung der Objekte aufgebaut hat.

Die *sequential order* der *constituents* in der spezifischen logischen Struktur, die durch die Werte des Attributs **subordinates** festgelegt wird, ist auszugsweise in Abb. 18 gezeigt. (Für die spezifische Layoutstruktur ergäbe sich ein ähnliches Bild.)

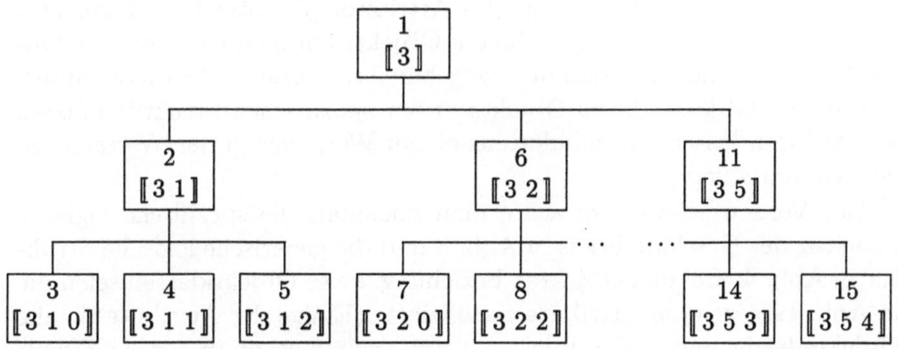

Abb. 18: *Sequential order* der Objekte in der spezifischen logischen Struktur des Geschäftsbriefs

In Abb. 18 ist in jedem Kästchen oben die Reihenfolge des Objekts in der *sequential order* angegeben und darunter der Wert des Attributs **object identifier** für das Objekt (siehe auch Abb. 13 und 17).

Bei der Ermittlung der Reihenfolge in der *sequential order* steigt man also jeweils soweit wie möglich abwärts in der Baumstruktur, wobei der „Weg" des Abstiegs durch die jeweils erste noch nicht „abgearbeitete" Zahl in der Zahlenfolge des Attributs subordinates festgelegt ist.

Der Wert des Attributs generator for subordinates ist eine sogenannte „*construction expression*" (s. S. 79), also:

generator for subordinates = '*construction expression*'

Das Attribut muß für *composite object classes*, also für die *document logical root class* und *document layout root class*, für *composite logical object classes*, *page set classes*, *composite page classes* und *frame classes* angeben werden, wenn die generische logische Struktur beziehungsweise die generische Layoutstruktur ein *complete generator set* ist. Wenn die jeweilige generische Struktur ein *factor set* ist, darf es nicht angegeben werden, und wenn die jeweilige generische Struktur ein *partial generator set* ist, kann das Attribut vorhanden sein, muß aber nicht (s. 3.2.13).

Die Auswertung einer *construction expression* liefert in der Regel nicht genau einen Wert, sondern eine Menge von Werten (s. S. 81). Die Bedeutung des Attributs hängt davon ab, ob die generische logische Struktur beziehungsweise die generische Layoutstruktur ein *complete generator set* oder ein *partial generator set* ist.

Wenn die betreffende generische Struktur ein *complete generator set* ist, spezifiziert die Wertemenge des Attributs generator for subordinates die zulässigen direkt untergeordneten Objekte eines Objekts, das die Objektklasse, für die das Attribut angegeben ist, referiert: Die direkt untergeordneten Objekte dieses Objekts in der spezifischen Struktur müssen sich ableiten lassen von mindestens einem Wert, der in der Wertemenge des Attributs liegt.

Zur Verdeutlichung betrachte man nochmals die spezifische logische Struktur des Geschäftsbriefs in Abb. 3 und die generische logische Struktur in Abb. 4. Bei den Objekten beziehungsweise Objektklassen seien die in Abb. 19 gezeigten Attribute spezifiziert. (Einige der Attribute für die Objekte beziehungsweise Objektenklassen waren schon in den Abbildungen 13, 14, 15, und 17 aufgeführt worden; wegen der besseren Übersichtlichkeit sollen sie hier allerdings nochmals wiederholt werden.)

In Abb. 19 bedeutet „. . .", daß der Wert des Attributs für das Beispiel nicht von Interesse ist, und „—" bedeutet, daß das Attribut für das betreffende Objekt nicht angegeben werden kann. Bei den Werten des Attributs generator for subordinates wurde das Präfix req jeweils wegegelassen (siehe die Bemerkung auf S. 81) und das Präfix sequence mit seq

Objekt/ Objektklasse	object identifier/ object class identifier	subordinates/ generator for subordinates	object class
Briefkopf	[3 1]	[0 1 2]	[2 0]
Briefschluß	[3 5]	[1 2 3 4]	[2 1]
Adresse	[3 1 0]	...	[2 0 1]
Betreff	[3 1 1]	...	[2 0 3]
Datum	[3 1 2]	...	[2 0 2]
Gruß	[3 5 1]	...	[2 1 0]
Unterschrift	[3 5 2]	...	[2 1 2]
Autor	[3 5 3]	...	[2 1 1]
Anlagen	[3 5 4]	...	[2 1 3]
Briefkopf	[2 0]	seq [2 0 1] [2 0 2] opt [2 0 3]	—
Briefschluß	[2 1]	seq [2 1 0] [2 1 2] [2 1 1] opt [2 1 3]	—
Adresse	[2 0 1]	...	—
Datum	[2 0 2]	...	—
Betreff	[2 0 3]	...	—
Gruß	[2 1 0]	...	—
Unterschrift	[2 1 2]	...	—
Autor	[2 1 1]	...	—
Anlagen	[2 1 3]	...	—

Abb. 19: Beispiel zur Erklärung des Attributs generator for subordinates

abgekürzt, was nach der ODA-Norm ebenfalls zulässig ist. Oberhalb der gepunkteten Linien stehen Objekte, unterhalb Objektklassen.

Man betrachte zunächst die Objektklasse „Briefschluß" und das logische Objekt „Briefschluß" mit seinen direkt untergeordneten Objekten. Die direkt untergeordneten Objekte dieses logischen Objekts sind diejenigen mit den *object-ids* [3 5 1], [3 5 2], [3 5 3] und [3 5 4] (in genau dieser Reihenfolge), und die von diesen Objekten referierten Objektklassen sind diejenigen mit den *object-class-ids* [2 1 0], [2 1 2], [2 1 1] und [2 1 3]. Folglich sollte [[2 1 0] [2 1 2] [2 1 1] [2 1 3]] auch ein möglicher Wert des Attributs generator for subordinates der Objektklasse „Briefschluß" sein. Dies ist in der Tat der Fall, das heißt die Werte der Attribute subordinates und generator for subordinates sind für dieses Objekt beziehungsweise diese Objektklasse konsistent.

Man betrachte nun die Objektklasse „Briefkopf" und das logische Objekt „Briefkopf" mit seinen direkt untergeordneten Objekten. Die direkt untergeordneten Objekte dieses logischen Objekts sind diejenigen

mit den *object-ids* ⟦3 1 0⟧, ⟦3 1 1⟧ und ⟦3 1 2⟧ (in genau dieser Reihenfolge), und die von diesen Objekten referierten Objektklassen sind diejenigen mit den *object-class-ids* ⟦2 0 1⟧, ⟦2 0 3⟧ und ⟦2 0 2⟧. Der Wert
⟦⟦2 0 1⟧ ⟦2 0 3⟧ ⟦2 0 2⟧⟧ liegt nun allerdings nicht im Wertebereich des
Attributs **generator for subordinates** bei der Objektklasse „Briefkopf",
denn die von diesem Attribut erzeugten Werte sind ⟦⟦2 0 1⟧ ⟦2 0 2⟧⟧
und ⟦⟦2 0 1⟧ ⟦2 0 2⟧ ⟦2 0 3⟧⟧. Das bedeutet, daß die Werte der Attribute **subordinates** und **generator for subordinates** für dieses Objekt beziehungsweise diese Objektklasse nicht konsistent, spezifische Struktur und
generische Struktur also inkompatibel sind.

Wenn die generische logische Struktur oder die generische Layoutstruktur ein *partial generator set* ist, müssen die Werte der Attribute **subordinates** und **generator for subordinates** nicht völlig kompatibel sein: Bei
direkt untergeordneten Objekten können auch solche zusätzlich auftreten, die nicht durch das Attribut **generator for subordinates** spezifiziert
sind. (Die generische Struktur beschreibt die spezifische Struktur also
nur teilweise.) In wie weit Inkompatibilitäten auftreten dürfen, ist in der
ODA-Norm nicht exakt spezifiziert.

Der Wert des Attributs **content portions** ist eine Folge von nicht negativen Zahlen, also:

$$\text{content portions} = ⟦\,[non\text{-}negative\ integer]^+\,⟧$$

Das Attribut kann bei *basic objects* oder *basic object classes* angegeben
werden. Bei *basic objects* der spezifischen Strukturen, also bei *basic logical
objects*, *basic pages* und *blocks*, muß es vorhanden sein, es sei denn,

- das Attribut **content generator** ist angegeben (dies ist nur bei *basic
  logical objects* möglich),
- das Objekt referiert eine Objektklasse, bei der das Attribut **content
  portions** oder **content generator** angegeben ist, oder
- das Objekt referiert eine Objektklasse, bei der mittels des Attributs
  resource auf eine Objektklasse in einem anderen ODA-Dokument verwiesen wird, bei der wiederum das Attribut **content portions** angegeben
  ist.

Anders formuliert: Einem *basic object* muß letztendlich immer ein
Stück Inhalt eines Dokuments zugeordnet sein. (Eine Ausnahme bilden wiederum die *simple-structured CCITT documents*, bei denen dieses
Attribut fehlen kann; bei diesen ergibt sich die Zuordnung der *content
portions* auf Grund ihres Aufbaus quasi „automatisch", die explizite Zuweisung durch ein Attribut kann entfallen.)

Die Bedeutung dieses Attributs ist der des Attributs **subordinates** sehr ähnlich: Es spezifiziert die *content portions*, die dem Objekt beziehungsweise der Objektklasse zugeordnet sind. (Bei dem Attribut **subordinates** wird statt „zugeordnet" der Begriff „direkt untergeordnet" verwendet.) Genauer: Wenn der Wert des Attributs **object identifier** oder **object class identifier** für ein bestimmtes Objekt beziehungsweise eine bestimmte Objektklasse $[\![x_1\ x_2 \ldots x_n]\!]$ und der Wert des Attributs **content portions** $[\![y_1\ y_2 \ldots y_m]\!]$ ist, dann ist damit festgelegt, daß die dem Objekt beziehungsweise der Objektklasse zugeordneten *content portions* diejenigen sind, bei denen der Wert des Attributs **content identifier layout** beziehungsweise **content identifier logical** $[\![x_1\ x_2 \ldots x_n\ y_1]\!]$, $[\![x_1\ x_2 \ldots x_n\ y_2]\!]$ $\ldots$ $[\![x_1\ x_2 \ldots x_n\ y_m]\!]$ ist. (Welches dieser beiden Attribute in Frage kommt oder ob sogar beide in Frage kommen, hängt davon ab, ob das Objekt beziehungsweise die Objektklasse zur logischen Struktur oder zur Layoutstruktur gehört.) In der Zahlenfolge $[\![y_1\ y_2 \ldots y_m]\!]$ darf keine Zahl zweimal auftreten ($y_i \neq y_j$ für $i \neq j$), wie wohl unmittelbar einsichtig ist.

Eine *content portion*, die einer Objektklasse zugeordnet ist, wird als *generic content portion* bezeichnet.

Wie bei dem Attribut **subordinates** spielt die Reihenfolge der Zahlen beim Wert des Attributs **content portions** eine Rolle: Sie definiert die *sequential order* der *content portions*, die festlegt, in welcher Rangfolge die *content portions* vom Layoutprozeß oder *imaging process* abgearbeitet werden sollen. (Die Reihenfolge kann allerdings für den *imaging process* durch das Attribut **imaging order** modifiziert werden.)

3.2.7 Attribute für Referenzen

Neben den Attributen zur Beschreibung der spezifischen und generischen Strukturen gibt es vier weitere Attribute, mit denen Beziehungen zwischen den *constituents* eines Dokuments oder möglicherweise auch zu *constituents* in einem anderen ODA-Dokument beschrieben werden. Diese vier Attribute sind **object class**, **presentation style**, **layout style** und **resource**.

Der Wert des Attributs **object class** ist ein *object-class-id* (s. S. 68):

object class $=$ *object-class-id*

Dieses Attribut kann bei allen *constituents* der spezifischen Strukturen angegeben werden; es muß sogar bei allen *constituents* der spezifischen logischen Struktur beziehungsweise bei allen *composite objects* der spezifischen Layoutstruktur angegeben werden, wenn die jeweiligen generischen

Strukturen *complete generator sets* sind. Wie schon des öfteren erwähnt, dient es dazu, ein spezifisches Objekt einer Objektklasse zuzuordnen, um Konsistenzprüfungen zwischen spezifischen und generischen Strukturen zu ermöglichen, oder bei Objekten der spezifischen Strukturen anzugeben, wo gegebenenfalls nach *Default*-Werten für Attributwerte zu suchen ist (s. 3.2.14).

Der Wert des Attributs presentation style ist entweder ein *presentation-style-id* (s. S. 69) oder der Wert null, also:

presentation style = (*presentation-style-id* | null)

Dieses Attribut kann bei *basic objects* und *basic object classes* angegeben werden, also bei *basic logical objects*, *basic pages*, *blocks*, *basic logical object classes*, *basic page classes* und *block classes*. Es legt fest, welcher *presentation styles* einem Objekt beziehungsweise einer Objektklasse zugeordnet ist und beim Layoutprozeß oder *imaging process* jeweils herangezogen wird. Der Wert null für dieses Attribut bedeutet, daß dem betreffenden Objekt beziehungsweise der betreffenden Objektklasse kein *presentation style* zugeordnet ist.

Der Wert des Attributs layout style ist entweder ein *layout-style-id* (siehe S. 69) oder der Wert null:

layout style = (*layout-style-id* | null)

Das Attribut kann bei allen Objekten und Objektklassen der logischen Struktur angegeben werden und legt fest, welcher *layout style* während des Layoutprozesses zur Erzeugung der spezifischen Layoutstruktur bei einem bestimmten Objekt der logischen Struktur herangezogen werden soll. Der Wert null für dieses Attribut bedeutet, daß dem betreffenden Objekt beziehungsweise der betreffenden Objektklasse kein *layout style* zugeordnet ist.

Der Wert des Attributs resource ist eine Zeichenkette aus Zeichen des *minimum subrepertoire* von ISO 6937, Teil 2, also:

resource =   '*ISO-6937/2 character string*'

Dieses Attribut kann bei allen Objektklassen der generischen logischen Struktur und der generischen Layoutstruktur angegeben werden. Es dient dazu, eine Objektklasse in einem sogenannten *resource document* zu referieren (s. 3.4.3). Um eine solche Referenz auflösen zu können, muß

noch der Wert des Attributs **resources** im *document profile* herangezogen
werden (s. S. 181).

3.2.8 Attribute zur Beschreibung des Dokumentinhalts

In Teil 2 der Norm sind zehn Attribute beschrieben, die den eigentlichen
Inhalt eines ODA-Dokuments betreffen. Es sind die Attribute content
architecture class, content type, content information, alternative representation, type of coding, coding attributes, presentation attributes, bindings,
content generator und logical source. Weitere auf den Inhalt bezogene
Attribute finden sich in den Teilen 6, 7 und 8 der Norm, wo die Inhaltsarchitekturen (*content architectures*) erklärt werden.

Content architecture class und content type

Die beiden Attribute content architecture class und content type dienen
dazu, für *basic objects* festzulegen, welche Art von Inhalt die diesen Objekten zugeordneten *content portions* haben.

Der Wert des Attributs content architecture class ist einer der Werte
formatted character content architecture, processable character content architecture, formatted processable character content architecture, formatted
raster graphics content architecture, formatted processable raster graphics
content architecture oder formatted processable geometric graphics content
architecture, also:

```
content architecture class =
    (formatted character content architecture
    | processable character content architecture
    | formatted processable character content architecture
    | formatted raster graphics content architecture
    | formatted processable raster graphics content architecture
    | formatted processable geometric graphics content architecture )
```

Dieses Attribut kann bei *basic objects* und *basic object classes* angegeben werden, also bei *basic logical objects, basic pages, blocks, basic
logical object classes, basic page classes* und *block classes*. Wenn es bei
Objekten der spezischen Strukturen fehlt, wird ein *Default*-Wert nach
dem in 3.2.14 beschriebenen Verfahren ermittelt. Wird kein expliziter
Default-Wert gefunden, wird der Wert formatted character content architecture angenommen.

Die Werte sind nicht als Zeichenketten codiert, sondern als sogenannte *ASN.1 object identifiers* (s. S. 197). Wegen der besseren Lesbarkeit sind hier allerdings die Bedeutungen dieser *ASN.1 object identifiers* angegeben; die exakten Werte finden sich in den Teilen der Norm, die die Inhaltsarchitekturen beschreiben (s. S. 228, 264 und 298).

Das Attribut content type hat stets den Wert formatted raster graphics content architecture, also:

content type = formatted raster graphics content architecture

Das Attribut kann bei *basic layout objects* und *basic layout object classes* angegeben werden, also bei *basic pages, blocks, basic page classes* und *block classes*. Es kann, bei den angegebenen Objekten und Objektklassen und für die angegebene Art des Inhalts, als Alternative zu dem Attribut content architecture class verwendet werden.

Diese eigentlich überflüssige Alternative wurde allein wegen der Kompatibilität zu den CCITT *Recommendations* der T.400er-Serie in die ODA-Norm aufgenommen. Wenn das Attribut content architecture class vorhanden ist beziehungsweise für dieses ein *Default*-Wert in der generischen Struktur oder in einem *resource document* ermittelt werden kann, wird das Attribut content type ignoriert.

Content information und alternative representation

Die beiden Attribute content information und alternative representation sind die einfachste und in der Regel gebräuchlichste Art, den eigentlichen Inhalt eines Dokuments zu spezifizieren.

Der Wert des Attributs content information ist eine beliebige Folge von Bytes (s. S. 65), die den eigentlichen Inhalt eines Dokuments repräsentieren. Die zulässigen Bytefolgen werden in den Teilen 6, 7 und 8 der Norm festgelegt, in denen die Inhaltsarchitekturen von ODA-Dokumenten beschrieben werden. Es gilt also:

content information = '*octet string*'

Das Attribut kann bei *content portions* angegeben werden. Wenn es fehlt, wird ein *Default*-Wert nach dem in 3.2.14 beschriebenen Verfahren ermittelt. Wird kein expliziter *Default*-Wert gefunden, wird als *Default*-Wert eine leere Bytefolge angenommen.

Der Wert des Attributs alternative representation ist eine Zeichenkette, wobei die Zeichen aus dem Zeichenvorrat gewählt werden, der im *document profile* bei dem Attribut alternative representation character sets angegeben ist (s. S. 65).

> alternative representation =
>   '*alternative representation character string*'

Das Attribut kann bei *content portions* angegeben werden und gibt dann eine Zeichenfolge an, die statt des eigentlichen Inhalts der betreffenden *content portion* (angegeben durch das Attribut content information) dargestellt werden soll. Eine typische Anwendung für dieses Attribut ist beispielsweise folgende: Einer *content portion* möge ein Rasterbild zugeordnet sein. Das betreffende ODA-Dokument soll nun an einen Empfänger verschickt werden, dessen ODA-System möglicherweise nicht die *raster graphics content architecture* implementiert hat, der Empfänger kann also die betreffende *content portion* nicht verarbeiten. In diesem Fall kann man mit dem Attribut alternative representation dem Empfänger zumindest einen Hinweis geben, was die betreffende *content portion* darstellen soll, etwa indem man angibt

> alternative representation = 'Rasterbild, das ... darstellt'

Wenn im *document profile* das Attribut alternative representation character sets fehlt, also der Zeichenvorrat für die darzustellenden Zeichenkette fehlt, wird als *Default*-Wert hierfür das *minimum subrepertoire* von ISO 6937, Teil 2, genommen.

Type of coding, coding attributes und presentation attributes

Mit den drei Attributen type of coding, coding attributes und presentation attributes können Angaben zur Codierung und zur Darstellung von *content portions* gemacht werden. Diese Angaben sind natürlich von der Art des Inhalts der *content portions* abhängig, und die Werte, die diese drei Attribute annehmen können, werden deshalb auch in den Teilen 6, 7 und 8 der Norm beschrieben; daher soll hier nicht detailliert auf sie eingegangen werden.

Der Wert des Attributs type of coding ist ein sogenannter „*ASN.1 object identifier* " (s. S. 197), der von der Inhaltsarchitektur der betreffenden *content portion* abhängt:

> type of coding = '*ASN.1 object-identifier*'

Dieses Attribut kann bei *content portions* angegeben werden. Wenn es fehlt, wird ein *Default*-Wert nach dem in 3.2.14 beschriebenen Verfahren ermittelt. Wird kein expliziter *Default*-Wert gefunden, wird – in Abhängigkeit von der Art des Inhalts der betreffenden *content portion* – derjenige *Default*-Wert genommen, der dafür in Teil 6, 7 oder 8 der Norm angegeben ist. (Bei *formatted raster graphics content* kann statt eines *ASN.1 object identifier* auch die Zahl „0" als Attributwert auftreten.)

Der Wert des Attribut **coding attributes** besteht aus einer Menge von sogenannten *coding attributes*, die von der verwendeten Inhaltsarchitektur abhängen:

coding attributes =
   ({ '*character content coding attribute*' }
   | { '*raster graphics content coding attribute*' }
   | { '*geometric graphics content coding attribute*' })

Dieses Attribut kann bei *content portions* angegeben werden. Welche *coding attributes* zulässig sind, ob sie *non-mandatory* oder *defaultable* sind und wie gegebenenfalls der *Default*-Wert ermittelt wird, ist in den Teilen 6, 7 und 8 der Norm beschrieben (s. S. 229, Abschn. 7.2.1 und S. 299).

Der Wert des Attributs **presentation attributes** besteht aus einer oder mehreren Menge von Attributen, die sogenannte *presentation attributes* der einzelnen Inhaltsarchitekturen sind:

presentation attributes =
   {[{ '*character content presentation attribute*' }]
   [{ '*raster graphics content presentation attribute*' }]
   [{ '*geometric graphics content presentation attribute*' }]}

Dieses Attribut kann bei *basic page classes*, *block classes*, *basic pages*, *blocks* und *presentation styles* angegeben werden. Wenn das Attribut selbst fehlt oder wenn das Attribut zwar vorhanden ist, aber eines der *presentation attributes*, für das während des Layoutprozesses oder des *imaging process* ein Wert benötigt wird, nicht in der Menge der angegebenen Attribute auftaucht, wird bei *pages* oder *blocks* ein *Default*-Wert nach dem in 3.2.14 beschriebenen Verfahren ermittelt. Wird kein expliziter *Default*-Wert gefunden, wird für das betreffende *presentation attribute* derjenige *Default*-Wert genommen, der dafür in den Teile 6, 7 oder 8 der Norm angegeben ist (s. 6.2.1, 7.2.2 und 8.2.2).

Die Angabe von mehr als einer Menge von *presentation attributes* ist bei *basic page classes, block classes, basic pages* und *blocks* nicht sinnvoll, denn diesen ist mittels des Attributs **content architecture class** stets genau eine Inhaltsarchitektur zugeordnet, deshalb können nur *presentation attributes* dieser Inhaltsarchitektur zur Anwendung kommen. Anders ist die Situation allerdings bei *presentation styles*, denn diese können von mehreren Objekten, die dann auch unterschiedliche Inhaltsarchitekturen haben können, referiert werden.

Bindings, content generator und logical source

Die drei Attribute **bindings**, **content generator** und **logical source** stehen in enger Beziehung miteinander und ermöglichen die Generierung von Teilen des Inhalts eines Dokuments während des Layoutprozesses. Eine solche Generierung von Inhalt ist beispielsweise nötig, wenn man bei der Erzeugung der spezifischen Layoutstruktur eines Dokuments automatisch die Seiten numerieren oder etwa Kopf- oder Fußzeilen erzeugen will, die die Überschrift des auf der jeweiligen Seite gerade aktuellen Kapitels enthalten.

Der Wert des Attributs **bindings** ist eine Menge von Paaren, wobei jedes Paar aus einem *binding name* und einem *binding value* besteht. Ein *binding name* ist eine Zeichenkette, deren Zeichen aus dem *minimum subrepertoire* von ISO 6937, Teil 2, stammen, und ein *binding value* ist bei Objektklassen der generischen Struktur oder bei spezifischen logischen Objekten eine *object identifier expression, string expression* oder *numeric expression* und bei Objekten der spezifischen Layoutstruktur ein *string literal*, eine Zahl (*integer*) oder ein *object-id* (s. 3.2.3). Es ergibt sich also:

bindings $= \{['binding\ name'\ 'binding\ value']^+\}$

binding name $:=\ 'ISO\text{-}6937/2\ character\ string'$

binding value $:=$
  $('object\ identifier\ expression'\ |\ 'string\ expression'$
  $|\ 'numeric\ expression'\ |\ 'string\ literal'\ |\ integer\ |\ object\text{-}id)$

Das Attribut **bindings** kann für alle Arten von Objekten und Objektklassen angegeben werden. Wenn bei Objekten der spezifischen Strukturen das Attribut fehlt oder wenn es zwar vorhanden ist, aber der gesuchte *binding name* nicht bei dem Attribut auftritt, wird nach dem in 3.2.14

beschriebenen Verfahren ein *Default*-Wert ermittelt. Wenn kein expliziter *Default*-Wert für den gewünschten *binding name* gefunden wird, ist der *binding value* für diesen *binding name* undefiniert.

Zwar kann das Attribut bindings bei allen Arten von Objekten oder Objektklassen angegeben werden, aber die Bezugnahme auf *binding values* für bestimmte *binding names* darf nur mittels des Attributs content generator erfolgen und die „Berechnung" eines *binding value* muß letztendlich immer den Wert eines üblichen ODA-Attributs ergeben.

Mit dem Attribut bindings wird, in allerdings sehr eingeschränktem Maße, das Konzept von Variablen eingeführt, das von Programmiersprachen her bekannt ist. Analog dem Konzept von Variablen erhält man: Der *binding name* entspricht dem Variablennamen, der *binding value* dem Wert der Variablen beziehungsweise der Berechnungsvorschrift für den Wert der Variablen.

Die „Deklaration" einer Variablen und eine Wertzuweisung an die Variable beziehungsweise die Definition einer Berechnungsvorschrift für die Variable geschieht dadurch, daß das Attribut bindings mit einem Paar „'*binding name*' '*binding value*'" angegeben ist. (Eine solche Deklaration darf bei allen Objekten und Objektklasse vorgenommen werden.) Die „Verwendung" der Variablen ist nur bei Werten des Attributs content generator zulässig.

Der Wert des Attributs content generator ist eine *string expression*:

content generator = '*string expression*'

Dieses Attribut kann bei *basic object classes* und *basic logical objects* angegeben werden, also bei *basic page classes, block classes, basic logical object classes* und *basic logical objects*. Die Auswertung der *string expression* erfolgt während des Layoutprozesses, und die dabei ermittelte Zeichenkette ist ein Stück Inhalt, der dem betreffenden Objekt zugeordnet ist. Ob dieser Inhalt als *character content, raster graphics content* oder *geometric graphics content* interpretiert wird, hängt von der dem betreffenden Objekt zugeordneten Inhaltsarchitektur ab (s. S. 95).

Das Attribut content generator wird ignoriert, wenn dem Objekt, bei dem es angegeben ist, mehr als eine *content portion* zugeordnet ist oder wenn diesem zwar nur eine *content portion* zugeordnet ist, bei der aber das Attribut content information (s. S. 96) spezifiziert ist.

Etwas vereinfacht formuliert, gibt es also im Prinzip zwei Möglichkeiten, einem *basic object* Inhalt zuzuordnen, nämlich erstens durch das Attribut content information, das bei den einem *basic object* zugeordneten *content portions* angegeben ist, und zweitens durch das Attribut content generator, das bei einem *basic object* angegeben ist. In beiden Fällen wird dabei gegebenenfalls noch die dem betreffenden *basic object* zugeordnete Objektklasse herangezogen. Die genauen Regeln zur Ermittlung des einem *basic object* zugeordneten Inhalts sind in 3.2.15 angegeben.

Zur Verdeutlichung der Anwendung dieser beiden Attribute sei als Beispiel die automatische Erzeugung von Kapitelnummern gezeigt. In einem bestimmten Dokument seien die der *document logical root class* direkt untergeordneten logischen Objekte „Kapitel", die wiederum in die Objekte „Kapitelnummer" (*basic logical objects*) und „Kapiteltext" unterteilt seien. (Die weitere Unterstrukturierung von „Kapiteltext" ist für das Beispiel nicht von Interesse.) In Abb. 20 ist die hierarchische Struktur eines solchen Dokuments exemplarisch dargestellt.

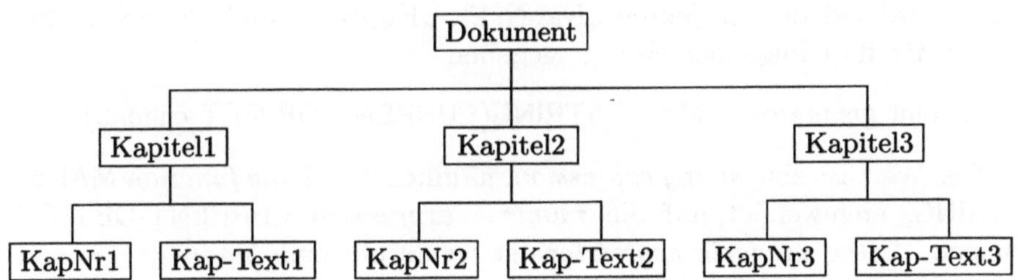

Abb. 20: Spezifische logische Struktur eines Dokuments

Um die aktuelle Kapitelnummer während des Layoutprozesses automatisch zu erzeugen, also in der spezifischen Layoutstruktur bei den *content portions*, die die Kapitelnummer enthalten, die jeweils aktuelle Kapitelnummer zu bekommen, geht man folgendermaßen vor: Man benötigt eine „Variable", die mit dem Wert Null initialisiert und bei jedem neuen Kapitel um Eins erhöht wird. Diese „Variable" erzeugt man hier sinnvollerweise in der *document logical root* mit dem Attribut bindings, indem man dort diesem Attribut folgenden Wert zuordnet:

bindings = {(chapno 0)}

Der *binding value* ist somit die Zahl (*integer*) „0". Bei den *basic logical objects*, die die Kapitelnummern repräsentieren, im Beispiel also bei den Objekten „KapNr1", „KapNr2" und „KapNr3", ist dann für das Attribut bindings der Wert

bindings =
{(chapno (INCREMENT(PRECEDING(CURRENT-OBJECT) chapno)))))}

angegeben. (Zur Verdeutlichung der Struktur dieses Ausdrucks wurden Klammern eingefügt.) Der *binding value* ist hier also eine *numeric expression*, nämlich die Funktion INCREMENT, angewendet auf die *numeric expression* (PRECEDING(CURRENT-OBJECT) chapno). Dies wiederum ist eine *binding reference* mit dem *binding name* chapno und der *binding reference expression* PRECEDING(CURRENT-OBJECT), womit dasjenige Objekt referiert wird, das in der *sequential order* dem betreffenden Objekt unmittelbar vorangeht (s. S. 78).

Im Prinzip bedeutet dies folgendes: Der Wert der „Variablen" chapno ist rekursiv definiert. Er ist Null bei der *document logical root* und sonst der um Eins erhöhte Wert von chapno bei dem jeweils vorangehenden Objekt in der *sequential order*.

Mit dem Attribut content generator läßt sich dann auf die „Variable" chapno zugreifen und mit ihr ein Stück Inhalt für das Dokument erzeugen. Dazu wird bei den Objekten „KapNr1", „KapNr2" und „KapNr3" für dieses Attribut folgender Wert angegeben:

content generator = MAKE-STRING(CURRENT-OBJECT chapno)

Der Wert ist eine *string expression*, nämlich die *string function* MAKE-STRING, angewendet auf die *numeric expression* CURRENT-OBJECT chapno. Diese *numeric expression* ist wiederum eine *binding reference*, mit der auf den *binding value* für den *binding name* chapno beim jeweiligen Objekt zugegriffen wird. Vereinfach formuliert: Das Attribut content generator nimmt den Wert der numerischen Variablen chapno beim jeweiligen Objekt und transformiert ihn in eine Zeichenkette.

Das Attribut logical source wird in der ODA-Norm als *formatting attribute* bezeichnet. Neben content information und content generator ist es das dritte Attribut, mit dem sich Teile des Inhalts eines Dokuments erzeugen lassen, und es soll deshalb auch in diesem Abschnitt behandelt werden.

Der Wert des Attributs logical source ist ein *logical object class identifier*:

logical source = *logical-object-class-id*

Dieses Attribut kann für *frame classes* angegeben werden und bewirkt dann folgendes: Jedesmal, wenn während des Layoutprozesses ein *frame* erzeugt wird, das zu einer solchen *frame class* gehört, wird auch ein logisches Objekt generiert, das zu der logischen Objektklasse gehört, die durch den Wert des Attributs logical source referiert wird. Wenn für diese Objektklasse das Attribut generator for subordinates angegeben ist, wird dessen Wert ermittelt, und es werden dann auch die entsprechenden untergeordneten logischen Objekte erzeugt. Diese beiden Schritte – Auswertung des Attributs **generator for subordinates** mit nachfolgender Erzeugung entspechender logischer Objekte – werden gegebenenfalls mehrmals durchgeführt, bis man bei *basic logical object classes* angekommen ist.

object-class-id	generator for subordinates	Art der Objektklasse
[2 4]	seq [2 4 0] [2 4 1]	*composite*
[2 4 0]	(nicht vorhanden)	*basic*
[2 4 1]	seq [2 4 1 0] [2 4 1 1]	*composite*
[2 4 1 0]	(nicht vorhanden)	*basic*
[2 4 1 1]	(nicht vorhanden)	*basic*

Abb. 21: Ausschnitt aus der generischen logischen Struktur eines Dokuments

Zur Verdeutlichung betrachte man Abb. 21 mit Werten für das Attribut **generator for subordinates** für einige logische Objektklassen mit den angegebenen *object-class-id*. Es ist jeweils angegeben, welche Objektklassen *composite* und welche *basic* sind.

Wenn nun bei einer *frame class* mit dem Attribut **logical source** Bezug auf die Objektklasse mit dem *object-class-id* [2 4] genommen wird, werden während des Layoutprozesses jeweils bei der Verarbeitung eines dieser *frame class* zugeordneten *frame* logische Objekte generiert. Diese logischen Objekte bilden eine Baumstruktur, die sich aus den Werten der Attribute **generator for subordinates** ableitet. Die erzeugten logischen Objekte könnten dann die in Abb. 22 gezeigten *object-ids* mit den angegebenen Werte für die Attribute **subordinates** und **object class** haben.

object-id	subordinates	object class
[3 7 6]	[0 1]	[2 4]
[3 7 6 0]	(nicht vorhanden; *basic logical object*)	[2 4 0]
[3 7 6 1]	[0 1]	[2 4 1]
[3 7 6 1 0]	(nicht vorhanden; *basic logical object*)	[2 4 1 0]
[3 7 6 1 1]	(nicht vorhanden; *basic logical object*)	[2 4 1 1]

Abb. 22: Durch **logical source** erzeugte spezifische logische Objekte

Der Wurzelknoten in diesem Teilbaum hat also den *object-id* [3 7 6] und die zugeordnete Objektklasse mit dem *object-class-id* [2 4]. Diesem logischen Objekt sind die beiden Objekte mit den *object-ids* ⟦3 7 6 0⟧ (ein *basic logical object*) und ⟦3 7 6 1⟧ (ein *composite logical object*) untergeordnet, die zu den Objektklassen mit den *object-class-ids* ⟦2 4 0⟧ und ⟦2 4 1⟧ gehören. Dem *composite logical object* ⟦3 7 6 1⟧ sind noch zwei *basic logical objects* mit den *object-ids* ⟦3 7 6 1 0⟧ und ⟦3 7 6 1 1⟧ untergeordnet, die zu den Objektklassen ⟦2 4 1 0⟧ und ⟦2 4 1 1⟧ gehören.

Man beachte hierbei folgendes: Bei der Ermittlung des Wertes des Attributs **generator for subordinates** muß sich genau ein Wert ergeben, denn sonst wäre ja nicht eindeutig festgelegt, welche logischen Objekte zu generieren sind. Mehrdeutige Werte dieses Attributs, wie etwa die auf Seite 81 beschriebenen, sind nicht zulässig.

Den bei diesem Prozeß erzeugten *basic logical objects* ist nun dadurch ein Stück Inhalt zugeordnet, daß entweder bei den zugehörigen *basic logical object classes* mit dem Attribut **content portions** auf generische *content portions* verwiesen wird oder bei diesen das Attribut **content generator** angegeben ist. Dieser Inhalt wird dann in dem *frame* dargestellt, das die Erzeugung dieser logischen Objekte veranlaßt hat. Bei den *content portions*, die dabei in der spezifischen Layoutstruktur entstehen, wird das Attribut **content identifier layout** (nicht **content identifier logical**) angegeben.

Die bei diesem Prozeß erzeugten logischen Objekte sind nur als temporäre Objekte (*temporary logical objects*) zu betrachten; sie sind kein eigentlicher Bestandteil der spezifischen logischen Struktur und treten insbesondere beim Austausch von ODA-Dokumenten nicht im Datenstrom auf. Die bei diesem Prozeß erzeugten Layoutobjekte (*frames*, untergeordnete *blocks* und zugeordnete *content portions*) sind andererseits natürlich Bestandteil der spezifischen Layoutstruktur geworden und werden auch beim Austausch mitversandt. Wenn in der ODA-Norm von Objekten der spezifischen logischen Struktur gesprochen wird, sind – sofern nicht explizit etwas anderes gesagt wird – nie diese temporären logischen Objekte gemeint.

Vereinfacht zusammengefaßt ergibt sich also: Durch das Attribut **logical source** werden während des Layoutprozesses Objekte in der spezifischen logischen Struktur erzeugt, die dort vorher noch nicht vorhanden waren. Den dabei neu erzeugten *basic logical objects* ist, wie üblich, auch ein Stück Inhalt des Dokuments zugeordnet (mittels des Attributs **content generator** oder über generische *content portions*), der dann vom Layoutprozeß verarbeitet wird. Somit kann also durch den Layoutprozeß Inhalt generiert werden.

Eine typische Anwendung für das Attribut **logical source** ist beispielsweise die automatische Erzeugung von Kopfzeilen und Fußzeilen. Um zum Beispiel während des Layoutprozesses automatisch auf jeder Seite eine Kopfzeile mit einem bestimmten Inhalt zu erzeugen, könnte man folgendermaßen vorgehen: Man spezifiziert in der generischen Layoutstruktur als untergeordnete Objektklasse zur *page class* außer der *frame class*, die den eigentlichen Text der Seite aufnehmen soll, eine weitere *frame class* für die Kopfzeile, bei der man das Attribut logical source mit dem Verweis auf eine Objektklasse in der generischen logischen Struktur angibt. Bei dieser Objektklasse könnte dann das Attribut content generator angegeben sein, das den eigentlichen Inhalt der Kopfzeile erzeugt. (Wenn diese Objektklasse ein *composite logical object* ist, wird der Inhalt erst in untergeordneten *basic logical objects* angegeben.) Während des Layoutprozesses wird dann bei jeder Erzeugung einer *page* auch ein *frame* generiert, das die Erzeugung eines oder mehrerer temporärer logischer Objekte gemäß den Angaben in der generischen logischen Struktur veranlaßt und den dabei erzeugten Inhalt im *frame* darstellt.

3.2.9 Attribute zur Einfügung von Kommentaren

Es gibt drei Attribute, nämlich application comments, user-readable comments und user-visible name, mit denen man *constituents* mit Kommentaren versehen kann. Diese drei Attribute haben, im Unterschied zu allen anderen Attributen der ODA-Norm, eigentlich keine festgelegte Semantik. In der Norm ist nicht beschrieben, wie sie bei der Verarbeitung von ODA-Dokumenten zu interpretieren sind, und es liegt im Ermessen der Autoren von ODA-Dokumenten, wozu sie diese Attribute verwenden wollen. Man kann mit ihnen die *constituents* mit zusätzlichen Informationen versehen, die üblicherweise nicht automatisch von einer ODA-Implementation ausgewertet, sondern beispielsweise von einer Person, der man ein ODA-Dokument schickt, gelesen und interpretiert werden.

Der Wert der Attribute user-readable comments und user-visible name besteht aus einer Zeichenkette, deren Zeichen aus einem Zeichenvorrat gewählt werden, der durch das Attribut comments character sets im *document profile* festgelegt wird (s. S. 183). Wenn dieses Attribut im *document profile* fehlt, wird als *Default*-Zeichensatz das *minimum subrepertoire* von ISO 6937, Teil 2, erweitert um die Kontrollfunktionen „*space*", „*carriage return*" und „*line feed*", genommen. Es gilt also:

user-readable comments = *comments character string*

user-visible name = *comments character string*

Die Attribute user-readable comments und user-visible name können bei allen *constituents* der spezifischen und generischen Strukturen und

auch bei *layout styles* und *presentation styles* angegeben werden. Wenn
bei Objekten der spezifischen Strukturen die Attribute fehlen, wird nach
dem in 3.2.14 beschrieben Verfahren ein *Default*-Wert ermittelt. Wird
kein expliziter *Default*-Wert gefunden, wird eine leere Zeichenkette als
Default-Wert für die Attribute angenommen.

Als Wert des Attributs application comments ist eine beliebige Folge
von Bytes (s. S. 65) zulässig:

application comments = *octet string*

Das Attribute application comments kann ebenfalls bei allen *constituents* der spezifischen und generischen Strukturen, allerdings nicht bei
styles, angegeben werden. Wenn es bei Objekten der spezifischen Strukturen fehlt, wird nach dem in 3.2.14 beschrieben Verfahren ein *Default*-
Wert ermittelt. Wird kein expliziter *Default*-Wert gefunden, wird eine
leere Folge von Bytes als *Default*-Wert angenommen.

Die Namensgebung der Attribute gibt Hinweise, zu welchem Zweck
man die Attribute verwenden sollte. Das Attribut user-visible name sollte
dazu benutzt werden, den *constituents* als Namen Zeichenketten zuzuordnen. Für die eigentliche Namensgebung werden in ODA-Dokumenten bekanntlich Zahlenfolgen verwendet (s. S. 66 bis 69), denen man die Bedeutung des betreffenden *constituent* in einem bestimmten Dokument nicht
ansehen kann. Dadurch daß man zum Beispiel in der generischen Struktur bei einer Objektklasse „user-visible name='Adresse' " spezifiziert und
somit die Objektklasse mit einem Namen versieht, kann ein menschlicher
Leser erkennen, wozu diese Objektklasse gedacht ist, denn mit dem Begriff „Adresse" dürfte jeder intuitiv eine bestimmte Semantik verbinden,
auch wenn diese nicht explizit in der ODA-Norm definiert ist. Dies kann
für den Autor von ODA-Dokumenten gelegentlich von Nutzen sein.

Zur weiteren Kommentierung können die Attribute application comments und user-readable comments genutzt werden. Dabei sollte das erste
Attribut für Kommentare bezüglich der Verarbeitung des betreffenden
constituent in einer bestimmten Anwendung dienen, das zweite für Kommentare bezüglich des *constituent*, die anwendungsunabhängig sind. Detaillierte Vorschriften werden hierzu in der ODA-Norm allerdings nicht
gemacht.

3.2.10 Attribute zur Steuerung des Layoutprozesses

In der ODA-Norm sind eine Reihe von Attributen spezifiziert, mit denen
der Layoutprozeß gesteuert wird. In alphabetischer Reihenfolge sind dies
**balance, block alignment, border, concatenation, dimensions, fill order, indi-
visibility, layout category, layout object class, layout path, new layout object,
offset, permitted categories, position, same layout object, separation** und
synchronization. Die Attribute sollen, entsprechend ihrer Funktionalität
geordnet, im folgenden behandelt werden. Eine solche Klassifizierung
ist allerdings nicht immer ganz eindeutig, denn das gleiche Ergebnis bei
der Layoutgestaltung eines Dokuments läßt sich gelegentlich durch die
Verwendung unterschiedlicher Attribute erreichen.

Layout path und fill order

Die beiden Attribute **layout path** und **fill order** legen die Richtungen fest, in
die während des Layoutprozesses die Layoutobjekte (*frames* und *blocks*)
auf dem Ausgabemedium dargestellt werden sollen.

Der Wert des Attributs **layout path** ist entweder 0°, 90°, 180° oder
270°, also:

layout path = (0° | 90° | 180° | 270°)

Das Attribut kann bei *frame classes* und *frames* angegeben werden.
Wenn es bei *frames* fehlt, wird ein *Default*-Wert nach dem in 3.2.14 beschriebenen Verfahren ermittelt. Wird kein expliziter *Default*-Wert gefunden, wird 270° angenommen.

Durch den Wert des Attributs wird festgelegt, in welche Richtung
die unmittelbar untergeordneten Layoutobjekte (*frames* oder *blocks*)
während des Layoutprozesses angeordnet werden sollen. Diese Richtung
wird auch als *layout path* bezeichnet. Allerdings wird dieses Attribut nur
dann angewendet, wenn die Lage der untergeordneten Objekte noch nicht
festgelegt ist. Das heißt, bei dem Attribut **position** der untergeordneten
Layoutobjekte muß der Parameter **variable position** (s. S. 114) angegeben
sein. Zur Verdeutlichung betrachte man Abb. 23.

In dem Beispiel sind sieben Layoutobjekte dargestellt: eine *page* mit
zwei untergeordneten *frames*, in denen jeweils zwei *blocks* enthalten sind.
Bei der *page* ist als Wert des Attributs **layout path** 0° angegeben, das
heißt der zweite *frame* wird rechts neben dem ersten *frame* plaziert. Bei
den beiden *frames* ist der Wert des Attributs 270°, das heißt die *blocks*

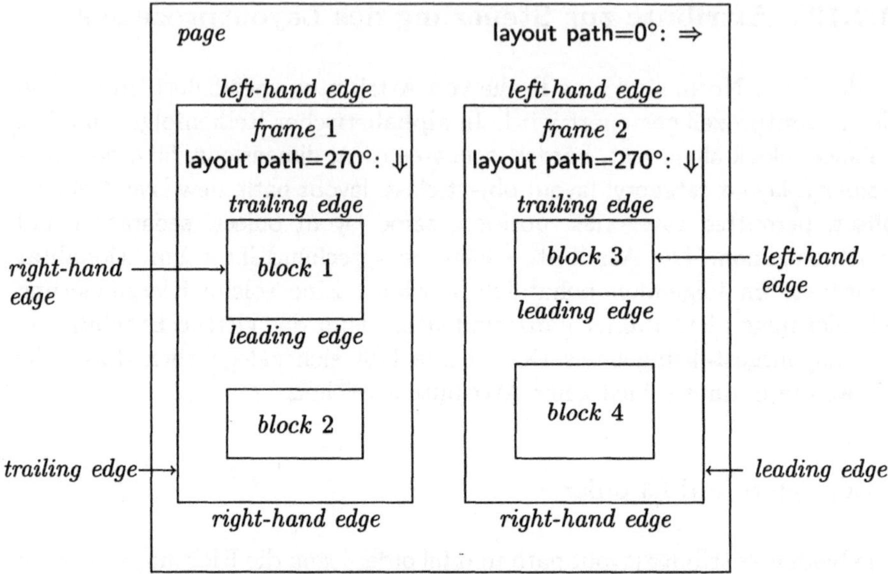

Abb. 23: Beispiel für den *layout path* und die Bezeichnungen der Ränder

in den *frames* werden untereinander angeordnet. Diese Festlegung des jeweiligen *layout path* entspricht also einem zweispaltigen Satz.

Man beachte, daß als Wert des Attributs layout path auch 90° („von unten nach oben") und 180° („von rechts nach links") zulässig sind. Die ODA-Norm ist also auch auf Dokumente anwendbar, bei denen die Schreibrichtung nicht wie im Deutschen von links nach rechts und von oben nach unten verläuft.

In Abb. 23 sind bei einigen Rändern der Layoutobjekte Bennenungen angegeben. Jedes Layoutobjekt hat vier Ränder, die als *leading edge*, *trailing edge*, *left-hand edge* und *right-hand edge* bezeichnet werden. Man beachte, daß der Namen eines Randes von der Richtung des *layout path* abhängt: *leading edge* und *trailing edge* verlaufen senkrecht, *left-hand edge* und *right-hand edge* parallel zum *layout path*.

Der Wert des Attributs fill order ist entweder normal order oder reverse order:

    fill order = (normal order | reverse order)

Das Attribut kann bei *layout styles* angegeben werden und wird während des Layoutprozesses bei der Verarbeitung von *basic logical ob-*

jects benötigt. Der Wert des Attributs wird nach dem in 3.2.14 angegebenen Verfahren ermittelt; sein *Default*-Wert ist normal order.

Das Attribut legt fest, an welcher Stelle die *blocks*, die den Inhalt der *basic logical objects* enthalten, innerhalb des ihnen direkt übergeordneten Layoutobjekts plaziert werden sollen, wobei sich die Angabe normal order oder reverse order jeweils auf den *layout path* bezieht.

Dabei werden alle *blocks*, für die der Wert normal order gilt, hintereinander in Richtung des *layout path* entsprechend ihrer *sequential order* angeordnet, wobei die *trailing edge* des ersten dieser *blocks* der *trailing edge* des übergeordneten Layoutobjekts benachbart ist.

Alle *blocks*, für die der Wert reverse order gilt, werden ebenfalls hintereinander in Richtung des *layout path* entsprechend ihrer *sequential order* angeordnet, aber jetzt wird die *leading edge* des letzten dieser *blocks* an der *leading edge* des übergeordneten Layoutobjekts ausgerichtet. In Abb. 24 ist ein Beispiel für dieses Attribut angegeben.

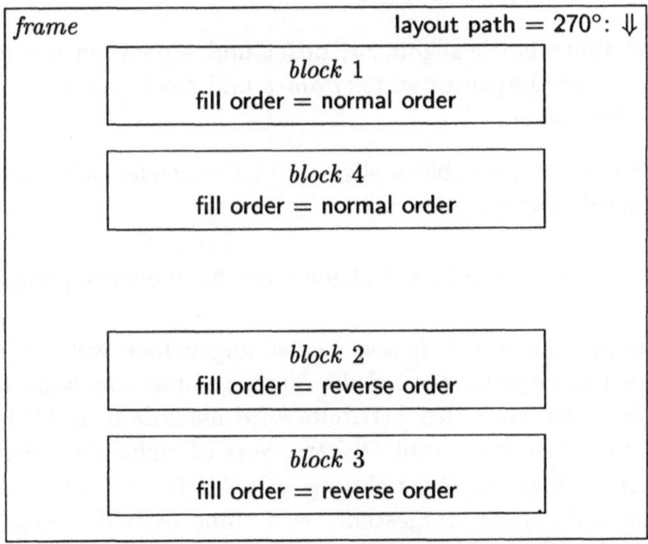

Abb. 24: Beispiel für die Wirkung des Attributs fill order

In diesem Beispiel ist ein *frame* mit vier untergeordneten *blocks* dargestellt. Die *sequential order* möge der Numerierung der *blocks* entsprechen, und der *layout path* im *frame* soll von oben nach unten verlaufen. Bei dem ersten und vierten *block* sei der Wert von fill order jeweils normal order, bei dem zweiten und dritten *block* jeweils reverse order. (Man beachte, daß das Attribut fill order nicht direkt bei den *blocks* angegeben wird, sondern sein Wert über die den *basic logical objects* zugeordneten *layout styles* beziehungsweise entsprechend dem Verfahren zur Bestimmung von *Default*-Werten ermittelt wird.) Der erste und vierte *block* wird dann am „oberen Ende" des *frame*, der zweite und dritte *block* am „unteren Ende" plaziert.

Durch dieses Attribut wird also jedem *basic logical object* während des Layoutprozesses eine sogenannte *fill order* zugeordnet.

Eine typische Anwendung für dieses Attribut ist die Verarbeitung von Fußnoten in einem Text. Das Beipiel in Abb. 24 ließe sich etwa so interpretieren, daß die oberen beiden *blocks* die üblichen Textabschnitte auf einer Seite repräsentieren, während die beiden unteren *blocks* Fußnoten darstellen, auf die in den Textabschnitten des ersten *block* Bezug genommen wird.

Block alignment, offset und separation

Die drei Attribute block alignment, offset und separation machen einige Angaben dazu, wie Layoutobjekte (*frames* und *blocks*) relativ zueinander plaziert werden sollen.

Der Wert des Attributs block alignment ist entweder right-hand aligned, left-hand aligned, centred oder null:

block alignment = (right-hand aligned | left-hand aligned | centred | null)

Das Attribut kann bei *layout styles* angegeben werden und wird während des Layoutprozesses bei der Verarbeitung von *basic logical objects* benötigt. Der Wert des Attributs wird nach dem in 3.2.14 angegebenen Verfahren ermittelt; sein *Default*-Wert ist right-hand aligned.

Das Attribut legt die Ausrichtung von *blocks*, in denen der Inhalt der *basic logical objects* dargestellt wird, innerhalb der *available area* (s. S. 164) in dem ihnen übergeordneten Layoutobjekt fest. Die Angaben left-hand aligned, right-hand aligned und centred beziehen sich dabei auf die Richtung senkrecht zum *layout path* (s. S. 107). Bei der Plazierung der *blocks* werden die Werte der Attribute offset (s. S. 111) und border (s. S. 119) mitberücksichtigt.

In Abb. 25 ist ein Beispiel für die drei Werte des Attributs angegeben. Dabei ist angenommen, daß bei den *blocks* die Parameter des Attributs offset den Wert 0 haben und für die *blocks* und *frames* auch keine Umrahmung mit dem Attribut border angegeben wurde.

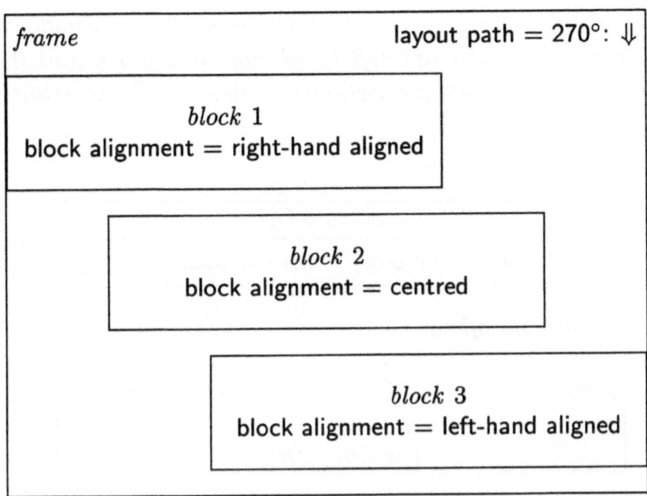

Abb. 25: Beispiel für die Wirkung des Attributs block alignment

Man beachte, daß die Bezeichnungen right-hand aligned und left-hand aligned nicht dem üblichen „linksbündigen" und „rechtsbündigen" Satz entsprechen. Die Richtungen „links" und „rechts" sind in der ODA-Norm diesbezüglich gerade vertauscht.

Der Wert des Attributs offset ist in vier Parameter mit den Namen leading offset, trailing offset, left-hand offset und right-hand offset untergliedert, wobei der Wert jedes Parameters eine nichtnegative Zahl ist:

offset =
   {[leading offset = *non-negative integer*]
   [trailing offset = *non-negative integer*]
   [right-hand offset = *non-negative integer*]
   [left-hand offset = *non-negative integer*]}

Das Attribut kann bei *layout styles* angegeben werden und wird während des Layoutprozesses bei der Verarbeitung von *basic logical objects* benötigt. Der Wert des Attributs wird nach dem in Abschn. 3.2.14 angegebenen Verfahren ermittelt; als *Default*-Wert wird für jeden der vier Parameter 0 genommen.

Die Werte der Parameter geben den minimalen Abstand des jeweiligen Randes des *block*, in dem der Inhalt des *basic logical object* dargestellt wird, für das das Attribut zur Anwendung kommt, zum Rand des unmittelbar übergeordneten Layoutobjekts (*frame*) an. Als Maßeinheit werden *scaled measurement units* genommen. Der Parameter left-hand offset gibt also den Abstand zwischen der *left-hand edge* des *block* und dem Rand des *frame* an. In Abb. 26 ist die Bedeutung des Attributs grafisch veranschaulicht.

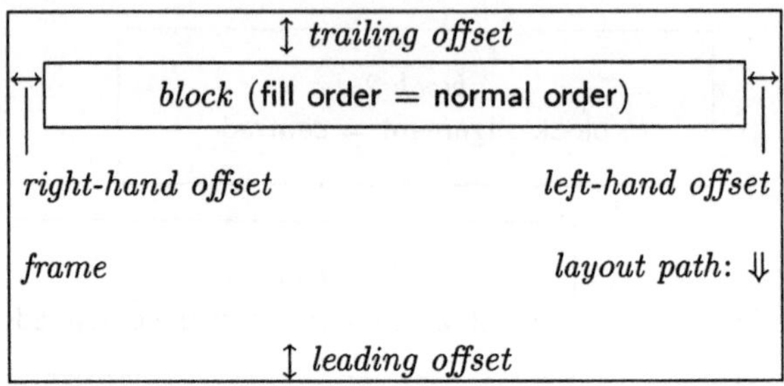

Abb. 26: Bedeutung des Attributs offset

In der Abbildung sind die vier Parameter trailing offset, leading offset, left-hand offset und right-hand offset eingezeichnet. Man beachte die Richtung des *layout path*, von dem die Lage dieser vier Abstände abhängt. Im Beispiel ist die tatsächliche Größe der Abstände beim *trailing edge, left-hand edge* und *right-hand edge* gerade gleich dem durch die entsprechenden drei Parameter des Attributs offset angegebenen Minimalabstand, während sich beim *leading edge* des *block* ein größerer Abstand als der angegebene Minimalwert ergeben hat, da der *frame* in vertikaler Richtung eine größere Ausdehnung hat, als für den *block*, unter Berücksichtigung der vertikalen Abstände zum Rand des *frame*, erforderlich ist. Die Bedeutung des Attributs für die Layoutgestaltung von Dokumenten dürfte wohl unmittelbar klar sein.

Der Wert des Attributs separation ist in die drei Parameter leading edge, trailing edge und centre separation untergliedert, deren Wert jeweils eine nicht negative Zahl ist:

separation =
    {[leading edge = *non-negative integer*]
    [trailing edge = *non-negative integer*]
    [centre separation = *non-negative integer*]}

Das Attribut kann bei *layout styles* angegeben werden und wird während des Layoutprozesses bei der Verarbeitung von *basic logical objects* benötigt. Der Wert des Attributs wird nach dem in 3.2.14 angegebenen Verfahren ermittelt; als *Default*-Wert wird für jeden Parameter 0 genommen.

Der Parameter leading edge gibt den minimalen Abstand der *leading edge* desjenigen *block*, der den Inhalt des *basic logical object* enthält, für das das Attribut verwendet wird, zur *trailing edge* desjenigen *block* an, der unmittelbar danach in der spezifischen Layoutstruktur auftaucht und die gleiche *fill order* (s. S. 110) hat. Als Maßeinheit werden, wie auch bei den anderen beiden Parametern, *scaled measurement units* genommen.

Der Parameter trailing edge gibt den minimalen Abstand der *trailing edge* desjenigen *block*, der den Inhalt des *basic logical object* enthält, für das das Attribut verwendet wird, zur *leading edge* desjenigen *block* an, der unmittelbar vorher in der spezifischen Layoutstruktur auftaucht und die gleiche *fill order* hat.

Der Parameter centre separation legt den minimalen Abstand zwischen *blocks* mit unterschiedlicher *fill order* fest. In Abb. 27 ist ein Beispiel für die Anwendung dieses Attributs gezeigt.

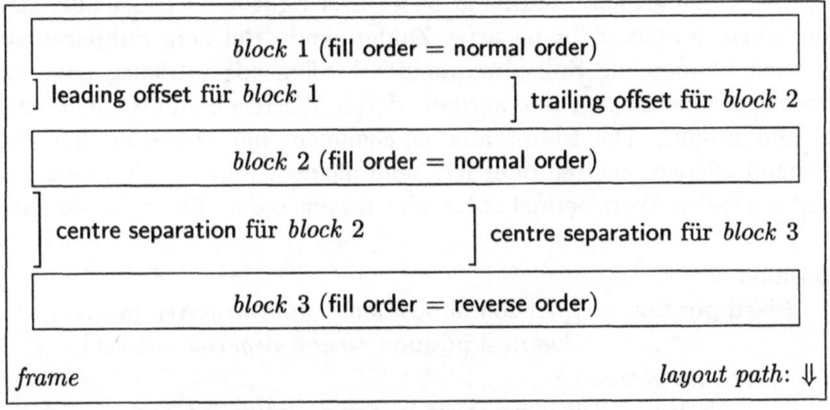

Abb. 27: Beispiel für das Attribut separation

Für die beiden oberen *blocks* im Beispiel soll das Attribut fill order den Wert normal order haben; für den dritten *block* soll der Wert reverse order sein. Die Werte der Parameter leading offset, trailing offset und centre separation bei den drei Layoutobjekten sind in einigen Fällen grafisch dargestellt. Der Abstand zwischen dem ersten und dem zweiten *block* ist der Wert des Parameters trailing offset des zweiten *block*, denn dieser Wert ist größer als der Wert von leading offset beim ersten *block*. Für den Abstand zwischen zweitem und drittem *block* wird (mindestens) der Wert von centre separation des zweiten *block* genommen, denn dieser ist größer als der entspechende Parameterwert des dritten *block.*

Position, dimensions und border

Die beiden Attribute position und dimensions legen, wie die Attributnamen leicht erkennen lassen, Größe und Lage von Layoutobjekten fest; das Attribut border gibt an, ob und gegebenenfalls auf welche Art eine Umrahmung um ein Layoutobjekt gezeichnet werden soll. Die Werte der drei Attribute können eine recht komplexe Struktur aufweisen.

Der Wert des Attributs position ist entweder fixed position oder variable position. Bei dem Parameter fixed position können die Subparameter horizontal position und vertical position angegeben werden, deren Werte jeweils nicht negative Zahlen sind. Bei dem Parameter variable position sind die Subparameter offset, separation, alignment und fill order zulässig.

Als Wert des Subparameters offset können die Subsubparameter leading offset, trailing offset, left-hand offset und right-hand offset auftreten, deren Werte jeweils nicht negative Zahlen sind. Bei dem Subparameter separation können die Subsubparameter leading edge, trailing edge und centre separation angegeben werden, deren Werte ebenfalls nicht negative Zahlen sind. Der Subparameter alignment hat entweder den Wert right-hand aligned, centred oder left-hand aligned, und der Subparameter fill order hat den Wert normal order oder reverse order. Es ergibt sich also:

```
position =
    (fixed position = {[horizontal position = non-negative integer],
                   [vertical position = non-negative integer]}
     | variable position =
        {[offset = {[leading offset = non-negative integer],
                  [trailing offset = non-negative integer],
                  [left-hand offset = non-negative integer],
                  [right-hand offset = non-negative integer]}],
         [separation = {[leading edge = non-negative integer],
                   [trailing edge = non-negative integer],
                   [centre separation = non-negative integer]}],
         [alignment = (right-hand aligned | centred | left-hand aligned)],
         [fill order = (normal order | reverse order)]}})
```

Dieses Attribut kann bei *frames* und *blocks, frame classes* und *block classes* angegeben werden.   Allerdings darf als Wert des Attributs nur dann variable position angegeben werden, wenn es sich um eine *frame class* handelt, die nicht unmittelbar einer *page class* untergeordnet ist. (Genauer: Es darf keine *page class* geben, bei der mit dem Attribut generator for subordinates auf diese *frame class* Bezug genommen wird.) Ansonsten muß der Wert des Attributs stets fixed position sein.

Wenn das Attribut bei *frames* oder *blocks* fehlt, wird ein *Default*-Wert nach dem in 3.2.14 beschriebenen Verfahren ermittelt. Falls kein expliziter *Default*-Wert gefunden wird, wird fixed position mit den Parameterwerten horizontal position = 0 und vertical position = 0 angenommen. Alle Subparameter und Subsubparameter können fehlen. Als *Default*-Werte hierfür sind in der Norm festgelegt: der Wert right-hand aligned für den Subparameter alignment, der Wert normal order für den Subparameter fill order und der Wert 0 in allen anderen Fällen.

Das Attribut legt die Position des Objekts, für das es spezifiziert ist, bezüglich des direkt übergeordneten Objekts (*page* oder *frame*) fest. Bei fixed position geben die Subparameter horizontal position und vertical position den horizontalen beziehungsweise vertikalen Abstand zum direkt übergeordneten Layoutobjekt an. Die Maßeinheit, in der diese Abstände gemessen werden, ist eine sogenannte *scaled measurement unit* (s. S. 152). Die *Default*-Werte für diese Subparameter sind jeweils 0. In Abb. 28 ist die Bedeutung des Wertes fixed position grafisch dargestellt.

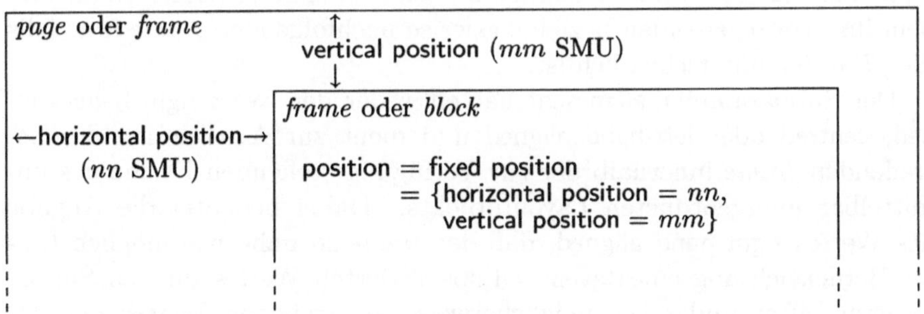

Abb. 28: Grafische Darstellung der Bedeutung des Parameters fixed position des Attributs position

Falls das Attribut position den Wert variable position hat – dies ist, wie erwähnt, nur bei bestimmten *frame classes* zulässig –, werden durch die Subparameter offset, separation, alignment und fill order bestimmte Regeln festgelegt, nach denen der Layoutprozeß die Position von dieser *frame class* zugeordneten *frames* festlegen soll.

Die vier Subsubparameter leading offset, trailing offset, left-hand offset und right-hand offset des Subparameters offset legen jeweils einen Minimalabstand zwischen den vier Rändern des betreffenden *frame* und den vier Rändern des ihm direkt übergeordneten Layoutobjekts (*page* oder *frame*) fest. Die Namen dieser Subsubparameter leiten sich von den Namen der Ränder (*leading edge, trailing edge, left-hand edge* und *right-hand edge*) ab, die auf Seite 108 erklärt sind. Die Maßeinheiten, in denen die Abstände gemessen werden, sind wieder *scaled measurement units* (s. S. 152). Die Bedeutung dieses Subparameters ist praktisch identisch mit der Bedeutung des Attributs offset, das bei *layout styles* angegeben werden kann (s. S. 111).

Die Subsubparameter leading edge, trailing edge und centre separation des Subparameters separation legen Minimalabstände zwischen einem *frame* und seinen direkt benachbarten *frames* (genauer: den beiden *frames*, die ihm in der *sequential order* unmittelbar vorangehen beziehungsweise nachfolgen) fest. Der Abstand wird ebenfalls in *scaled measurement units* gemessen.

Dabei spezifiert der Wert von leading edge den Minimalabstand zwischen der *leading edge* des betreffenden *frame* zur *trailing edge* des nachfolgenden *frame*, wenn beide *frames* die gleiche *fill order* (s. S. 110) haben. Der Wert von trailing edge gibt den Minimalabstand zwischen der *trailing edge* des betreffenden *frame* zur *leading edge* des vorangehenden *frame* an, wenn beide *frames* die gleiche *fill order* haben. Der Wert von centre separation legt den Minimalabstand zwischen dem betreffenden *frame* und dem ihm vorangehenden beziehungsweise nachfolgenden *frame* fest, falls die *fill order* unterschiedlich ist.

Der Subparameter alignment hat entweder den Wert right-hand aligned, centred oder left-hand aligned und dient zur Ausrichtung des betreffenden *frame* innerhalb der zur Verfügung stehenden Fläche des unmittelbar übergeordneten Layoutobjekts. Dabei bedeutet die Angabe des Wertes right-hand aligned, daß der *frame* so nahe wie möglich (unter Berücksichtung eines eventuell spezifizierten Wertes für den Subparameter offset und eines möglicherweise angegebenen Wertes des Attributs border für das übergeordnete Layoutobjekt) an der *right-hand edge* des übergeordneten Layoutobjekts liegen soll. Die Angabe von left-hand aligned bedeutet, daß der *frame* so nahe wie unter den eben genannten Randbedingungen möglich an der *left-hand edge* des übergeordneten Layoutobjekts liegen soll, und die Angabe von centred bedeutet, daß der *frame* zwischen der *right-hand edge* und *left-hand edge* des übergeordneten Layoutobjekts zentriert werden soll, ebenfalls unter Berücksichtigung der genannten Randbedingungen. Die Bedeutung dieses Subparameters ist im wesentlichen identisch mit der Bedeutung des

Attributs block alignment, das bei *layout styles* angegeben werden kann (s. S. 110).

Mit dem Subparameter fill order wird angegeben, wo der betreffende *frame* in dem ihm unmittelbar übergeordneten Layoutobjekt (*page* oder *frame*) plaziert werden soll. Die Wirkung dieses Subparameters ist im wesentlichen identisch mit der Wirkung des gleichnamigen Attributs fill order, das bei *layout styles* angegeben werden kann (s. S. 108), und soll deshalb hier nicht nochmals beschrieben werden.

Das Attribut dimensions hat die beiden Parameter horizontal dimension und vertical dimension, deren Wert aus einem der vier Subparameter fixed dimension, maximum size, rule A oder rule B besteht. Bei dem Parameter vertical dimension kann alternativ auch der Subparameter variable page height angegeben werden. Der Subparameter maximum size hat den Wert applies, die Werte von fixed dimension und variable page height sind (positive) Zahlen. Die Subparameter rule A und rule B haben jeweils die (optionalen) Subsubparameter minimum dimension und maximum dimension, deren Werte positive Zahlen sind. Es ergibt sich also:

```
dimensions =
    {[horizontal dimension =
            (fixed dimension = positive integer
            | maximum size = applies
            | rule A = {[minimum dimension = positive integer]
                       [maximum dimension = positive integer]}
            | rule B = {[minimum dimension = positive integer]
                       [maximum dimension = positive integer]})]
    [vertical dimension =
            (fixed dimension = positive integer
            | maximum size = applies
            | variable page height = integer
            | rule A = {[minimum dimension = positive integer]
                       [maximum dimension = positive integer]}
            | rule B = {[minimum dimension = positive integer]
                       [maximum dimension = positive integer]})]}
```

Dieses Attribut kann bei *pages*, *frames*, *blocks*, *page classes*, *frame classes* und *block classes* angegeben werden. Bei Objekten der spezifischen Layoutstruktur gibt es deren horizontale und vertikale Größe an; bei Objektklassen in der generischen Struktur legt es Regeln bezüglich der Größe der den Objektklassen zugeordneten Objekte fest. Alle Zahlenangaben werden in *scaled measurement units* gemacht.

Wenn dieses Attribut oder die Wertangabe für einen der beiden Parameter des Attributs bei den angegebenen Layoutobjekten fehlt, wird ein *Default*-Wert nach dem in 3.2.14 beschriebenen Verfahren ermittelt. Falls kein expliziter *Default*-Wert gefunden wird, werden folgende Werte genommen: Die Parameter horizontal dimension und vertical dimension erhalten beide den Wert fixed dimension, wobei als Größenangaben bei *frames* und *blocks* die Größen der direkt übergeordneten Layoutobjekte (*pages* oder *frames*) angenommen werden. Bei *pages* wird die Größe einer A4-Seite (s. S. 134) herangezogen.

Mit dem Subparameter fixed dimension wird explizit die Höhe beziehungsweise Breite des betreffenden Layoutobjekts angegeben. Wenn maximum size = applies angegeben wird, soll die betreffende Dimension ihren *Default*-Wert annehmen.

Bei den Layoutobjekten *page*, *frame* und *block* ist nur der Subparameter fixed dimension zulässig, denn als Ergebnis des Layoutprozesses wurden ja unter anderem die Größen aller Layoutobjekte ermittelt. (Ein Ausnahme bilden *basic pages*, bei denen aus Kompatibilitätsgründen zu CCITT *Recommendations* auch der Wert variable page height zulässig ist. Ansonsten darf dieser Wert nicht benutzt werden. Auf diesen Ausnahmefall und diesen Subparameter soll hier nicht weiter eingegangen werden.)

Die Subparameter rule A und rule B dürfen nur bei einer *frame class* angegeben werden, die nicht unmittelbar einer *page class* untergeordnet ist. (Genauer: Es darf keine *page class* geben, bei der mit dem Attribut generator for subordinates auf diese *frame class* Bezug genommen wird.) Mit diesen Subparametern werden dann Regeln festgelegt, nach denen die Dimensionen der zu dieser *frame class* gehörenden *frames* bestimmt werden sollen.

Die Angabe von rule B bedeutet, daß die betreffende Dimension den für die Aufnahme aller direkt untergeordneten Layoutobjekte nötigen Minimalwert annehmen soll. Anders formuliert: Wenn der Layoutprozeß für alle untergeordneten Layoutobjekte durchgeführt und deren Größe in der betreffenden Richtung bekannt ist, werden diese Dimensionen addiert, und die Summe ergibt die Breite beziehungsweise Höhe des ihnen direkt übergeordneten *frame*, wenn für diesen der Subparameter rule B für die betreffende Richtung angegeben ist.

Die Angabe von rule A wirkt ähnlich, allerdings werden zur Ermittlung des Minimalwerts der betreffenden Dimension des *frame* nicht alle untergeordneten Layoutobjekte herangezogen, sondern nur dasjenige, das als erstes in der *sequential order* (s. S. 88) auftritt und ein Stück des Inhalts des Dokuments enthält. Außerdem ist die Angabe von rule A nur für die Dimension in Richtung des *layout path* zulässig.

Wenn bei den Subparametern **rule A** oder **rule B** zusätzlich der (optionale) Subsubparameter **minimum dimension** angegeben ist, wird damit ein Minimalwert für die betreffende Dimension des *frame* festgelegt. Das heißt, selbst wenn weniger Platz zur Aufnahme der untergeordneten Layoutobjekte benötigt würde, wird mindestens diese Breite beziehungsweise Höhe genommen. Mit dem (optionalen) Subsubparameter **maximum dimension** wird ein Maximalwert für die betreffende Dimension festgelegt. Auch wenn mehr Platz zur Aufnahme der untergeordneten Layoutobjekte erforderlich wäre, wird höchstens diese Breite beziehungsweise Höhe genommen.

In allen diesen Fällen muß natürlich sichergestellt sein, daß ein Layoutobjekt in das ihm direkt übergeordnete Layoutobjekt auch „hineinpaßt". Ein *block* kann also beispielsweise nicht breiter und auch nicht höher werden als der ihm übergeordneten *frame*.

Der Wert des Attributs **border** besteht aus den vier (optionalen) Parametern **left-hand edge**, **right-hand edge**, **trailing edge** und **leading edge**. Jeder dieser Parameter hat entweder den Wert **null** oder die drei (ebenfalls optionalen) Subparameter **border line width**, **border line type** und **border freespace width**. Die Werte der Subparameter **border line width** und **border freespace width** sind nicht negative Zahlen. Der Wert von **border line type** ist entweder **solid**, **dashed**, **dot**, **dash-dot**, **dash-dot-dot** oder **invisible** (s. nächste Seite).

Das Attribut kann bei *frames*, *blocks*, *frame classes* und *block classes* angegeben werden und legt fest, ob ein Rahmen um das Layoutobjekt gezeichnet werden soll und wie dieser gegebenenfalls darzustellen ist. Wenn das Attribut bei *frames* oder *blocks* fehlt, wird ein *Default*-Wert nach dem in 3.2.14 beschriebenen Verfahren ermittelt. Falls kein expliziter *Default*-Wert gefunden wird, erhalten für alle vier Parameter die Subparameter folgende Werte: **border line width** und **border freespace width** sind 0 und **border line type** ist **solid**, das heißt, es wird kein (sichtbarer) Rand gezeichnet.

Die vier Parameter beschreiben jeweils das Aussehen des Randes an der *left-hand edge*, *right-hand edge*, *trailing edge* und *leading edge* (s. S. 108). Dabei gibt der Wert des Subparameters **border line width** die Breite der Randlinie in *scaled measurement units* (s. S. 152) an. Der Subparameter **border freespace width** legt den Abstand der Randlinie zum jeweiligen Rand des Layoutobjeks fest, und der Subparameter **border line type** beschreibt das Aussehen der Randlinie (**solid** bedeutet eine durchgezogene, **dashed** eine gestrichelte, **dot** eine gepunktete Linie usw.).

Man beachte, daß bei *frames* der Rand *innerhalb* der dem *frame* zugeordneten Fläche dargestellt wird, während bei *blocks* der Rand *außerhalb*

```
border =
  {[left-hand edge =
          (null | {[border line width = 'non-negative integer']
                  [border freespace width = 'non-negative integer']
                  [border line type = (solid | dashed | dot | dash-dot
                                      | dash-dot-dot | invisible) ]})]
   [right-hand edge =
          (null | {[border line width = 'non-negative integer']
                  [border freespace width = 'non-negative integer']
                  [border line type = (solid | dashed | dot | dash-dot
                                      | dash-dot-dot | invisible) ]})]
   [trailing edge =
          (null | {[border line width = 'non-negative integer']
                  [border freespace width = 'non-negative integer']
                  [border line type = (solid | dashed | dot | dash-dot
                                      | dash-dot-dot | invisible) ]})]
   [leading edge =
          (null | {[border line width = 'non-negative integer']
                  [border freespace width = 'non-negative integer']
                  [border line type = (solid | dashed | dot | dash-dot
                                      | dash-dot-dot | invisible) ]})]}
```

der dem Block zugeordneten Fläche gezeichnet wird. Dies bedeutet insbesondere, daß bei einem *frame* die *available area* (s. S. 164) um den Platz verkleinert wird, den der Rahmen einnimmt. Ein *block* mit einem Rahmen benötigt andererseits mehr Platz als die eigentliche Fläche des *block*. Dieser Platz muß in dem übergeordneten *frame* noch vorhanden sein. In Abb. 29 ist ein Beispiel für Rahmen bei *frames* und *blocks* angegeben. Man beachte die Richtung des *layout path*, von dem die Namen der Ränder abhängen.

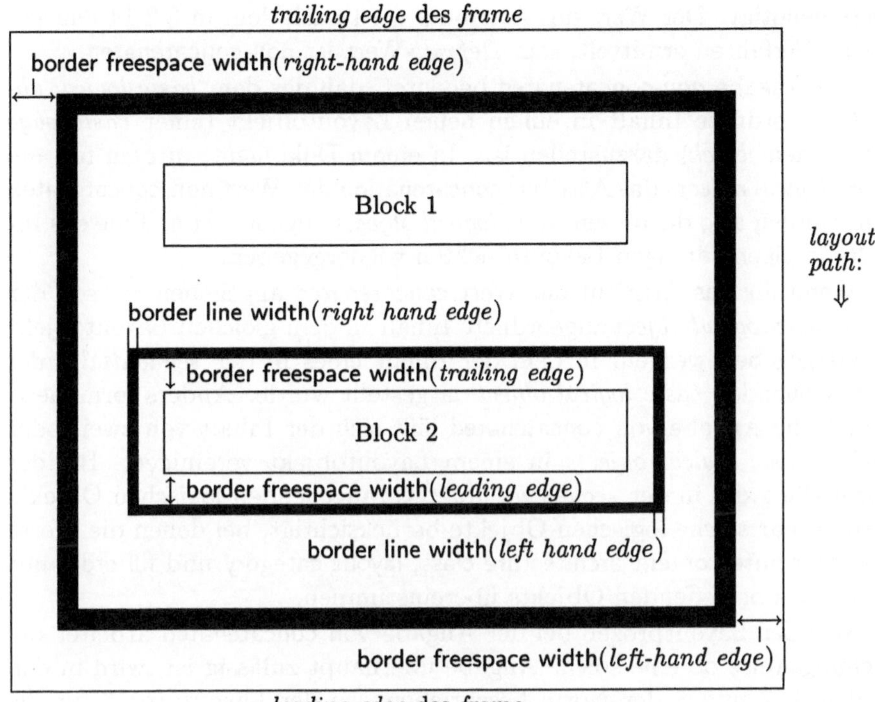

Abb. 29: Rahmen bei *blocks* und *frames*

Concatenation und layout object class

Mit dem Attribut concatenation wird festgelegt, ob der Inhalt, der *basic logical objects* zugeordnet ist, jeweils in einem eigenen Layoutobjekt dargestellt werden soll oder ob der Inhalt mehrerer *basic logical objects* in einem Layoutobjekt zusammengefaßt werden soll. Das Attribut layout object class teilt dem Layoutprozeß mit, daß der Inhalt eines *basic logical object* in einer bestimmten Art von Layoutobjekt dargestellt werden soll.

Der Wert des Attributs concatenation ist entweder concatenated oder non-concatenated:

concatenation = (concatenated | non-concatenated)

Das Attribut kann bei *layout styles* angegeben werden und wird während des Layoutprozesses bei der Verarbeitung von *basic logical ob-*

jects benötigt. Der Wert des Attributs wird nach dem in 3.2.14 angegebenen Verfahren ermittelt; sein *Default*-Wert ist non-concatenated.

Die Angabe non-concatenated bedeutet, daß der dem *basic logical object* zugeordnete Inhalt in einem neuen Layoutobjekt (einer *basic page* oder einem *block*) darzustellen ist. In einem Dokument, in dem für alle *basic logical objects* das Attribut concatenation den Wert non-concatenated hat, werden also die diesen *basic logical objects* zugeordneten Teile des Inhalts in eigenständigen Layoutobjekten wiedergegeben.

Wenn für das Attribut der Wert concatenated angegeben ist, soll der dem *basic logical object* zugeordnete Inhalt in dem gleichen Layoutobjekt wiedergegeben werden, in dem der Inhalt eines in der *sequential order* vorangehenden *basic logical object* dargestellt wurde. Anders formuliert: Durch die Angabe von concatenated läßt sich der Inhalt von zwei (oder mehr) *basic logical objects* in einem Layoutobjekt vereinigen. Bei der Ermittlung des in der *sequential order* vorangehenden logischen Objekts werden nur solche logischen Objekte berücksichtigt, bei denen die Werte der Attribute content architecture class, layout category und fill order mit denen des betreffenden Objekts übereinstimmen.

Wie der Layoutprozeß bei der Angabe von concatenated arbeitet beziehungsweise ob eine solche Angabe überhaupt zulässig ist, wird in den Teilen 6, 7 und 8 der Norm beschrieben, wo der Layoutprozeß für die einzelnen *content architectures* beschrieben wird. Derzeit ist die Angabe von concatenated nur bei *character content* zulässig, nicht bei den beiden Inhaltsarchitekturen für Grafik.

Eine typische Anwendung für das Attribut concatenation mit dem Wert concatenated ist zum Beispiel eine automatische Numerierung von Kapitelüberschriften. Während die Kapitelnummer mit dem Attribut content generator, das bei einem *basic logical object* angegeben ist, erzeugt wird (siehe das Beispiel auf S. 101), ist die eigentliche Überschrift (ohne die Nummer) einem anderen *basic logical object* zugeordnet. Damit nun Nummer und Überschrift in einer Zeile erscheinen, muß man die beiden *basic logical objects* in der *sequential order* hintereinander anordnen und bei dem zweiten, dem der Text der Überschrift zugeordnet ist, für das Attribut concatenation den Wert concatenated angeben. (Man beachte allerdings, daß diese Angabe nicht direkt bei dem logischen Objekt, sondern in dem ihm zugeordneten *layout style* erfolgt.)

Der Wert des Attributs layout object class ist null oder ein *layout-object-class-id*:

layout object class = (null | *layout-object-class-id*)

Das Attribut kann bei *layout styles* angegeben werden und wird
während des Layoutprozesses bei der Verarbeitung von logischen Objekten benötigt. Der Wert des Attributs wird nach dem in 3.2.14 angegebenen Verfahren ermittelt; sein *Default*-Wert ist null.

Wenn als Wert des Attributs ein *layout-object-class-id* angegeben ist,
soll der den *basic logical objects*, die dem logischen Objekt untergeordnet
sind, zugeordnete Inhalt in einem Layoutobjekt der angegebenen Objektklasse dargestellt werden. (Als Objektklasse darf dabei allerdings keine
block class angegeben werden.) Der Wert null bedeutet, daß keine Einschränkungen bezüglich der Art des Layoutobjekts gemacht werden, in
dem der Inhalt der *basic logical objects* dargestellt werden soll.

Eine typische Anwendung für dieses Attribut: Man will erreichen, daß
eine Abbildung mit der zugehörigen Unterschrift immer in einem Layoutobjekt dargestellt wird und kein Seitenumbruch zwischen der Abbildung
und ihrer Unterschrift erfolgt. Abbildung und Unterschrift sollen jeweils
einem *basic logical object* zugeordnet sein; die Abbildung zusammen mit
der Unterschrift ist also ein *composite logical object*. Dann wird man
diesem *composite logical object* einen *layout style* zuordnen, bei dem das
Attribut layout object class als Wert eine *frame class* angibt, wodurch ein
Seitenumbruch zwischen Abbildung und Unterschrift verhindert wird.

Balance und synchronization

Mit den beiden Attributen balance und synchronization lassen sich bestimmte Layoutprobleme bei mehrspaltigem Satz behandeln.

Der Wert des Attributs balance ist entweder null oder eine Folge von
zwei oder mehr *layout-object-id* oder *layout-object-class-id*:

balance =
    (null | [[*layout-object-id* [*layout-object-id*]$^+$]]
     | [[*layout-object-class-id* [*layout-object-class-id*]$^+$]])

Dieses Attribut kann bei *composite layout objects* und *composite layout object classes* angegeben werden, die allerdings keine *blocks* oder
block classes als direkt untergeordnete Objekte oder Objektklassen haben dürfen. Bei Layoutobjekten sind als Wert keine *layout-object-class-id*
zulässig, und umgekehrt dürfen bei Layoutobjektklassen keine *layout-
object-id* auftreten. Wenn das Attribut bei einer Objektklasse angegeben ist und nicht den Wert null hat, muß bei dieser Objektklasse auch
das Attribut generator for subordinates angegeben sein, dessen Wert (eine

construction expression) bei der Berechnung die gleiche Folge von *layout-object-class-id* ergeben muß, die als Wert des Attributs **balance** angegeben ist. Ferner müssen alle durch dieses Attribut referierten Layoutobjekte oder Layoutobjektklassen den gleichen Werte für die bei ihnen angegebenen Attribute **layout path** und **permitted categories** haben. Ansonsten wird das Attribut ignoriert.

Wenn das Attribut bei Objekten der spezischen Strukturen fehlt, wird ein *Default*-Wert nach dem in 3.2.14 beschriebenen Verfahren ermittelt. Wird kein expliziter *Default*-Wert gefunden, wird der Wert **null** angenommen.

Das Attribut gibt an, daß die *leading edges* der durch die *layout-object-ids* referierten Layoutobjekte (beziehungsweise der Layoutobjekte, die zu den referierten Objektklassen gehören) soweit wie möglich an einer Linie senkrecht zum *layout path* ausgerichtet werden sollen. (Die etwas vage Formulierung „soweit wie möglich" wird in der Norm nicht näher spezifiziert.) Wenn der Wert des Attributs **null** ist, soll keine solche Ausrichtung vorgenommen werden.

Eine typische Anwendung für dieses Attribut ist das Ausrichten von Text bei mehrspaltigem Satz. Häufig will man erreichen, daß alle Spalten auf einer Seite die gleiche Höhe haben. Zum Beispiel soll die erste Spalte nicht so hoch wie die Seite sein, die zweite aber erheblich kürzer. Stattdessen sollte der Layoutprozeß die erste Spalte so verkürzen, daß beide Spalten gleich lang werden. In Abb. 30 ist ein Beispiel angegeben, wie dies mit dem Attribut **balance** erreicht werden kann.

object-class-id	generator for subordinates	balance
[0 2 4]	seq [0 2 4 0] [0 2 4 1]	[[0 2 4 0] [0 2 4 1]]
[0 2 4 0]	...	...
[0 2 4 1]	...	...

Abb. 30: Ausrichtung der Spaltenlänge bei mehrspaltigem Satz

Bei diesem Beispiel wurde angenommen, daß es in der generischen Layoutstruktur eine *frame class* mit dem *object-class-id* [0 2 4] gibt. Dieser *frame class* sollen zwei weitere *frame classes* mit den *object-class-id* [0 2 4 0] und [0 2 4 1] untergeordnet sein, wie es der Wert des Attributs **generator for subordinates** angibt. Diese beiden *frame classes* mögen die beiden Spalten auf der Seite repräsentieren, in die der Text gesetzt werden soll, während die übergeordnete *frame class* den Bereich auf der Seite repräsentieren möge, in dem die beiden Spalten, üblicherweise durch etwas Zwischenraum getrennt, nebeneinander dargestellt werden sollen. Um eine gleiche Länge dieser Spalten zu erreichen, wird bei der übergeordneten *frame class* das Attribut balance angegeben, dessen Wert gerade die Folge der beiden *object-class-id* der beiden untergeordneten *frame classes* ist.

Der Wert des Attributs synchronization ist entweder null oder eine *object identifier expression* oder ein *logical-object-id*:

synchronization =
   (null | '*object identifier expression*' | *logical-object-id*)

Das Attribut kann bei *layout styles* angegeben werden und wird während des Layoutprozesses bei der Verarbeitung von logischen Objekten mit Ausnahme der *document logical root* benötigt. Der Wert des Attributs wird nach dem in 3.2.14 angegebenen Verfahren ermittelt; sein *Default*-Wert ist null.

Wenn der *layout style*, bei dem das Attribut angegeben ist, von einer Objektklasse der generischen logischen Struktur referiert wird, muß der Wert des Attributs null oder eine *object identifier expression* sein; wenn der *layout style* von einem Objekt der spezifischen logischen Struktur referiert wird, muß der Wert null oder ein *logical-object-id* sein.

Wenn der Wert dieses Attributs nicht null ist, legt man damit fest, daß zwei Layoutobjekte, in denen der Inhalt zweier logischer Objekte dargestellt wird, entlang einer Linie senkrecht zur Richtung des *layout path* ausgerichtet werden sollen, und zwar folgendermaßen: Die *trailing edge* des ersten *block*, in dem Inhalt des durch den Wert des Attributs referierten logischen Objekts auftritt, sowie die *trailing edge* des ersten *block*, in dem Inhalt desjenigen logischen Objekts dargestellt wird, für das das Attribut verwendet wird, werden an einer Linie senkrecht zum *layout path* (s. S. 107) ausgerichtet. Die beiden *blocks*, die ausgerichtet werden, müssen in unterschiedlichen *frames* auftauchen. Außerdem muß die *fill order* (s. S. 110) für die *blocks* und der *layout path* innerhalb der *frames* übereinstimmen. Andernfalls wird das Attribut ignoriert.

Dieses Attribut kann beispielsweise dazu benutzt werden, Text und Randbemerkungen zu einem Text parallel nebeneinander darzustellen, wie in Abb. 31 gezeigt ist.

In diesem Beispiel sollen die *blocks* 1 bis 3 Absätze eines Textes repräsentieren und die *blocks* 4 bis 6 Randbemerkungen zum jeweiligen Absatz. Damit diese parallel nebeneinander dargestellt werden, wie durch die punktierten Linien angedeutet, verwendet man zwei *frames*, einen für den eigentlichen Text und einen für die Randbemerkungen. Bei den

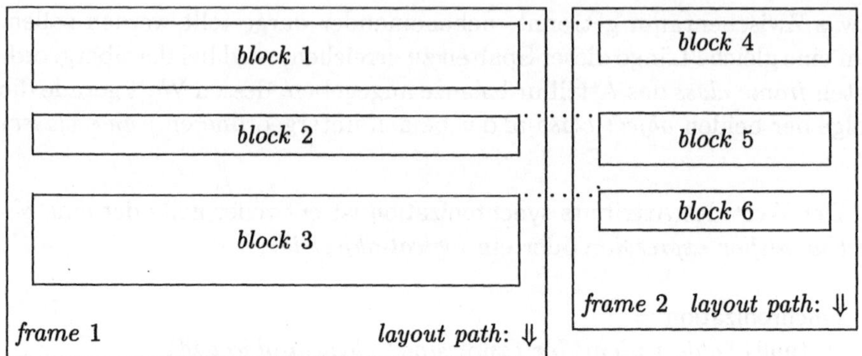

Abb. 31: Beispiel für das Attribut synchronization

logischen Objekten, deren Inhalt in der angegebenen Form als Randbemerkungen dargestellt werden soll, verweist man dann mit dem Attribut layout style auf einen *layout style*, bei dem der Wert des Attributs synchronization jeweils der *logical-object-id* desjenigen logischen Objekts ist, zu dem die Randbemerkung gehört.

Layout category, permitted categories, indivisibility, new layout object und same layout object

Mit den verbleibenden fünf Attributen dieses Abschnitts, nämlich layout category, permitted categories, indivisibility, new layout object und same layout object, werden Angaben gemacht, wie der Layoutprozeß die Inhalte mehrerer logischer Objekte in der spezifischen Layoutstruktur darstellen soll.

Der Wert des Attributs layout category ist entweder null oder ein *layout-category-id*:

layout category = (null | *layout-category-id*)

Das Attribut kann bei *layout styles* angegeben werden und wird während des Layoutprozesses bei der Verarbeitung von *basic logical objects* benötigt. Der Wert des Attributs wird nach dem in 3.2.14 angegebenen Verfahren ermittelt; sein *Default*-Wert ist null.

Mit diesem Attribut kann einem *basic logical object* eine sogenannte *layout category* zugeordnet werden. (Der Wert null gibt an, daß das betreffende *basic logical object* keine *layout category* besitzt.) Die Zuordnung von *layout categories* gestattet es, den Inhalt eines Dokuments während des Layoutprozesses in mehrere *layout streams* (s. S. 167) aufzuteilen. Wenn nämlich einem *basic logical object* eine *layout category* zugeordnet ist, wird der dem Objekt zugeordnete Inhalt nur in solchen *frames* dargestellt, bei denen das Attribut permitted categories die betreffenden *layout category* spezifiziert (s. S. 128). Innerhalb dieser *frames* erscheinen dabei die Inhaltsstücke in der gleichen Reihenfolge, die durch die *sequential order* der logischen Objekte mit gleicher *layout category* vorgegeben ist.

Ein Beispiel für die Anwendung von *layout streams* ist etwa das automatische Erstellen des Inhaltsverzeichnisses eines Dokuments. Dieses Inhaltsverzeichnis soll am Ende eines Dokuments, nachdem der Layoutprozeß den eigentlichen Inhalt verarbeitet hat, auf einer eigenen Seite dargestellt werden.

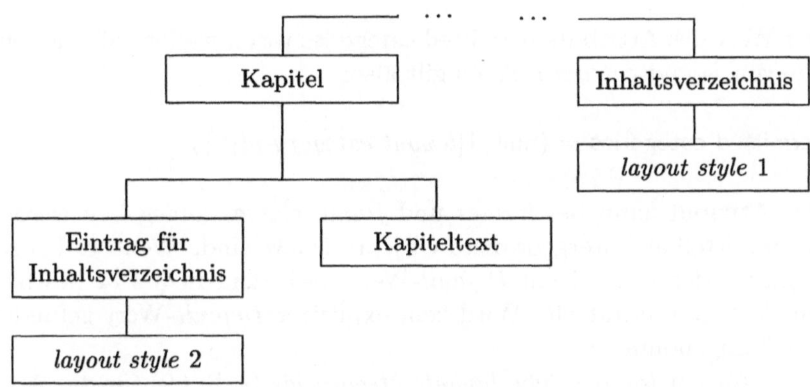

Abb. 32: Auschnitt aus der logischen Struktur eines Dokuments

Dies kann man erreichen, indem man die logische Struktur eines ODA-Dokuments wie in Abb. 32 skizziert aufbaut. In dieser logischen Struktur gibt es ein logisches Objekt, das im Beispiel mit „Inhaltsverzeichnis" bezeichnet wurde, dem ein *layout style* zugeordnet ist. Dem logischen Objekt „Kapitel" ist ein logisches Objekt „Eintrag für Inhaltsverzeichnis" sowie der eigentliche Kapiteltext (dessen weitere Untergliederung ist für das Beispiel nicht von Interesse) untergeordnet. Dem logischen Objekt „Eintrag für Inhaltsverzeichnis" ist ebenfalls ein *layout style* zugeordnet, beispielsweise durch das Attribut layout style oder durch eine entsprechende Angabe in der generischen logischen Struktur.

Bei beiden *layout styles* sind jeweils die Attribute layout category und layout object class vorhanden, wobei der Wert der Attribute layout category ein *layout-category-id* ist, zum Beispiel:

layout category = `table-of-contents`

Für das Attribut layout object class soll als Wert eine Layoutobjekt-
klasse angegeben sein, die dafür sorgt, daß das betreffende Layoutobjekt
hinter das Ende des Textes auf eine neue Seite plaziert wird.

Durch das Attribut layout category mit dem angegebenen Wert wird
beim Layoutprozeß ein eigener *layout stream* erzeugt, in dem der Inhalt, der den logischen Objekten „Eintrag für Inhaltsverzeichnis" – in einem derartigen Dokument werden solche Objekttypen ja mehrmals und
nicht nur einmal, wie es in der Abbildung skizziert ist, auftreten – zugeordnet ist, wiedergegeben wird.   Anders formuliert: Bestimmte Inhaltsstücke des Dokuments werden durch das Attribut layout category
während des Layoutprozesses aus der normalen Verarbeitungsreihenfolge
herausgenommen und an eine andere Stelle in der spezifischen Layoutstruktur „umgelenkt".

Der Wert des Attributs permitted categories ist entweder null oder eine
Menge von *layout-category-id*. Es gilt also:

permitted categories = $(\text{null} \mid \{[\textit{layout-category-id}]^+\})$

Das Attribut kann bei *frames* und *frame classes* angegeben werden,
deren unmittelbar untergeordnete Objekte *blocks* sind. Wenn es bei solchen *frames* fehlt, wird ein *Default*-Wert nach dem in 3.2.14 beschriebenen Verfahren ermittelt. Wird kein expliziter *Default*-Wert gefunden,
wird null angenommen.

Wenn für ein *frame* solche *layout-category-ids* (s. S. 69) für das Attribute permitted categories angegeben sind, darf in dem betreffenden *frame*
nur der Inhalt solcher logischer Objekte wiedergegeben werden, denen
eine dieser *layout categories* mit dem Attribut layout category zugeordnet
ist. Der Layoutprozeß prüft also, ob einem logischen Objekt eine passende
layout category zugeordnet ist, wenn dessen Inhalt in einem *frame* auftreten soll, bei dem das Attribut permitted categories nicht den Wert null
hat. Eine Anwendung für dieses Attribut wird auf S. 167ff. angegeben.

Der Wert des Attributs indivisibility ist entweder null, object type page,
ein *layout-object-class-id* oder ein *layout-category-id*:

indivisibility =
    $(\text{null} \mid \text{object type page} \mid \textit{layout-object-class-id} \mid \textit{layout-category-id})$

Das Attribut kann bei *layout styles* angegeben werden und wird
während des Layoutprozesses bei der Verarbeitung von logischen Ob-

jekten mit Ausnahme der *document logical root* benötigt. Der Wert des Attributs wird nach dem in 3.2.14 angegebenen Verfahren ermittelt; sein *Default*-Wert ist null.

Wenn der Wert des Attributs nicht null ist, wird damit festgelegt, daß der dem logischen Objekt zugeordnete Inhalt möglichst innerhalb eines einzigen Layoutobjekts dargestellt werden soll, wobei das Layoutobjekt entweder eine *page* ist (bei dem Wert object type page), ein Exemplar der betreffenden Objektklasse ist (bei der Angabe eines *layout-object-class-id*) oder zu der betreffenden *layout category* gehört. Mit dem *layout-object-class-id* dürfen dabei nur Objektklassen vom Typ *page set class*, *page class* und *frame class* referiert werden. Der Wert null gibt an, daß keine Restriktionen bezüglich der Layoutobjekte gemacht werden, in denen der den logischen Objekten zugeordnete Inhalt dargestellt werden soll. Die Bedeutung dieses Attributs, nämlich das Zusammenhalten von bestimmten Teilen des Inhalts eines Dokuments beim Layoutprozeß, dürfte wohl unmittelbar klar sein.

Der Wert des Attributs new layout object ist entweder null, object type page, ein *layout-object-class-id* oder ein *layout-category-id*:

new layout object =
   (null | object type page | *layout-object-class-id* | *layout-category-id*)

Das Attribut kann bei *layout styles* angegeben werden und wird während des Layoutprozesses bei der Verarbeitung von logischen Objekten mit Ausnahme der *document logical root* benötigt. Der Wert des Attributs wird nach dem in 3.2.14 angegebenen Verfahren ermittelt; sein *Default*-Wert ist null.

Wenn der Wert des Attributs nicht null ist, wird damit festgelegt, daß der dem logischen Objekt zugeordnete Inhalt innerhalb eines Layoutobjekts dargestellt werden soll, das noch keinen Inhalt von einem vorhergehenden logischen Objekt enthält, wobei das Layoutobjekt entweder eine *page* ist (bei dem Wert object type page), ein Exemplar der betreffenden Objektklasse ist (bei der Angabe eines *layout-object-class-id*) oder zu der betreffenden *layout category* gehört. Mit dem *layout-object-class-id* dürfen dabei nur Objektklassen vom Typ *page set class*, *page class* und *frame class* referiert werden. Der Wert null gibt an, daß keine Restriktionen bezüglich der Layoutobjekte gemacht werden, in denen der den logischen Objekten zugeordnete Inhalt dargestellt werden soll.

Dieses Layoutobjekt soll dabei an die sogenannte *current layout position* plaziert werden. Die *current layout position* ist die Position in der spezifischen Layoutstruktur, an der die *leading edge* desjenigen *basic lay-*

out object liegt, in dem Inhalt des vorhergehenden logischen Objekts mit gleicher *layout category* dargestellt ist.

Zur Verdeutlichung folgendes Beispiel: In einem Dokument soll jedes Kapitel auf einer neuen Seite anfangen. Dies kann man dadurch erreichen, daß man bei jedem logischen Objekt, das ein Kapitel darstellen soll (dies ist ein *composite logical object*), mit dem Attribut layout style auf einen *layout style* verweist, bei dem das Attribut new layout object mit dem Wert object type page angegeben ist.

Der Wert des Attributs same layout object besteht aus zwei Elementen; das erste Element ist entweder null, ein *logical-object-id* oder eine *object identifier expression*, das zweite ist entweder object type page, ein *layout-object-class-id* oder ein *layout-category-id*. Also gilt:

```
same layout object =
    ⟦ (null | logical-object-id | 'object identifier expression')
      (object type page | layout-object-class-id | layout-category-id) ⟧
```

Das Attribut kann bei *layout styles* angegeben werden und wird während des Layoutprozesses bei der Verarbeitung von logischen Objekten mit Ausnahme der *document logical root* benötigt. Der Wert des Attributs wird nach dem in 3.2.14 angegebenen Verfahren ermittelt; sein *Default*-Wert ist null.

Das erste Element des Attributs kann nur dann ein *logical-object-id* sein, wenn das Attribut bei einem *layout style* auftritt, der von einem logischen Objekt referiert wird; wenn der *layout style* von einer logischen Objektklasse referiert wird, muß das erste Element eine *object identifier expression* oder der Wert null sein.

Wenn das erste Element null ist, wird das zweite Element nicht berücksichtigt. In diesem Falle hat das Attribut keine Auswirkung auf den Layoutprozeß. Ansonsten gilt: Das Attribut gibt an, daß der Inhalt desjenigen logischen Objekts, für das das Attribut verwendet wird, und der Inhalt des durch das erste Element spezifizierten logischen Objekts möglichst im gleichen Layoutobjekt dargestellt werden soll, das durch das zweite Element angegeben wird. Wenn dies nicht möglich ist, soll der Inhalt des logischen Objekts, für das das Attribut verwendet wird, zusammen mit dem des anderen logischen Objekts im nächstmöglichen Layoutobjekt des Typs, der durch das zweite Element angegeben wird, dargestellt werden.

Eine typische Anwendung für dieses Attribut: Man will erreichen, daß eine Kapitelüberschrift und der erste Absatz (oder zumindest der Anfang des ersten Absatzes) auf der gleichen Seite eines Dokuments beginnen.

(Wenn nicht mehr genügend Platz auf der Seite ist, soll auch die Kapitelüberschrift erst auf der neuen Seite dargestellt werden.) Dies könnte man in ODA-Dokumenten dadurch erreichen, daß man bei dem logischen Objekt, das den ersten Absatz nach einer Kapitelüberschrift darstellt, das Attribut **same layout object** spezifiziert, wobei das erste Element auf das die Kapitelüberschrift repräsentierende logische Objekt verweist und das zweite Element den Wert **object type page** hat.

3.2.11 Attribute zur Steuerung des *Imaging Process*

In Teil 2 der Norm sind fünf Attribute beschrieben, die zur Steuerung des *imaging process* (s. 3.5.3) dienen. Diese fünf Attribute sind **colour**, **imaging order**, **medium type**, **page position** und **transparency**. Weitere den *imaging process* beeinflussende Attribute finden sich in den Teilen 6, 7 und 8 der Norm, wo die verschiedenen Inhaltsarchitekturen beschrieben sind.

Der Wert des Attributs **imaging order** ist eine Folge nicht negativer Zahlen:

$$\text{imaging order} = [\![\,[\,'\textit{non-negative integer}\,']^{+}\,]\!]$$

Das Attribut kann bei *composite pages* und *frames* angegeben werden und legt fest, in welcher Reihenfolge die dem betreffenden Layoutobjekt direkt untergeordneten Layoutobjekte während des *imaging process* abgearbeitet werden sollen. Analog dem Attribut **subordinates** werden durch die Zahlen der Folge nämlich die untergeordneten Layoutobjekte angegeben: Wenn etwa der Wert des Attributs **object identifier** für ein bestimmtes Layoutobjekt $[\![\,x_1\ x_2\ \ldots\ x_n\,]\!]$ und der Wert des Attributs **imaging order** $[\![\,y_1\ y_2\ \ldots\ y_m\,]\!]$ ist, soll der *imaging process* die untergeordneten Layoutobjekte in der Reihenfolge $[\![\,x_1\ x_2\ \ldots\ x_n\ y_1\,]\!]$, $[\![\,x_1\ x_2\ \ldots\ x_n\ y_2\,]\!]$ $\ldots$ $[\![\,x_1\ x_2\ \ldots\ x_n\ y_m\,]\!]$ auf dem Ausgabemedium darstellen. In der Zahlenfolge $[\![\,y_1\ y_2\ \ldots\ y_m\,]\!]$ müssen die gleichen Zahlen auftreten wie bei dem Wert des Attributs **subordinates**. Wenn das Attribut fehlt, werden die Layoutobjekte in der Reihenfolge ihrer *sequential order* dargestellt.

Der Wert des Attributes **transparency** ist entweder **transparent** oder **opaque**:

$$\text{transparency} = (\text{transparent}\,|\,\text{opaque})$$

Das Attribut kann bei *pages, frames, blocks, page classes, frame classes, block classes* und *presentation styles* angegeben werden. Wenn bei *pages, frames* oder *blocks* das Attribut fehlt, wird nach dem in 3.2.14 beschrieben Verfahren ein *Default*-Wert ermittelt. Wird kein expliziter *Default*-Wert gefunden, wird **transparent** angenommen.

Durch den Wert des Attributs wird festgelegt, wie auf dem Darstellungsmedium sich überlagernde Layoutobjekte dargestellt werden. Dabei bedeutet **opaque** bei einem bestimmten Objekt, daß es vom *imaging process* vorher abgearbeitete Objekte „verdeckt", wenn diesen (ganz oder teilweise) die gleiche Fläche auf dem Darstellungsmedium zugewiesen ist, und **transparent**, daß der Inhalt dieser Objekte sichtbar bleibt. Die Reihenfolge, in der die Objekte vom *imaging process* abgearbeitet werden, hängt von der *sequential order* (s. S. 88) und dem Wert des Attributs **imaging order** (s. S. 131) ab.

In Abb. 33 ist ein Beispiel für die Auswirkung des Attributs angegeben. Die Rahmen sollen dabei die den einzelnen Layoutobjekten zugeordneten Flächen darstellen.

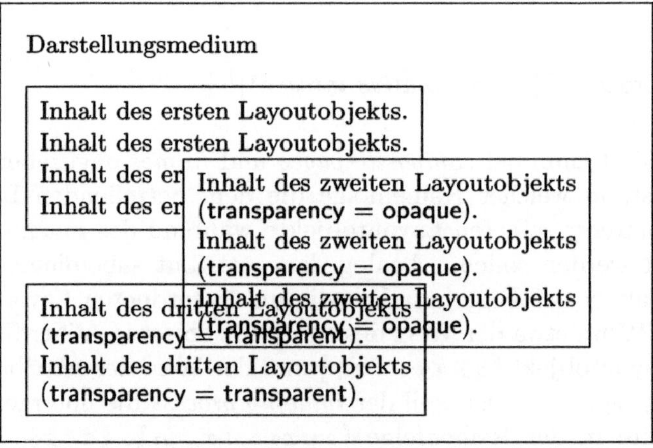

Abb. 33: Auswirkungen des Attributs transparency

Das Beispiel ist in dieser Form natürlich nicht besonders sinnvoll. Ein etwas realitätsnäheres Beispiel für die Überlagerung von Layoutobjekten mit „transparency=transparent" wären Formulare, in denen der vorgegebene Formulartext in einem Layoutobjekt und die ausgefüllten Formularfelder in anderen Layoutobjekten enthalten sind, die dem Objekt mit dem Formulartext transparent überlagert werden.

Der Wert des Attributs colour ist (zumindest derzeit, da ein komplettes Farbmodell für ODA-Dokumente noch fehlt) entweder colourless oder white:

colour = (colourless | white)

Das Attribut kann für *pages, frames, blocks, page classes, frame classes, block classes* und *presentation styles* angegeben werden. Wenn es bei Objekten der spezischen Strukturen fehlt, wird ein *Default*-Wert nach dem in 3.2.14 beschriebenen Verfahren ermittelt. Wird kein expliziter *Default*-Wert gefunden, wird der Wert colourless angenommen.

Der Wert des Attributs legt die Hintergrundfarbe fest, die für das betreffende Layoutobjekt verwendet werden soll. Der Wert white ist nur zulässig, wenn für das Layoutobjekt das Attribut transparency den Wert opaque hat. Weitere Erklärungen zu diesem Attribut finden sich in 3.5.3.

Der Wert des Attributs page position besteht aus zwei nichtnegativen Zahlen:

page position = ⟦ '*non-negative integer*' '*non-negative integer*' ⟧

Das Attribut kann für *pages* und *page classes* angegeben werden. Wenn es bei *pages* fehlt, wird ein *Default*-Wert nach dem in 3.2.14 beschriebenen Verfahren ermittelt. Wird kein expliziter *Default*-Wert gefunden, wird das aus S. 171 beschriebene Verfahren zur Ermittlung der Parameterwerte angewandt.

Die erste Zahl des Attributwertes gibt den horizontalen, die zweite den vertikalen Abstand der oberen linken Ecke des Darstellungsmediums zur oberen linken Ecke des Layoutobjekts *page* an. Die Maßeinheiten, in denen diese Abstände gemessen werden, sind *scaled measurement units* (s. S. 152).

Der Wert des Attributs medium type besteht aus den beiden (optionalen) Parametern nominal page size und side of sheet. Der Wert des Parameters side of sheet besteht aus einem Paar positiver Zahl, der Wert des Attributs side of sheet ist entweder recto, verso oder unspecified:

medium type =
    {[nominal page size = ⟦ '*positive integer*' '*positive integer*' ⟧]
    [side of sheet = (recto | verso | unspecified)] }

Das Attribut kann für *pages* und *page classes* angegeben werden. Der Parameter nominal page size gibt die Größe der Fläche des Ausgabemediums an, wobei die erste Zahl die Breite und die zweite die Höhe angibt. Als Maßeinheiten werden wieder *scaled measurement units* angenommen (s. S. 152). Der zweite Parameter gibt an, ob die betreffende *page* auf die Vorderseite (recto) oder die Rückseite (verso) eines Blattes Papier gedruckt werden soll oder ob diesbezüglich keine Anforderungen gestellt werden (unspecified). (Wenn ein Bildschirm als Darstellungsmedium dient, ist dieser Parameter natürlich bedeutungslos.) Wird ein Drucker verwendet, der Papier beidseitig bedrucken kann, läßt sich mit diesem Parameter also erreichen, daß Seiten mit ungerader Seitennummer auf die Vorderseiten und Seiten mit gerader Seitennummer auf die Rückseiten des Papiers kommen.

Wenn das Attribut medium type bei *pages* fehlt, wird ein *Default*-Wert nach dem in 3.2.14 beschriebenen Verfahren ermittelt. Wird kein expliziter *Default*-Wert gefunden, wird für den Parameter nominal page size die Größe einer ISO A4-Seite angenommen: Breite = 210mm = 9920 *basic measurement units*, Höhe = 297 mm = 14030 *basic measurement units* (s. S. 152). Für den Parameter side of sheet wird unspecified angenommen.

3.2.12   Sonstige Attribute

Es verbleiben noch zwei Attribute, die in den vorangegangenen Abschnitten noch nicht detaillierter besprochen wurden, nämlich protection und default value lists.

Der Wert des Attributs protection ist entweder protected oder unprotected:

    protection = (protected | unprotected)

Das Attribut kann bei allen Objekten und Objektklassen der logischen Struktur angegeben werden. Wenn es bei Objekten der spezifischen Strukturen fehlt, wird ein *Default*-Wert nach dem in 3.2.14 beschriebenen Verfahren ermittelt. Wird kein expliziter *Default*-Wert gefunden, wird der Wert unprotected angenommen.

Der Wert protected bedeutet, daß der Empfänger eines Dokuments weder die Attribute des Objekts, für das es angegeben ist, noch die Attribute von *content portions*, die diesem im Falle von *basic logical objects* oder *basic logical object classes* gegebenenfalls zugeordnet sind, modifizieren darf. Mit diesem Attribut läßt sich also erreichen, daß beim Versand von Dokumenten bestimmte Teile daraus mit einem „Schreibschutz" versehen werden und vom Empfänger nicht geändert werden können. Der

Wert **unprotected** bedeutet, daß der Empfänger das entsprechende Objekt und die diesem zugeordneten *content portions* modifizieren darf.

Der Wert des Attributs **default value lists** ist eine Menge, deren Elemente wiederum Mengen sind. Die Elemente dieser Untermengen bestehen jeweils aus einem Attributnamen und einem Attributwert. Es gilt also:

$$\text{default value lists} = \left\{ [\{['\,attribute\ name'\ '\,attribute\ value']^+\}]^+ \right\}$$

Das Attribut kann bei allen *composite objects* und *composite object classes* angegeben werden. Jedes Paar, bestehend aus Attributname und Attributwert, legt einen *Default*-Wert für das betreffende Attribut fest, der bei dem Verfahren zur Bestimmung von *Default*-Werten für Attribute (s. 3.2.14) mit herangezogen wird.

Dabei gilt: Bei einem bestimmten *composite object* oder einer bestimmten *composite object class* kann für jedes direkt oder indirekt untergeordnete Objekt beziehungsweise für jede Art von untergeordneter Objektklasse eine Menge mit solchen Paaren aus Attributnamen und Attributwerten angegeben werden. Bei einer *document logical root class* können beispielsweise zwei Listen (Mengen) angegegeben werden: eine, die *Default*-Werte für Attribute bei *composite logical objects*, und eine, die *Default*-Werte für Attribute bei *basic logical objects* festlegt.

Für jede Art von Objekt darf nur eine Liste in dem Wert des Attributs **default value lists** auftreten. Es ist also nicht zulässig, daß beispielsweise bei einer *page* zwei Listen für *frames* angegeben werden, selbst wenn der *page* zwei oder mehr *frames* untergeordnet sind. Außerdem darf für jedes Attribut in einer Liste nur ein *Default*-Wert angegeben werden. Allerdings gibt es von dieser Regel eine Ausnahme: Bei Listen für *basic objects* oder *basic object classes*, also bei *basic logical objects* und *blocks*, *basic logical object classes* und *block classes* dürfen für die Attribute **presentation style** und **presentation attributes** mehrere *Default*-Werte angegeben werden (die Paare „**presentation style** *attribute value*" und „**presentation attributes** *attribute value*" dürfen in einer Liste mehrmals vorkommen). Allerdings müssen sich dann die Attributwerte auf unterschiedliche *content architectures* beziehen, die in den *content portions* auftreten, die den *basic objects* beziehungsweise *basic object classes* zugeordnet sind. Es darf also beispielsweise auf einen *presentation style* für *character content*, einen für *raster graphics content* und einen für *geometric graphics content* verwiesen werden.

In diesen Listen dürfen allerdings keine *Default*-Werte für alle bei einem bestimmten Objekt oder einer bestimmten Objektklasse zulässigen

Attribute angegeben werden; die Festlegung von *Default*-Werten ist nur für bestimmte Attribute zulässig. Welche dies in Abhängigkeit vom Objekttyp sind, ist in Abb. 34 dargestellt.

Objekttyp	Zulässige Attribute in betreffender Liste	
page	colour	content architecture class
	content type	dimensions
	medium type	page position
	presentation style	presentation attributes
	transparency	
frame	border	colour
	dimensions	layout path
	permitted categories	position
	transparency	
block	border	colour
	content type	content architecture class
	dimensions	position
	presentation style	presentation attributes
	transparency	
composite logical object	layout style	protection
basic logical object	content type	content architecture class
	layout style	presentation style
	protection	

Abb. 34: Zulässige Attribute im Wert des Attributs default value lists

Die Tabelle in Abb. 34 ist so zu interpretieren: In der Liste, die *Default*-Werte für Attribute bei Objekten vom Typ *page* enthält, dürfen solche *Default*-Werte nur für die Attribute colour, content architecture class, content type, dimensions, medium type, page position, presentation style, presentation attributes und transparency angegeben werden. Eine solche Liste darf im Wert des Attributs default value lists bei Objekten oder Objektklassen angegeben werden, die in der hierarchischen Struktur einer *page* übergeordnet sind, also bei einem *page set* oder bei der *document layout root*.

Man beachte, daß es nicht möglich ist, *Default*-Werte für Attribute für die *document logical root* oder *document layout root* mit dem Attribut default value lists festzulegen. Dies ist unmittelbar einleuchtend, denn es gibt ja keine Objekte, die diesen beiden Objekttypen noch übergeordnet wären. Ebenso kann man keine *Default*-Werte für *page sets* mit dem Attribut default value lists bei einer *document layout root* festlegen, denn für

keines der Attribute, die für *page sets* angegeben werden können (s. S. 46)
würde die Angabe eines *Default*-Werts Sinn machen.

3.2.13 *Complete Generator Sets, Partial Generator Sets und Factor Sets*

Bei der Beschreibung der *constituents* von ODA-Dokumenten sind an
mehreren Stellen die Begriffe *complete generator set*, *partial generator set*
und *factor set* aufgetreten, die in diesem Abschnitt genauer beschrieben
werden sollen.

Bei der Einführung der generischen Strukturen des ODA-Architekturmodells in 2.1.2 wurde angenommen, daß eine generische Struktur
in einem ODA-Dokument stets die zugehörige spezifische Struktur soweit wie möglich beschreibt, daß also zum Beispiel (abgesehen von den
content portions) alle Objekte in der spezifischen Struktur auch als Objektklassen in den generischen Strukturen auftauchen und deshalb die
„Konstruktionsregeln" für die spezifischen Strukturen vollständig in den
generischen Strukturen wiederzufinden sind. Dies ist jedoch nicht bei
allen generischen Strukturen in ODA-Dokumenten der Fall.

Dies rührt daher, daß generische Strukturen in ODA-Dokumenten zwei
unterschiedliche Rollen spielen können:

– Zum einen dienen generische Strukturen dazu, die „Konsistenz" zwischen einem bestimmten Dokument und der zugehörigen Dokumentklasse zu überprüfen. In diesem Fall müssen in der Tat *alle* „Konstruktionsregeln" für die spezifischen Strukturen in den generischen
  Strukturen festgelegt werden.

  Als Beispiel betrachte man nochmals die generische logische Struktur des Geschäftsbriefs in Abb. 4. Wenn nun bei einem Brief im Briefschluß neben dem „Gruß", der „Unterschrift", dem „Autor" und den
  „Anlagen" noch ein „Postscriptum" auftreten würde, wäre diese spezifische logische Struktur nicht mehr mit der generischen logischen
  Struktur des Beispiels konsistent, ein solcher Brief würde also nicht
  mehr zu der durch die generische logische Struktur beschriebenen Dokumentklasse gehören.

– Zum anderen werden generische Strukturen in ODA-Dokumenten
  aber auch dazu genutzt, bestimmte Informationen aus den spezifischen Dokumenten „herauszufaktorisieren", um beispielsweise die In-
  formationsmenge bei der elektronischen Übermittlung eines Dokuments zu reduzieren. (Man könnte etwa die Grußformel „Mit freund-
  lichen Grüßen" dem generischen logischen Objekt „Gruß" als *content*

portion zuordnen und müßte dann dieses Textstück nicht in den zugehörigen spezifischen Dokumenten abspeichern.)

In diesem Fall ist es dann naheliegend, den generischen Strukturen eine geringere „Verbindlichkeit" bezüglich der zulässigen spezifischen Strukturen zu geben. Dann könnte man durchaus auch einen Brief mit einem „Postscriptum" als konsistent mit der Dokumentklasse auffassen, deren generische logische Struktur in Beispiel 4 angegeben ist: Man verlangt zwar, daß die spezifischen Strukturen „im Prinzip" durch die generischen Strukturen beschrieben werden, läßt aber auch Objekte in den spezifischen Strukturen zu, für die in den generischen Strukturen keine entsprechenden Objektklassen vorhanden sind.

In der Regel kann man einer gegebenen generischen Struktur nicht ansehen, welche Rolle sie bezüglich der zugehörigen spezifischen Struktur spielen soll; dies muß explizit in dem Dokument spezifiziert werden. Dies geschieht durch die Werte der Attribute **generic layout structure** und **generic logical structure** im *document profile*, die entweder den Wert **complete generator set**, **partial generator set** oder **factor set** haben. Der Wert dieser Attribute legt also fest, ob eine generische logische Struktur beziehungsweise eine generische Layoutstruktur (sofern vorhanden) ein *complete generator set*, *partial generator set* oder *factor set* ist. Dies hat dann Konsequenzen bezüglich einiger Attribute bei bestimmten *constituents*, zum Beispiel, ob das Attribut **object class** bei einer *document logical root* angegeben werden muß oder fehlen kann, ob es also ein *mandatory attribute* oder ein *non-mandatory attribute* ist (s. Bemerkung 2 auf S. 42).

Nun zu den Regeln, die für diese drei Arten von generischen Strukturen gelten und die für generische logische Strukturen und generische Layoutstrukturen etwas unterschiedlich sind.

Generische logische Strukturen

Wenn eine generische logische Struktur ein *complete generator set* ist, also im *document profile* das Attributs **generic logical structure** den Wert **complete generator set** hat, muß jedes Objekt in der spezifischen logischen Struktur mit dem Attribut **object class** auf eine entsprechende Objektklasse in der generischen logischen Struktur verweisen. Die direkt untergeordneten Objekte eines bestimmten *constituent* in der spezifischen logischen Struktur müssen konsistent zu denen in der zugehörigen Objektklasse sein, das heißt die Werte des Attributs **subordinates** in der spezifischen logischen Struktur lassen sich ableiten von den Werten des

Attributs **generator for subordinates** in der generischen logischen Struktur.

Wenn eine generische logische Struktur ein *factor set* ist, also im *document profile* das Attribut **generic logical structure** den Wert **factor set** hat, darf bei keinem *constituent* der generischen logischen Struktur das Attribut **generator for subordinates** vorhanden sein, das heißt alle Objektklassen in der generischen logischen Struktur sind isoliert, es sind keinerlei Hierarchiebeziehungen zwischen den Objektklassen angegeben. Dies bedeutet insbesondere, daß auch keinerlei Regeln für die hierarchische Struktur (Baumstruktur) der spezifischen logischen Objekte angegeben sind. Bei den *constituents* der spezifischen logischen Struktur kann, muß aber nicht, das Attribut **object class** angegeben werden. Wenn es fehlt, werden für das betreffende Objekt auch keinerlei Informationen aus der generischen logischen Struktur abgeleitet. Wenn es angegeben ist, können aus der entsprechenden Objektklasse Informationen übernommen werden, beispielsweise kann der Wert für das Attribut **object type** entsprechend dem Verfahren zur Ermittlung von *Default*-Werten abgeleitet werden.

Die *partial generator sets*, also die, bei denen der Wert des Attributs **generic logical structure** im *document profile* **partial generator set** ist, bilden ein Mittelding zwischen *complete generator set* und *factor sets*. Bei diesen können auch Konstruktionsregeln aus der generischen logischen Struktur abgeleitet werden (siehe die Beschreibung des Attributs **generator for subordinates** auf S. 90), aber der Aufbau der spezifische logische Struktur muß nicht vollständig durch die generische logische Struktur beschrieben sein.

Generische Layoutstrukturen

Wenn eine generische Layoutstruktur ein *complete generator set* ist, also im *document profile* das Attribut **generic layout structure** den Wert **complete generator set** hat, muß jedes *composite object* in der spezifischen Layoutstruktur mit dem Attribut **object class** auf eine entsprechende Objektklasse in der generischen Layoutstruktur verweisen. Für *basic objects* in der Layoutstruktur, also für *blocks* oder *basic pages* ist dies zwar möglich, aber nicht erforderlich. Die direkt untergeordneten Objekte eines bestimmten *constituent* in der spezifischen Layoutstruktur müssen konsistent zu denen in der zugehörigen Objektklasse sein, das heißt die Werte des Attributs **subordinates** in der spezifischen Layoutstruktur lassen sich ableiten von den Werten des Attributs **generator for subordinates** in der generischen Layoutstruktur.

Bezüglich der *factor sets* und *partial generator sets* gelten entsprechende Aussagen wie bei den generischen logischen Strukturen: Wenn eine generische Layoutstruktur ein *factor set* ist, also im *document profile* das Attribut generic layout structure den Wert factor set hat, darf bei keinem *constituent* der generischen Layoutstruktur das Attribut generator for subordinates vorhanden sein, das heißt alle Objektklassen in der generischen Layoutstruktur sind isoliert, es sind keinerlei Hierarchiebeziehungen zwischen den Objektklassen angegeben. Bei *partial generator sets* können auch Konstruktionsregeln aus der generischen Layoutstruktur abgeleitet werden (siehe die Beschreibung des Attributs generator for subordinates auf S. 90), aber der Aufbau der spezifischen Layoutstruktur muß nicht vollständig durch die generische Layoutstruktur beschrieben sein.

3.2.14   Ermittlung von *Default*-Werten bei Attributen von Objekten

Zahlreiche Attribute in ODA-Dokumenten sind als *defaultable* klassifiziert, das heißt, entweder wird ein Wert für ein solches Attribut direkt bei den Objekten angegeben, bei denen es auftritt, oder es wird ein sogenannter *Default*-Wert ermittelt. Bei der Ermittlung des Wertes von *defaultable attributes* gibt es folgende Möglichkeiten:

a)   Der Wert des Attributs ist bei dem Objekt explizit angegeben.

b)   Der Wert des Attributs ist bei einem *layout style* oder *presentation style* angegeben, der dem Objekt gegebenenfalls mit dem Attribut layout style oder presentation style zugeordnet ist. Man hat also folgende Pfade zur Ermittlung des Attributwerts: Objekt → *layout style* → Attributwert beziehungsweise Objekt → *presentation style* → Attributwert.

c)   Der Wert des Attributs ist bei der Objektklasse angegeben, der das Objekt gegebenenfalls mit dem Attribut object class zugeordnet ist. Man hat also folgenden Pfad zur Ermittlung des Attributwerts: Objekt → Objektklasse → Attributwert

d)   Der Wert des Attributs ist bei einem *layout style* oder *presentation style* angegeben, auf den von der Objektklasse, der das Objekt mit dem Attribut object class zugeordnet ist, mit dem Attribut layout style oder presentation style verwiesen wird. Man hat also folgende Pfade zur Ermittlung des Attributwerts: Objekt → Objektklasse → *layout style* → Attributwert beziehungsweise Objekt → Objektklasse → *presentation style* → Attributwert.

e) Der Wert des Attributs ist bei einer Objektklasse in einem *resource document* angegeben, auf die mit dem Attribut resource von der Objektklasse verwiesen wird, zu der das Objekt gehört. Man hat also folgenden Pfad zur Ermittlung des Attributwerts: Objekt → Objektklasse → Objektklasse im *resource document* → Attributwert.

f) Der Wert des Attributs ist bei einem *layout style* oder *presentation style* angegeben, auf den von einer Objektklasse in einem *resource document* verwiesen wird, wobei die Objektklasse in dem *resource document* mit dem Attribut resource von derjenigen Objektklasse referiert wird, zu der das Objekt gehört. Man hat also folgende Pfade zur Ermittlung des Attributwerts: Objekt → Objektklasse → Objektklasse im *resource document* → *layout style* → Attributwert beziehungsweise Objekt → Objektklasse → Objektklasse im *resource document* → *presentation style* → Attributwert.

g) Der Wert des Attributs ist mit dem Attribut default value lists angegeben, das bei einem anderen, in der hierarchischen Struktur übergeordneten Objekt angewendet wird (s. S. 135). Wenn für das Attribut dabei Werte in mehreren *default value lists* bei übergeordneten Objekten gefunden werden, wird diejenige *default value list* angewendet, die in der hierarchischen Baumstruktur der Objekte dem betreffenden Objekt am nächsten liegt. Auf jeder hierarchischen Ebene werden dabei auch jeweils die *default value lists* in gegebenenfalls referierten Objektklassen in einem *resource document* nach Wertangaben für das betreffende Attribut berücksichtigt. Ebenso werden auf jeder hierarchischen Ebene auch möglicherweise angegebene *layout styles* oder *presentation styles* auf Wertangaben für das betreffende Attribut hin untersucht. Man hat also folgende Pfade zur Ermittlung des Attributwerts: Objekt → übergeordnetes Objekt → *default value list* → Attributwert, Objekt → übergeordnetes Objekt → *default value list* → *layout style* → Attributwert, Objekt → übergeordnetes Objekt → *default value list* → *presentation style* → Attributwert, Objekt → übergeordnetes Objekt → Objektklasse → *default value list* → Attributwert, Objekt → übergeordnetes Objekt → Objektklasse → *default value list* → *layout style* → Attributwert, Objekt → übergeordnetes Objekt → Objektklasse → *default value list* → *presentation style* → Attributwert, Objekt → übergeordnetes Objekt → Objektklasse → Objektklasse in *resource document* → *default value list* → Attributwert, Objekt → übergeordnetes Objekt → Objektklasse → Objektklasse in *resource document* → *default value list* → *layout style* → Attributwert sowie Objekt → übergeordnetes Objekt → Objektklasse → Objektklasse in *resource document* → *default value list* → *presentation style* →

Attributwert, die in der angegebenen Reihenfolge nach dem Attributwert durchsucht werden.

h) Wenn nach den Schritten a)–g) kein *Default*-Wert für das betreffende Attribut gefunden wurde, wird untersucht, ob bei dem Attribut document application profile defaults im *document profile* ein Wert angegeben ist. Man hat also folgenden Pfad zur Ermittlung des Attributwerts: Objekt → *document profile* → Attributwert.

i) Wenn nach den Schritten a)–h) kein *Default*-Wert gefunden wurde, wird als Wert des Attributs der in der ODA-Norm explizit spezifizierte *Default*-Wert genommen, der bei allen *defaultable attributes* in den Abschnitten 3.2.5 bis 3.2.12 angegeben wurde.

Die *Default*-Werte für die betreffenden Attribute gemäß den Schritten a)–i) werden während der Verarbeitung von ODA-Dokumenten ermittelt. Da die ODA-Norm drei Arten der Verarbeitung von ODA-Dokumenten kennt, nämlich den *editing process*, den *layout process* und den *imaging process*, kommt es darauf an, bei welcher dieser drei Verarbeitungsarten der Wert eines Attributs von Bedeutung ist.

Die meisten Attribute sind während des Layoutprozesses von Bedeutung, das heißt das Verfahren zur Ermittlung von *Default*-Werten wird für die meisten Attribute während des Layoutprozesses angewendet. Eine Reihe von Attributen wird auch während des *imaging process* gebraucht (s. 3.5.3). Für den *editing process* hat praktisch nur das Attribut protection Bedeutung, das angibt, ob ein bestimmtes Objekt geändert werden darf.

Bei der Ermittlung der Werte von *defaultable attributes* werden nicht immer alle der oben beschriebenen Schritte a)–i) angewendet, sondern die relevanten Schritte hängen vom jeweiligen Attribut ab. In Abb. 35 ist angegeben, nach welchem dieser Schritte gegebenenfalls der *Default*-Wert ermittelt wird.

Man beachte noch folgendes: Eine Reihe von Attributen haben Parameter, wobei in vielen Fällen die Angabe der Parameter optional ist. Dann gilt das Verfahren zur Ermittlung von *Default*-Werten für den Attributwert analog auch für die Ermittlung der Werte der Parameter.

Man betrachte beispielsweise das Attribut medium type, das die Parameter nominal page size und side of sheet hat. Wenn etwa bei einem Objekt vom Typ *page* das Attribut medium type angegeben, aber nur für den Parameter nominal page size explizit ein Wert festgelegt ist, werden zur Ermittlung des Wertes des Parameters side of sheet sukzessive die Schritte c), e), g) h) und i) durchgeführt, bis ein Wert für diesen Parameter gefunden ist.

Attributname	Schritte	Attributname	Schritte
application comments	a c e i	medium type	a c e g h i
balance	a c e i	new layout object	b d f g i
bindings	a c e i	object type	a c
block alignment	b d f g h i	offset	b d f g i
border	a – i	page position	a c e g h i
coding attributes	a c h^2	permitted categories	a c e g i
colour	a – i	position	a c e g i
concatenation	b d f g i	presentation attributes	a – g h^2 i
content architecture class	a c e g h i	protection	a c e g i
content type	a c e g h i	same layout object	b d f g i
dimensions	a c e g h^1 i	separation	b d f g i
fill order	b d f g i	synchronization	b d f g i
indivisibility	b d f g i	transparency	a – i
layout category	b d f g i	type of coding	a c h
layout object class	b d f g i	user-readable comments	a c e i
layout path	a c e g h i	user-visible name	a c e i

1: Schritt wird nur durchgeführt, wenn der Attributwert bei einer *page*
   ermittelt werden muß.

2: Die zulässigen *coding attributes* und *presentation attributes*, für die
   ein Wert mit dem Attribut document application profile defaults angegeben werden kann, hängen von den *content architectures* ab.

Abb. 35: Liste der Attribute mit den Schritten, die zur Ermittlung des *Default*-
Werts angewandt werden.

3.2.15 Ermittlung von *Default*-Werten der Attribute bei *Content Portions*

Wie in 3.2.8 schon erwähnt, gibt es mehrere Möglichkeiten, den *basic
objects* eines ODA-Dokuments die eigentlichen Inhaltsstücke des Dokuments zuzuordnen, nämlich entweder durch das Attribut content information (s. S. 96) oder durch das Attribut content generator (s. S. 100).
Hierbei ist zu unterscheiden zwischen dem Inhalt, der *basic logical objects*,
und dem Inhalt, der *basic layout objects* zugeordnet ist.

Der *basic logical objects* zugeordnete Inhalt wird während des Layoutprozesses ermittelt; der *basic layout objects* zugeordnete Inhalt wird
teils während des Layoutprozesses, teils während des *imaging process*
bestimmt.   Man beachte, daß der Layoutprozeß aus einer gegebenen
logischen Struktur eine Layoutstruktur erzeugt, insbesondere also die
den *basic layout objects* zugeordneten *content portions* bestimmen muß.

Deshalb muß der den *basic logical objects* zugeordnete Inhalt, aus denen ja schließlich die den *basic layout objects* zugeordneten *content portions* abgeleitet werden, während des Layoutprozesses ermittelt werden.

Andererseits ist es möglich, daß bestimmte Teile des Inhalts eines Dokuments gar nicht in der logischen Struktur auftauchen, sondern schon fertig „formattiert" nur in der generischen Layoutstruktur. (Ein Beispiel hierfür wäre etwa ein Firmenlogo, das in der generischen Layoutstruktur für die Geschäftsbriefe eines Unternehmens aufgenommen ist.) Um solche Inhaltsstücke braucht sich der Layoutprozeß dann nicht zu kümmern – das Layout dieses Inhaltsstücks ist ja schon durchgeführt worden –, und erst während des *imaging process* muß der genaue Inhalt solcher Teile eines Dokuments ermittelt werden.

Auf die unterschiedlichen Verfahren bei der Bestimmung des Inhalts von Dokumenten und der Attribute für *content portions* wird im folgenden detailliert eingegangen.

Ermittlung des Inhalts von *Basic Logical Objects*

Hierfür werden der Reihe nach die nachfolgend beschriebenen dreizehn Schritte a) bis m) durchgeführt. Sobald einer dieser Schritte erfolgreich ist, also als Ergebnis ein Inhaltsstück des Dokuments liefert, werden die später folgenden Schritte nicht mehr angewendet.

a) Bei dem *basic logical object* ist das Attribut content portions angegeben und bei mindestens einer der dabei spezifizierten *content portions* ist das Attribut content information vorhanden. Dann ergibt sich der der dem *basic logical object* zugeordnete Inhalt als Wert des Attributs content information. Wenn mit dem Attribut content portions mehrere *content portions* angegeben sind, bei denen das Attribut content information vorhanden ist, werden die dadurch angegebenen Inhaltsstücke entsprechend der *sequential order* der *content portions* (s. S. 93) miteinander verknüpft. Die dabei verwendeten Attribute der *content portions*, zum Beispiel die Attribute type of coding oder alternative representation, sind die bei den jeweiligen *content portions* angegebenen Attribute.

b) Bei dem *basic logical object* sind die Attribute content portions und content generator angegeben, aber bei keiner der referierten *content portions* ist das Attribut content information vorhanden. Dann ergibt sich der dem *basic logical object* zugeordnete Inhalt durch die Ermittlung des Wertes des Attributs content generator. Die verwendeten *content portion*-Attribute werden von der ersten *content portion* gemäß der *sequential order* genommen.

c) Bei dem *basic logical object* ist das Attribut content portions angegeben, aber bei keiner der dabei spezifizierten *content portions* ist das Attribut content information vorhanden. Das Attribut content generator ist nicht angegeben. In diesem Fall ist der dem *basic logical object* zugeordnete Inhalt eine leere Zeichenkette; *content portion*-Attribute werden nicht benötigt.

d) Bei dem *basic logical object* ist das Attribut content generator, aber nicht das Attribut content portions angegeben. Der dem *basic logical object* zugeordnete Inhalt ergibt sich dann aus der Ermittlung des Wertes dieses Attributs. Die Werte der erforderlichen *content portion*-Attribute, zum Beispiel die Werte der Attribute type of coding oder alternative representation, werden nach dem in 3.2.14 beschriebenen Verfahren zur Bestimmung von *Default*-Werten ermittelt.

e) Bei dem *basic logical object* wird mit dem Attribut object class auf eine zugehörige Objektklasse verwiesen. Bei dieser Objektklasse ist das Attribut content portions angegeben, und bei mindestens einer der dabei spezifizierten *content portions* ist das Attribut content information vorhanden. Dann ergibt sich der dem *basic logical object* zugeordnete Inhalt als Wert des Attributs content information. Wenn mit dem Attribut content portions mehrere *content portions* angegeben sind, bei denen das Attribut content information vorhanden ist, werden die dadurch angegebenen Inhaltsstücke entsprechend der *sequential order* der *content portions* miteinander verknüpft. Die dabei verwendeten Attribute der *content portions* sind die bei den jeweiligen *content portions* angegebenen Attribute.

f) Bei dem *basic logical object* wird mit dem Attribut object class auf eine zugehörige Objektklasse verwiesen. Bei dieser Objektklasse sind die Attribute content portions und content generator, aber bei keiner der referierten *content portions* ist das Attribut content information angegeben. Dann ergibt sich der dem *basic logical object* zugeordnete Inhalt durch die Ermittlung des Wertes des Attributs content generator. Die verwendeten *content portion*-Attribute werden von der ersten *content portion* gemäß der *sequential order* genommen.

g) Bei dem *basic logical object* wird mit dem Attribut object class auf eine zugehörige Objektklasse verwiesen. Bei dieser Objektklasse ist das Attribut content portions angegeben, aber bei keiner der dabei spezifizierten *content portions* ist das Attribut content information vorhanden. Das Attribut content generator ist nicht angegeben. In diesem Fall ist der dem *basic logical object* zugeordnete Inhalt eine leere Zeichenkette; *content portion*-Attribute werden nicht benötigt.

h) Bei dem *basic logical object* wird mit dem Attribut object class auf eine zugehörige Objektklasse verwiesen. Bei dieser Objektklasse ist das Attribut content generator, aber nicht das Attribut content portions angegeben. Der dem *basic logical object* zugeordnete Inhalt ergibt sich dann aus der Ermittlung des Wertes dieses Attributs. Die Werte der erforderlichen *content portion*-Attribute werden nach dem in 3.2.14 beschriebenen Verfahren zur Bestimmung von *Default*-Werten ermittelt.

i) Bei dem *basic logical object* wird mit dem Attribut object class auf eine zugehörige Objektklasse verwiesen, bei der mit dem Attribut resource auf eine Objektklasse in einem *resource document* (s. 3.4.3) verwiesen wird. Bei dieser Objektklasse des *resource document* ist das Attribut content portions angegeben, und bei mindestens einer der dabei spezifizierten *content portions* ist das Attribut content information vorhanden. Dann ergibt sich der dem *basic logical object* zugeordnete Inhalt als Wert des Attributs content information. Wenn mit dem Attribut content portions mehrere *content portions* angegeben sind, bei denen das Attribut content information vorhanden ist, werden die dadurch angegebenen Inhaltsstücke entsprechend der *sequential order* der *content portions* miteinander verknüpft. Die dabei verwendeten Attribute der *content portions* sind die bei den jeweiligen *content portions* angegebenen Attribute.

j) Bei dem *basic logical object* wird mit dem Attribut object class auf eine zugehörige Objektklasse verwiesen, bei der mit dem Attribut resource auf eine Objektklasse in einem *resource document* verwiesen wird. Bei dieser Objektklasse des *resource document* sind die Attribute content portions und content generator angegeben, aber bei keiner der referierten *content portions* ist das Attribut content information angegeben. Dann ergibt sich der dem *basic logical object* zugeordnete Inhalt durch die Ermittlung des Wertes des Attributs content generator. Die verwendeten *content portion*-Attribute werden von der ersten *content portion* gemäß der *sequential order* genommen.

k) Bei dem *basic logical object* wird mit dem Attribut object class auf eine zugehörige Objektklasse verwiesen, bei der mit dem Attribut resource auf eine Objektklasse in einem *resource document* verwiesen wird. Bei dieser Objektklasse des *resource document* ist das Attribut content portions angegeben, aber bei keiner der dabei spezifizierten *content portions* ist das Attribut content information vorhanden. Das Attribut content generator ist nicht angegeben. In diesem Fall ist der dem *basic logical object* zugeordnete Inhalt eine leere Zeichenkette; *content portion*-Attribute werden nicht benötigt.

l)   Bei dem *basic logical object* wird mit dem Attribut **object class** auf eine zugehörige Objektklasse verwiesen, bei der mit dem Attribut **resource** auf eine Objektklasse in einem *resource document* verwiesen wird. Bei dieser Objektklasse des *resource document* ist das Attribut **content generator**, aber nicht das Attribut **content portions**, angegeben. Der dem *basic logical object* zugeordnete Inhalt ergibt sich dann aus der Ermittlung des Wertes dieses Attributs. Die Werte der erforderlichen *content portion* Attribute werden nach dem in 3.2.14 beschriebenen Verfahren zur Bestimmung von *Default*-Werten ermittelt.

m)   Wenn nach keinem der Schritte a)–l) ein dem *basic logical object* zugeordneter Inhalt ermittelt werden kann, wird als Inhalt eine leere Zeichenkette genommen; *content portion*-Attribute werden dann nicht benötigt.

Ermittlung des Inhalts von *Basic Layout Objects* während des Layoutprozesses

Bezüglich des Layoutprozesses ist zwischen dem *document layout process* und dem *content layout process* zu unterscheiden. Der *content layout process*, zum Beispiel für Text (*character content*), Rastergrafiken oder Liniengrafiken, generiert insbesondere *content portions* in *formatted* oder *formatted processable form*, indem er die Inhaltsstücke heranzieht, die *basic logical objects* zugeordnet sind und in *processable form* vorliegen. Dieser Inhalt der *basic logical objects* wird nach einem der Schritte a)–m) des vorhergehenden Abschnitts ermittelt.

Der *document layout process* und der jeweilige *content layout process* interagieren natürlich miteinander, wie es in den Abschnitten 3.5.2, 7.3 und 8.3 genauer beschrieben ist. Sobald aber der *content layout process* für ein bestimmtes Inhaltsstück erfolgreich abgeschlossen ist, das Inhaltsstück also erfolgreich formatiert wurde, braucht sich der *document layout process* nicht weiter um dieses Inhaltsstück zu kümmern. Erst der *imaging process* muß die betreffende *content portion* wieder untersuchen.

Allerdings kann die generische Layoutstruktur Teile des Inhalts eines Dokuments spezifizieren, entweder dadurch, daß bestimmten Objektklassen der generischen Layoutstruktur *content portions* zugeordnet sind, oder dadurch, daß bei solchen Objektklassen das Attribut **content generator** angegeben ist. Der *document layout process* muß dann, zusammen mit dem *content layout process*, dafür sorgen, daß gegebenenfalls entsprechende *content portions* in der spezifischen Layoutstruktur generiert werden.

Bei der Ermittlung, ob die generische Layoutstruktur einem *basic layout object* ein Inhaltsstück des Dokuments zuordnet, werden der Reihe nach die folgenden acht Schritte durchgeführt. Sobald nach einem dieser Schritte ein Stück Inhalt bestimmt wurde, werden die nachfolgenden Schritte nicht ausgeführt.

a) Bei dem *basic layout object* wird mit dem Attribut object class eine Objektklasse der generischen Layoutstruktur referiert, der *content portions* durch das Attribut content portions zugeordnet sind. Bei mindestens einer dieser *content portions* ist das Attribut content information angegeben. Dann ergibt sich der dem *basic layout object* zugeordnete Inhalt als Wert des Attributs content information. Wenn mit dem Attribut content portions mehrere *content portions* angegeben sind, bei denen das Attribut content information vorhanden ist, werden die dadurch angegebenen Inhaltsstücke entsprechend der *sequential order* der *content portions* (s. S. 93) miteinander verknüpft. Die dabei verwendeten Attribute der *content portions*, zum Beispiel die Attribute type of coding oder alternative representation, sind die bei den jeweiligen *content portions* angegebenen Attribute.

Allerdings braucht sich der Layoutprozeß nicht weiter um diese *content portions* kümmern, denn deren Inhalt (der Wert der Attribute content information) liegt ja schon in *formatted* oder *formatted processable form* vor, da diese *content portions* zur generischen Layoutstruktur gehören.

b) Bei dem *basic layout object* wird mit dem Attribut object class eine Objektklasse der generischen Layoutstruktur referiert, der *content portions* durch das Attribut content portions zugeordnet sind. Bei keiner dieser *content portions* ist das Attribut content information, aber bei der Objektklasse ist das Attribut content generator angegeben. Dann ergibt sich der dem *basic layout object* zugeordnete Inhalt durch die Ermittlung des Wertes des Attributs content generator. Die verwendeten *content portion*-Attribute werden von der ersten *content portion* gemäß der *sequential order* genommen.

c) Bei dem *basic layout object* wird mit dem Attribut object class eine Objektklasse der generischen Layoutstruktur referiert, der *content portions* durch das Attribut content portions zugeordnet sind. Bei keiner dieser *content portions* ist das Attribut content information angegeben, und bei der Objektklasse ist das Attribut content generator nicht vorhanden. Dann ist der dem *basic layout object* zugeordnete Inhalt eine leere Zeichenkette; *content portion*-Attribute werden nicht benötigt.

d) Bei dem *basic layout object* wird mit dem Attribut object class eine Objektklasse der generischen Layoutstruktur referiert, der keine *content portions* zugeordnet sind, aber bei der Objektklasse ist das Attribut content generator angegeben. Dann ergibt sich der dem *basic layout object* zugeordnete Inhalt durch die Ermittlung des Wertes des Attributs content generator. Die verwendeten *content portion*-Attribute werden nach den in 3.2.14 beschriebenen Regeln ermittelt.

e) Bei dem *basic layout object* wird mit dem Attribut object class eine Objektklasse der generischen Layoutstruktur referiert, bei der mit dem Attribut resource auf eine Objektklasse in einem *resource document* verwiesen wird. Dieser Objektklasse im *resource document* sind *content portions* durch das Attribut content portions zugeordnet. Bei mindestens einer dieser *content portions* ist das Attribut content information angegeben. Dann ergibt sich der dem *basic layout object* zugeordnete Inhalt als Wert des Attributs content information. Wenn mit dem Attribut content portions mehrere *content portions* angegeben sind, bei denen das Attribut content information vorhanden ist, werden die dadurch angegebenen Inhaltsstücke entsprechend der *sequential order* der *content portions* miteinander verknüpft. Die dabei verwendeten Attribute der *content portions* sind die bei den jeweiligen *content portions* angegebenen Attribute.

f) Bei dem *basic layout object* wird mit dem Attribut object class eine Objektklasse der generischen Layoutstruktur referiert, bei der mit dem Attribut resource auf eine Objektklasse in einem *resource document* verwiesen wird. Dieser Objektklasse im *resource document* sind *content portions* zugeordnet. Bei keiner dieser *content portions* ist das Attribut content information, aber bei der Objektklasse ist das Attribut content generator angegeben. Dann ergibt sich der dem *basic layout object* zugeordnete Inhalt durch die Ermittlung des Wertes des Attributs content generator. Die verwendeten *content portion*-Attribute werden von der ersten *content portion* gemäß der *sequential order* genommen.

g) Bei dem *basic layout object* wird mit dem Attribut object class eine Objektklasse der generischen Layoutstruktur referiert, bei der mit dem Attribut resource auf eine Objektklasse in einem *resource document* verwiesen wird. Dieser Objektklasse im *resource document* sind zwar *content portions* zugeordnet, aber bei keinem dieser *content portions* ist das Attribut content information angegeben. Bei der Objektklasse ist das Attribut content generator nicht angegeben.

Dann ist der dem *basic layout object* zugeordnete Inhalt eine leere Zeichenkette; *content portion*-Attribute werden nicht benötigt.

h) Bei dem *basic layout object* wird mit dem Attribut object class eine Objektklasse der generischen Layoutstruktur referiert, bei der mit dem Attribut resource auf eine Objektklasse in einem *resource document* verwiesen wird. Dieser Objektklasse im *resource document* sind keine *content portions* zugeordnet, aber bei der Objektklasse ist das Attribut content generator angegeben. Dann ergibt sich der dem *basic layout object* zugeordnete Inhalt durch die Ermittlung des Wertes des Attributs content generator. Die verwendeten *content portion*-Attribute werden nach den in 3.2.14 beschriebenen Regeln ermittelt.

Wenn keiner dieser acht Fälle zutrifft, trägt die generische Layoutstruktur nicht zum Inhalt des betreffenden *basic layout object* bei.

Ermittlung des Inhalts von *Frames* während des Layoutprozesses

Im vorhergehenden Abschnitt wurden die Regeln angegeben, nach denen die von der generischen Layoutstruktur erzeugten Inhaltsstücke der *basic layout objects* eines Dokuments (*blocks* oder *basic pages*) erzeugt werden. Bei *frames* gibt es noch eine weitere Möglichkeit, Inhaltstücke eines Dokuments zu generieren, nämlich mit dem Attribut logical source, das bei der einem *frame* zugeordneten *frame class* angegeben werden kann. Bei der Beschreibung des Attributs logical source (s. S. 102) ist dies genauer erklärt.

Bei der Durchführung des Layoutprozesses wird deshalb jedesmal, wenn ein *frame* generiert wird, untersucht, ob einer der beiden folgenden Fälle zutrifft.

a) Der *frame* referiert mit dem Attribut object class eine *frame class*, bei der das Attribut logical source angegeben ist. Dann werden zunächst die logischen Objekte entsprechend dem Wert dieses Attributs erzeugt, und der den dabei entstandenen *basic logical objects* zugeordnete Inhalt wird nach den üblichen Regeln zur Ermittlung des Inhalts von *basic logical objects* bestimmt.

b) Der *frame* referiert mit dem Attribut object class eine *frame class*, bei der mit dem Attribut resource auf eine Objektklasse in einem *resource document* verwiesen wird. Bei dieser Objektklasse im *resource document* ist das Attribut logical source angegeben. Dann werden zunächst die logischen Objekte entsprechend dem Wert dieses Attributs erzeugt, und der den dabei entstandenen *basic logical objects* zugeordnete Inhalt wird nach den üblichen Regeln zur Ermittlung des Inhalts von *basic logical objects* bestimmt.

Trifft weder a) noch b) zu, ergibt sich der dem *frame* zugeordnete Inhalt aus den Inhaltsstücken der *blocks*, die dem *frame* untergeordnet sind.

Ermittlung des Inhalts von *Basic Layout Objects* während des *Imaging Process*

Während des *imaging process*, also bei der endgültigen Darstellung eines ODA-Dokuments auf einem Ausgabemedium, wird der einem *basic layout object* zugeordnete Inhalt nach folgenden vier Schritten ermittelt. Sobald einer der drei Schritte erfolgreich war, werden die nachfolgenden nicht mehr angewandt.

a) Dem *basic layout object* sind ein oder mehrere *content portions* mit dem Attribut **content portions** zugeordnet. Dann ergibt sich der Inhalt des *basic layout object*, also das, was auf dem Ausgabemedium in der zu dem *basic layout object* gehörenden Fläche dargestellt wird, durch Auswertung der Attribute **content information**, die bei den jeweiligen *content portions* angegeben sind. Wenn bei mehreren *content portions* das Attribut **content information** auftritt, werden die Inhaltsstücke entsprechend der *sequential order* der *content portions* (s. S. 93) miteinander verknüpft, Textstücke beispielsweise entsprechend dieser Reihenfolge hintereinander dargestellt.

b) Das *basic layout object* referiert mit dem Attribut **object class** eine Objektklasse. Dieser Objektklasse sind ein oder mehrere *content portions* zugeordnet. Dann ergibt sich der Inhalt des *basic layout object* durch Auswertung der Attribute **content information**, die bei den jeweiligen *content portions* angegeben sind. Analog a) werden Inhaltstücke miteinander verknüpft.

c) Das *basic layout object* referiert mit dem Attribut **object class** eine Objektklasse, die mit dem Attribut **resource** auf eine Objektklasse in einem *resource document* verweist. Dieser Objektklasse im *resource document* sind eine oder mehrere *content portions* zugeordnet. Dann ergibt sich der Inhalt des *basic layout object* durch Auswertung der Attribute **content information**, die bei den jeweiligen *content portions* angegeben sind. Analog a) werden Inhaltstücke miteinander verknüpft.

d)   Wenn keiner der drei Fälle a)–c) zutrifft, ist dem *basic layout object*
     eine leere Zeichenkette als Inhalt zugeordnet, das heißt auf dem Aus-
     gabemedium bleibt die zu dem *basic layout object* gehörende Fläche
     leer.

In den drei Fällen a)–c) werden die *content portion*-Attribute von den
jeweiligen *content portions* genommen.

3.2.16 Maßeinheiten

Bei einer Reihe von Attributen und Parametern von Attributen, zum
Beispiel bei dem Parameter **nominal page size** des Attributs **medium type**
(s. S. 133), werden physikalische Größenangaben gemacht. In der ODA-
Norm gibt es zwei Maßeinheiten, in denen die Größenangaben spezifiziert
werden können, nämlich *basic measurement units* und *scaled measurement units*. Meistens werden *scaled measurement units* verwendet.

Eine *basic measurement unit* ist eine absolute Maßeinheit und entspricht einem $\frac{1}{1200}$stel Zoll; dies sind etwa 0.021167 mm.

Eine *scaled measurement unit* ist eine relative Maßeinheit. Der Umrechnungsfaktor auf *basic measurement units* wird durch das Attribut
unit scaling festgelegt, das beim *document profile* angegeben werden kann,
festgelegt (s. S. 194). Wenn dieses Attribut fehlt, entspricht eine *scaled
measurement unit* einer *basic measurement unit*.

3.3 Bestandteile von ODA-Dokumenten

Wie schon des öfteren erwähnt, können in einem ODA-Dokument unterschiedliche Arten von *constituents* auftreten, nämlich logische Objekte, logische Objektklassen, Layoutobjekte, Layoutobjektklassen, *layout styles*, *presentation styles*, *content portions* und ein *document profile*.
In der ODA-Norm sind nun eine Reihe von Regeln festgelegt, welche
dieser Arten von *constituents* in einem konkreten Dokument tatsächlich
zugelassen sind und welche unbedingt vorhanden sein müssen. Auf diese
Regeln soll in diesem Abschnitt genauer eingegangen werden.

3.3.1   *Document Architecture Classes*

Die ODA-Norm enthält das Konzept der sogenannten *document architecture classes*, wobei es die drei Klassen *formatted document architecture class, processable document architecture class* und *formatted processable document architecture class* gibt. Diese Klassen haben folgende Bedeutung:

Ein Dokument der *formatted document architecture class* kann nur noch auf einem Ausgabemedium dargestellt werden (genauer: auf ein solches Dokument kann nur noch der *imaging process* angewandt werden). Eine Änderung des Inhalts oder des Layouts ist bei einem solchen Dokument nicht möglich. Üblicherweise wird man ein Dokument an einen Empfänger in dieser *formatted form* verschicken, wenn eine Modifikation durch den Empfänger nicht mehr beabsichtigt ist.

Bei einem Dokument der *processable document architecture class* ist eine Änderung sowohl des Inhalts als auch des Layouts möglich. Allerdings enthält dieses Dokument keine spezifische Layoutstruktur, kann also erst dann auf einem Ausgabemedium dargestellt werden, wenn vorher ein Layoutprozeß durchgeführt wurde.

Die *formatted processable document architecture class* ist eine Mischform aus den beiden eben erwähnten Klassen. Einerseits kann unmittelbar der *imaging process* auf ein Dokument dieser Klasse angewandt werden, das heißt der Empfänger kann ein solches Dokument beispielsweise direkt mit dem vom Absender vorgegebenen Layout drucken. Andererseits kann aber sowohl der Inhalt als auch das Layout eines solchen Dokuments geändert werden, wobei dann vor der Darstellung auf einem Ausgabemedium erst nochmals der Layoutprozeß durchgeführt werden muß.

Jedes ODA-Dokument gehört zu genau einer dieser Klassen. Entsprechend der Klassenzugehörigkeit ergeben sich die Regeln, welche Arten von *constituents* in einem bestimmten Dokument erforderlich oder optional zulässig sind. Es gilt folgendes:

a)   Ein Dokument der *formatted document architecture class* besitzt immer:
   – ein *document profile* und
   – eine spezifische Layoutstruktur.
   Optional können vorhanden sein:
   – eine generische Layoutstruktur und
   – *presentation styles*.

b)   Ein Dokument der *processable document architecture class* besitzt immer:

    – ein *document profile* und
    – eine spezifische logische Struktur.
    Optional können vorhanden sein:
    – eine generische logische Struktur,
    – eine generische Layoutstruktur,
    – *layout styles* und
    – *presentation styles*.

c)   Ein Dokument der *formatted processable document architecture class* besitzt immer:
    – ein *document profile*,
    – eine spezifische logische Struktur,
    – eine spezifische Layoutstruktur und
    – eine generische Layoutstruktur.
    Optional können vorhanden sein:
    – eine generische logische Struktur,
    – *layout styles* und
    – *presentation styles*.

Man beachte, daß die generischen Strukturen, die *layout styles* und *presentation styles* nicht unbedingt direkt im Dokument selbst vorhanden sein müssen, sondern möglicherweise von diesem getrennt in sogenannten *generic documents* (s. 3.4.1) abgespeichert sein können.

Ein *generic document* wird nach folgenden Regeln zu einer der drei Klassen zugeordnet:

a)   Wenn das *generic document* Layoutobjektklassen, aber keine logischen Objektklassen enthält, wird es zur *formatted document architecture class* gerechnet.

b)   Wenn das *generic document* logische Objektklassen, aber keine Layoutobjektklassen enthält, wird es zur *processable document architecture class* gerechnet.

c)   Wenn das *generic document* sowohl logische Objektklassen als auch Layoutobjektklassen enthält, wird es zur *formatted processable document architecture class* gerechnet.

Somit ist für alle Arten von zulässigen ODA-Dokumenten eine Zuordnung zu einer der drei Klassen gesichert. Die Klassenzugehörigkeit wird explizit durch das Attribut **document architecture class** im *document profile* festgehalten.

3.3.2   Dokumente, die nur aus einem *Document Profile* bestehen

Darüberhinaus läßt die ODA-Norm zu, daß ein Dokument nur aus einem *document profile* besteht, obwohl dies kein Dokument im üblichen Sinne ist: Es hat keinen Inhalt und kann natürlich auch nicht auf einem Ausgabemedium dargestellt werden.

Dennoch kann es sinnvoll sein, ein solches „Dokument" an einen Empfänger zu verschicken. Im *document profile* eines Dokuments werden nämlich eine Reihe von Angaben bezüglich des Inhalts des Dokuments gemacht, zum Beispiel wird dort angegeben, welche Inhaltsarchitekturen (*character content, raster graphics content* und *geometric graphics content*) in dem Dokument vorhanden sind. Allein anhand des *document profile* kann der Empfänger so möglicherweise schon entscheiden, ob er das Dokument selbst überhaupt verarbeiten kann. Wenn beispielsweise im *document profile* angegeben ist, daß in dem Dokument Rastergrafiken auftauchen, der Empfänger aber mit seinem ODA-System keine Rastergrafiken verarbeiten kann, kann sich eine Übertragung des kompletten Dokuments erübrigen.

Zu jedem nur aus einem *document profile* bestehenden Dokument gehört also immer ein „richtiges" Dokument, bei dem die üblichen Bestandteile (Objekte, Objektklassen usw.) vorhanden sind. Das Abspalten des *document profile* und das Erzeugen eines eigenständige Dokuments im ODA-Sinn hat im Prinzip nur den Zweck, überflüssige Übertragungen von Dokumenten an Empfänger, die damit nichts anfangen können, zu vermeiden.

3.3.3   *Simple-Structured CCITT Documents*

Aus Kompatibilitätsgründen zu bestehenden CCITT *Recommendations* wurde in der ODA-Norm eine bestimmte Art von Dokumenten aufgenommen, bei der die üblichen Regeln zum Aufbau von ODA-Dokumenten etwas modifiziert wurden. Diese Art von Dokumenten soll als *simple-structured CCITT documents* bezeichnet werden. (In der Norm wird dieser Begriff nicht benutzt.)

In diesen Dokumenten können nur die folgenden Arten von *constituents* auftreten:

- Ein *document profile,*
- Layoutobjektklassen, wobei nur eine *document layout root class, basic page classes* und *block classes* zulässig sind,

- Layoutobjekte, wobei nur eine *document layout root, basic pages* und *blocks* zulässig sind,
- *presentation styles* und
- *content portions*.

Von den üblichen Regeln zum Aufbau von ODA-Dokumenten sind bei diesen Dokumenten eine Reihe von Ausnahmen zulässig, die hier nochmals zusammengefaßt werden sollen:

- Das Attribut **object identifier** darf bei den Layoutobjekten fehlen.
- Das Attribut **subordinates** darf bei den Layoutobjekten fehlen.
- Das Attribut **content portions** darf bei den *basic layout objects* fehlen.
- Das Attribut **content identifier layout** darf bei den *content portions* fehlen. (Das Attribut **content identifier logical** kann nicht vorhanden sein, da diese Dokumente keine logischen Strukturen und somit auch keine *content portions*, die logischen Objekten oder logischen Objektklassen zugeordnet sind, enthalten können.)

Man beachte, daß in solchen *simple-structured CCITT documents* auch zahlreiche Attribute nicht auftreten können, zum Beispiel solche, die nur bei logischen Objekten, logischen Objektklassen oder *layout styles* verwendet werden können.

Da die Attribute **object identifier**, **content identifier layout**, **subordinates** und **content portions** fehlen können, wäre bei diesen Objekten gegebenenfalls nicht die hierarchische Baumstruktur der Layoutobjekte ersichtlich, also die Reihenfolge, in der die Layoutobjekte und die ihnen zugeordneten *content portions* im Dokument angeordnet sind. Deshalb wird zusätzlich verlangt, daß beim Verschicken solcher Dokumente immer das sogenannte *interchange format class B* verwendet wird (s. 201). Bei diesem Austauschformat läßt sich allein auf Grund der Anordnung der *constituents* im ODIF-Datenstrom deren hierarchische Struktur ermitteln. Die vier genannten Attribute können deshalb fehlen, ohne daß Information verlorengeht.

3.4 Abspeicherung und Austausch von ODA-Dokumenten

In aller Regel ist es wünschenswert, die Datenmenge, die zur Übertragung von ODA-Dokumenten erforderlich ist, beziehungsweise den Speicherplatz, den ODA-Dokumente benötigen, so gering wie möglich zu halten. Um dies zu erreichen, wurde in der ODA-Norm das Konzept der sogenannten *generic documents* eingeführt, die entweder als *external document class descriptions* oder als *resource documents* aufgefaßt werden. Auf diese beiden Arten von *generic documents* kann von einem bestimmten Dokument mit den Attributen external document class und resource document – diese können im *document profile* angegeben werden – Bezug genommen werden.

3.4.1 *Generic Documents*

Unter einem *generic document* wird ein ODA-Dokument verstanden, in dem folgende *constituents* auftreten:

a) – Ein *document profile*,
  – logische Objektklassen, die entweder ein *complete generator set*, ein *partial generator set* oder ein *factor set* bilden (s. 3.2.13),
  – möglicherweise *layout styles*,
  – möglicherweise *presentation styles* und
  – möglicherweise generische *content portions*; oder
b) – ein *document profile*,
  – Layoutobjektklassen, die entweder ein *complete generator set*, ein *partial generator set* oder ein *factor set* bilden,
  – möglicherweise *presentation styles* und
  – möglicherweise generische *content portions*; oder
c) – ein *document profile*,
  – logische Objektklassen, die entweder ein *complete generator set*, ein *partial generator set* oder ein *factor set* bilden,
  – Layoutobjektklassen, die entweder ein *complete generator set*, ein *partial generator set* oder ein *factor set* bilden,
  – möglicherweise *layout styles*,
  – möglicherweise *presentation styles* und
  – möglicherweise generische *content portions*.

Ein *generic document* wird bezüglich Austausch und Abspeicherung als eigenständiges ODA-Dokument betrachtet. Allerdings ist eine Weiterverarbeitung von *generic documents* allein nicht sinnvoll. Da den *generic documents* jegliche spezifischen logischen Strukturen oder spezifische Layoutstrukturen fehlen, kann auf diese Dokumente insbesondere kein Layoutprozeß oder *imaging process* angewandt werden. Solche Dokumente sind also nicht „druckbar", sondern enthalten nur Beschreibungen von Eigenschaften derjenigen Dokumente, die auf solche *generic documents* Bezug nehmen.

Dabei kann auf solche *generic documents* auf zweierlei Art Bezug genommen werden. Entweder wird ein solches Dokument von einem konkreten Dokument als *generic document class description* referiert (indem im *document profile* des Dokuments das Attribut **external document class** angegeben ist), oder es wird als *resource document* referiert (indem im *document profile* des Dokuments das Attribut **resource document** angegeben ist).

3.4.2   *External Document Class Descriptions*

Wenn von einem bestimmten Dokument ein *generic document* als *external document class description* referiert wird, gilt folgendes: Besitzt das Dokument keinerlei generischen Strukturen, werden die generischen Strukturen aus dem *generic document* übernommen. Dies ist natürlich nur möglich, wenn die spezifischen Strukturen des konkreten Dokuments und die generischen Strukturen im *generic document* zusammenpassen. *Styles* dürfen sowohl im Dokument selbst als auch im *generic document* vorhanden sein, wobei auch hierbei die betreffenden *constituents* kompatibel sein müssen.

Falls das betreffende Dokument allerdings eine generische logische Struktur oder eine generische Layoutstruktur besitzt, werden keine generischen Strukturen aus dem *generic document* übernommen. Es können jedoch noch *styles* übernommen werden.

Man beachte, daß ein konkretes Dokument, das auf eine *external document class description* Bezug nimmt, praktisch nur bearbeitet werden kann, wenn während der Bearbeitung alle Informationen in der *external document class description* mit herangezogen werden. Wenn beispielsweise von einem Objekt in dem Dokument mit dem Attribut **object class** (s. S. 93) eine Objektklasse in der *external document class description* referiert wird, muß ja der *object-class-id*, den die betreffende Objektklasse in der *external document class description* hat, genau bekannt sein.

Letztendlich ist der Sinn von *external document class descriptions* nur der, die generischen und spezifischen Strukturen von Dokumenten getrennt abspeichern und übertragen zu können. Wenn man mehrere konkrete Dokumente mit identischen generischen Strukturen hat, kann dies von Nutzen sein.

3.4.3 *Resource Documents*

Ein *resource document* besteht aus einem *document profile* sowie einer
Menge von logischen Objektklassen und Layoutobjektklassen und kann
auch generische *content portions* enthalten, die diesen Objektklassen zugeordnet sind. Auf diese Objektklassen in einem *resource document* kann
von den Objektklassen eines konkreten Dokuments mit dem Attribut resource Bezug genommen werden. Dies bedeutet, daß Attribute für eine
bestimmte Objektklasse nicht unbedingt bei der Objektklasse selbst angegeben werden müssen, sondern auch bei einer zugehörigen Objektklasse
in einem *resource document* auftreten können. Anders formuliert: Die Informationen, die die Objektklassen eines Dokuments enthalten, können in
zugeordnete Objektklassen eines *resource document* „herausfaktorisiert"
werden.

Der Bezug auf die Objektklassen des *resource document* wird dabei
nicht direkt hergestellt, indem etwa ein *object-class-id* einer Objektklasse
angegeben wird, sondern indirekt, wie bei der Beschreibung des Attributs
resource document des *document profile* auf S. 181 genauer erklärt wird.

Das Konzept der *resource documents* läßt sich beispielsweise zu einer
Erweiterung des Konzepts der Dokumentklassen in der ODA-Norm verwenden. In einer bestimmten Organisation gebe es zum Beispiel eine
Reihe unterschiedlicher Dokumentklassen, nach denen die Dokumente
aufgebaut sind. Bestimmte Eigenschaften seien bei allen Dokumentklassen gleich, beispielsweise Höhe und Breite der Seiten. Dann ist es
möglich, diese allen Dokumentklassen gemeinsamen Eigenschaften in Objektklassen eines *resource document* abzuspeichern, indem dort Attribute
mit entsprechenden Werten angegeben werden.

3.5 Die Verarbeitung von ODA-Dokumenten

Die eigentliche Verarbeitung von ODA-Dokumenten wird in der ODA-
Norm nicht detailliert beschrieben. Insbesondere werden keine detaillierten Vorschriften gemacht, wie ein Dokumentverarbeitungssystem auf der
Basis der Norm zu implementieren ist. Im Prinzip gilt jedes System als
normkonform, das einen ODIF-Datenstrom entsprechend den Spezifikationen der Norm erzeugen beziehungsweise empfangen kann.

In der Norm werden jedoch drei „Referenzmodelle" für den *editing
process*, den Layoutprozeß und den *imaging process* angegeben, auf die
im folgenden etwas näher eingegangen werden soll. Man beachte, daß

die Trennung zwischen diesen drei Prozessen nur ein konzeptionelles Modell ist. In der Praxis dürfte bei ODA-Systemen diese Trennung, zumindest aus Benutzersicht, nicht vorhanden sein, denn ein ODA-System wird wohl immer nach dem *WYSIWYG*-Prinzip (*what you see is what you get*) implementiert werden, das heißt der Benutzer sieht während der Bearbeitung ein Dokument immer in formatierter Form; *editing process*, Layoutprozeß und *imaging process* laufen also gleichzeitig und miteinander verzahnt ab.

3.5.1   Der *Editing Process*

Der *editing process* beschäftigt sich mit dem Editieren (Erzeugen und Ändern) von ODA-Dokumenten. Entsprechend den unterschiedlichen Arten von *constituents* eines ODA-Dokuments kann das Editieren angewandt werden auf

- die eigentlichen Inhaltsstücke eines Dokuments, also insbesondere auf die Werte des Attributs content information der einzelnen *content portions*,
- Objekte der spezifischen logischen Struktur,
- Objektklassen der generischen Strukturen,
- *layout styles*,
- *presentation styles* und
- das *document profile*.

Sicher wird keine ODA-Implementation den Benutzern zumuten, *direkt* die in der Norm spezifizierten Datenstrukturen, also die *constituents* und deren Attribute, zu editieren. Die direkte Erzeugung und Modifikation dieser Strukturen ist auf wegen ihrer Komplexität praktisch ausgeschlossen. Ein ODA-System wird deshalb immer eine Benutzerschnittstelle besitzen, die die Bearbeiter von der internen Repräsentation der Dokumente weitestgehend abschirmt.

Das Editieren der spezifischen logischen Struktur und der eigentlichen Inhaltsstücke eines Dokuments entspricht noch am ehesten dem, was man üblicherweise als Editieren eines Dokuments bezeichnet. Dabei erzeugt oder modifiziert man die logischen Strukturelemente eines Dokuments, man erzeugt bei einem Geschäftsbrief beispielsweise das logische Element „Adresse", und erzeugt oder modifiziert die Informationen, die diesen logischen Elementen zugeordnet sind, gibt beispielsweise die Postadresse des Empfängers eines Briefes ein.

Bei einer kompletten Implementation der ODA-Norm lassen sich, zumindest konzeptionell, vier Arten von Editoren unterscheiden. Ein Editor dient zum Erzeugen, Löschen oder Modifizieren der Objekte der spezifischen logischen Struktur (*structure editing*). Für das Editieren der eigentlichen Inhaltsstücke (*content editing*) wird man in der Regel unterschiedliche Editoren für die verschiedenen Inhaltsarchitekturen verwenden, also je einen Editor für Text, Rastergrafik und Liniengrafik.

Falls eine generische logische Struktur vorliegt, das zu editierende Dokument also zu einer bestimmten, durch die generische logische Struktur beschriebenen Dokumentklasse gehört, muß beim Editieren der logischen Struktur sichergestellt sein, daß die spezifische logische Struktur mit der generischen logischen Struktur kompatibel ist. (Man vergleiche hierzu auch die Ausführungen in 3.2.13.) Anders formuliert: Ein ODA-Editor muß beim Editieren der spezifischen logischen Struktur und der Inhaltsstücke die generische logische Struktur mit heranziehen.

Das Editieren der generischen logischen Struktur bedeutet das Erzeugen oder Ändern der Dokumentklassenbeschreibung, also das Festlegen oder Modifizieren von Regeln, nach denen die logische Struktur der zugehörigen konkreten Dokumente aufgebaut ist. Eine solche Art des Editierens ist bei den meisten konventionellen Dokumentverarbeitungssystemen unbekannt. Auch hierfür wird man eine spezielle Art von Editor verwenden.

Das Editieren der generischen Layoutstruktur, der *layout styles* und der *presentation styles* soll im wesentlichen das gewünschte Aussehen (Layout) der Dokumente festlegen, denn die generische Layoutstruktur, die *layout styles* und die *presentation styles* enthalten die Regeln bezüglich der Layoutgestaltung der zugehörigen Dokumente. Auch diese Art des Editierens hat wenig mit dem zu tun, was man üblicherweise mit diesem Begriff verbindet, sondern ähnelt eher dem, was man bei üblichen Dokumentverarbeitungssystemen mit dem Begriff „Formatieren" verbindet.

Die Informationen im *document profile*, also die dort angegebenen Attribute und ihre Werte, dürften bei ODA-Systemen weitestgehend automatisch erzeugt werden, zum Beispiel die Angaben über die in einem Dokument verwendeten Inhaltsarchitekturen, die Seitenzahl eines Dokuments oder die Datumsangaben bezüglich der Verarbeitung eines Dokuments. Allerdings bleiben eine Reihe von Informationen übrig, die vom Bearbeiter eines Dokuments manuell eingegeben oder geändert werden müssen, zum Beispiel eine Zusammenfassung des Dokumentinhalts oder Copyright-Angaben. Das Editieren des *document profile* wird sich daher in der Regel auf solche nicht automatisch erzeugbaren Angaben zu einem Dokument beschränken.

3.5.2   Der Layoutprozeß

Der Layoutprozeß erzeugt die spezifische Layoutstruktur eines Dokuments und die ihr zugeordneten *content portions* und erzeugt beziehungsweise modifiziert auch einige wenige Attribute des *document profile*, zum Beispiel das die Zahl der Seiten des Dokuments angebende Attribut.

Im folgenden soll nicht auf alle Details eingegangen werden, die in der ODA-Norm zum Layoutprozeß angegeben sind, sondern es soll nur ein Überblick über die Grundideen des Layoutprozesses gegeben werden. Wie schon erwähnt, wird einerseits in der Norm nur ein sogenanntes Referenzmodell für den Layoutprozeß gegeben, das heißt eine bestimmte ODA-Implementation braucht sich nicht unbedingt an dieses Modell zu halten; das Ergebnis des Layoutprozesses, also die spezifische Layoutstruktur muß aber so aufgebaut sein, daß die Angaben bezüglich des Layout eines konkreten Dokuments in den logischen Strukturen, in der generischen Layoutstruktur, in den *layout styles* und *presentation styles* erfüllt sind.

Andererseits stellt man bei genauerem Durchlesen der Angaben, die in der Norm zum Layoutprozeß gemacht werden, fest, daß eine Reihe von Punkten noch offen sind. Insbesondere fehlen in der Regel Spezifikationen, wie Konfliktfälle zu lösen sind, also Situationen, bei denen sich bestimmte Angaben zum Layout eines Dokuments widersprechen. Aus heutiger Sicht ist zu erwarten, daß die Ausführungen zum Layoutprozeß in der Norm in Zukunft präzisiert werden, besonders dann, wenn durch ODA-Implementationen mehr praktische Erfahrungen mit der Implementierung von Layoutprozessen bei ODA-Dokumenten vorliegen.

Vom Layoutprozeß werden die folgenden *constituents* eines Dokuments herangezogen:

- Objekte der spezifischen logischen Struktur,
- Objektklassen der generischen logischen Struktur, sofern diese vorhanden ist und Informationen enthält, die beim Layoutprozeß benötigt werden,
- *content portions*, die den Objekten beziehungsweise Objektklassen der logischen Struktur zugeordnet sind,
- Objektklassen der generischen Layoutstruktur sowie
- *layout styles* und
- *presentation styles*, sofern diese vorhanden sind.

Beim Layoutprozeß ist zu unterscheiden zwischen dem *document layout process*, der die Objekte der spezifischen Layoutstruktur erzeugt, und dem *content layout process*, der entsprechend der Inhaltsarchitektur der *content portions* das Formatieren der einzelnen Inhaltsstücke, also eines Stückes Text (*character content*), einer Rastergrafik oder einer Liniengrafik, vornimmt. (Der Begriff Formatieren soll nicht nur für Text, sondern der Einfachheit halber auch für Rastergrafiken und Liniengrafiken verwendet werden.) In diesem Abschnitt wird im wesentlichen nur auf den *document layout process* eingegangen, und wenn im folgenden vom Layoutprozeß die Rede ist, ist damit immer der *document layout process* gemeint; die drei verschiedenen *content layout processes* sind in den Abschnitten 6.4, 7.3 und 8.3 beschrieben. Außerdem soll im folgenden immer angenommen werden, daß in der Layoutstruktur auf den *pages* sowohl *frames* als auch *blocks* auftreten, denn dies ist der allgemeinste und der komplizierteste Fall bei ODA-Dokumenten.

Jedesmal, wenn während des Layoutprozesses ein Layoutobjekt erzeugt wird, werden alle Attribute sowie deren Werte ermittelt, die für das betreffende Objekt von Bedeutung sind. Dies bedeutet insbesondere, daß bei Attributen, deren Werte *expressions* sind (s. 3.2.3), diese *expressions* berechnet werden. Man beachte ferner, daß während des Layoutprozesses die Werte aller *defaultable attributes* ermittelt werden, die bei einem bestimmten Layoutobjekt angewendet werden.

Aus Sicht des *document layout process* besteht der Inhalt eines Dokuments aus einer Menge von rechteckigen Bereichen, nämlich den Flächen der *frames* und *blocks*, die gemäß den Attributen, die das Layout betreffen, auf die einzelnen *pages* eines Dokuments verteilt werden. Die innere Struktur der *blocks*, ob dort zum Beispiel Texte, Rastergrafiken oder Liniengrafiken enthalten sind, ist für den *document layout process* nicht von Bedeutung.

Das Zusammenwirken zwischen dem *document layout process* und einem bestimmten *content layout process* kann man sich so vorstellen, daß der *document layout process* rechteckige Bereiche ermittelt, in denen die einzelnen Inhaltsstücke eines Dokuments dargestellt werden können, und die Größe dieser Bereiche jeweils einem *content layout process* mitteilt. Der *content layout process* versucht dann, ein Stück Inhalt des Dokuments innerhalb dieses Bereichs zu formatieren. Wenn dies nicht gelingt, zum Beispiel weil eine Grafik mehr Platz beansprucht, als vom *document layout process* zur Verfügung gestellt wurde, meldet der *content layout process* dem *document layout process* seinen Mißerfolg, und dieser kann dann entscheiden, ob er dem *content layout process* möglicherweise mehr Platz zur Verfügung stellen kann und der *content layout process* nochmals versucht werden soll.

Wenn der *content layout process* erfolgreich verlief, meldet er dem *document layout process*, wieviel Platz er tatsächlich zur Formatierung des Inhaltsstückes benötigte. Der *document layout process* entscheidet dann, was mit dem möglicherweise nicht benötigten Platz geschieht, ob er zum Beispiel ein anderes Inhaltsstück des Dokuments aufnehmen soll.

Available Area

Der rechteckige Bereich, der einem *content layout process* vom *document layout process* zur Verfügung gestellt wird, wird in der ODA-Norm als *available area* bezeichnet. Man beachte, daß nur bei der Erzeugung von *blocks* durch den Layoutprozeß eine *available area* ermittelt werden muß, denn nur *blocks* kann ein Stück Inhalt eines Dokuments zugeordnet sein.

Die Größe der Fläche, die einem *block* zur Verfügung gestellt werden kann, ist zunächst einmal eingeschränkt durch die Größe des *frame*, dem der *block* unmittelbar untergeordnet ist, denn die Fläche eines *block* muß vollständig in der Fläche des ihm übergeordneten *frame* enthalten sein. Von dieser Fläche des *frame* muß dann zunächst diejenige Fläche abgezogen werden, die schon für vorher erzeugte, ebenfalls dem *frame* untergeordnete *blocks* benötigt wird.

Die verbleibenden Fläche wird gegebenenfalls weiter verkleinert, und zwar um den Platz für

- eine Umrahmung, wenn bei dem *frame* oder dem *block* mit dem Attribut **border** angegeben (s. Abb. 29);
- einen Abstand zum Rand des *frame*, wenn mit dem Attribut **offset** angegeben (s. S. 111);
- einen Abstand zu benachbarten *blocks*, wenn mit dem Attribut **separation** angegeben; in diesem Fall ist auch der Wert des Attributs **fill order** von Bedeutung (s. S. 112).

Wenn mit dem Attribut **concatenation** (s. S. 121) angegeben ist, daß der einem *basic logical object* zugeordnete Inhalt in einem schon vorher erzeugten *block* dargestellt werden sollen, wird erneut eine *available area* für diesen *block* ermittelt, und der *content layout process* bestimmt erneut die Größe des *block*, natürlich unter Berücksichtigung des zusätzlichen Inhaltsstücks.

Größe und Plazierung von *Frames* und *Blocks*

Als eines der wesentlichen Ergebnisse des Layoutprozesses muß für alle spezifischen Layoutobjekte, also für alle *pages*, *frames* und *blocks*, eine feste horizontale Größe sowie bei *frames* und *blocks* die Plazierung in dem ihnen unmittelbar übergeordneten Layoutobjekt (*page* oder *frame*)

ermittelt werden. Es müssen also die Werte der beiden Subparameter
fixed dimension des Attributs dimensions (s. S. 117) sowie die Werte der
Subparameter horizontal position und vertical position des Attributs position (s. S. 114) für alle diese Layoutobjekte bestimmt werden.

Für *pages* ist dies einfach: Die Größe einer *page* ist in der generischen
Layoutstruktur vorgegeben oder es wird dafür ein *Default*-Wert nach dem
in 3.2.14 angegebenen Verfahren ermittelt. Das gleiche gilt für *frames* und
blocks, die unmittelbar einer *page* untergeordnet sind: Auch bei diesen
muß die Größe fest in der generischen Layoutstruktur vorgegeben sein;
ansonsten wird als *Default*-Wert die Größe der *page* genommen. Ebenso
muß bei dieser Art von *frames* und *blocks* die Position auf der *page* in der
generischen Struktur vorgegeben sein.

Anders kann die Situation jedoch bei *frames* oder *blocks* aussehen, die
nicht direkt einer *page* untergeordnet sind. Zwar kann auch bei diesen die
Größe und ihre Position im übergeordneten Layoutobjekt in der generischen Layoutstruktur vorgegeben sein, aber in der Regel wird dies nicht
der Fall sein. Neben der Formatierung der eigentlichen Inhaltsstücke
eines Dokuments ist es ja gerade die typische Aufgabe eines Layoutprozesses, die Plazierungen der einzelnen Inhaltsstücke sowie die Spalten-
und Seitenumbrüche zu ermitteln.

Falls die Größe von *blocks* nicht fest vorgegeben ist, wird sie vom
content layout process bestimmt, ergibt sich also durch das Formatieren
des dem *block* zugeordneten Inhaltsstücks. Die Plazierung innerhalb des
übergeordneten *frame* ist entweder fest vorgegeben, indem der Parameter
fixed position bei dem Attribut position angegeben ist, oder sie ergibt
sich durch den Wert des Attributs layout path unter Berücksichtigung der
Attribute border, offset, separation und fill order.

Falls die Größe eines *frame* nicht fest vorgegeben ist, ergibt sie sich
aus dem Platz, der für die dem *frame* direkt untergeordneten Layoutobjekte (*frames* oder *blocks*) benötigt wird. Man beachte allerdings, daß
die Größe eines *frame* während des Layoutprozesses häufig nur vorläufig
bestimmt werden kann und in nachfolgenden Phasen des Layoutprozesses
möglicherweise wieder modifiziert werden muß, zum Beispiel, wenn einem
frame durch den Layoutprozeß bestimmte *blocks* untergeordnet werden,
später aber noch weitere *blocks* hinzukommen.

Die Plazierung eines *frame* innerhalb der Fläche des ihm unmittelbar
übergeordneten *frame* ist entweder fest vorgegeben, nämlich dann, wenn
der Parameter fixed position bei dem Attribut position angegeben ist, oder
sie wird durch die Werte der Subparameter offset, separation, alignment
und fill order des Attributs position festgelegt. Außerdem müssen die
Werte der Attribute layout path und border berücksichtigt werden.

Rangordnung von Layoutanweisungen

Mit einer Reihe von Attributen in ODA-Dokumenten wird festgelegt, wie
das Ergebnis des Layoutprozesses aussehen soll. In der Praxis allerdings
sind diese Layoutanweisungen zwar häufig generell sinnvoll, können aber
bei einem bestimmten Dokument nicht erfüllt werden.

Man betrachte beispielsweise das Attribut indivisibility, mit dem man
zum Beispiel angeben kann, daß der Inhalt zweier logischer Objekte zusammen auf einer Seite dargestellt werden soll (s. S. 128). Es kann aber
durchaus sein, daß der Inhalt der beiden Objekte gar nicht auf eine Seite
paßt, zum Beispiel wenn zwei Grafiken zusammen größer als eine Seite
sind.

Mit solchen oder ähnlichen Konflikten, nämlich daß ein bestimmtes,
generell als sinnvoll und wünschenswert erachtetes Layout eines Dokuments in einem konkreten Fall nicht möglich ist, muß man bei der Dokumentverarbeitung immer rechnen. In der ODA-Norm wurde deshalb
eine Reihenfolge der Wichtigkeit bestimmter Layoutanweisungen festgelegt. Falls nicht alle Layoutanweisungen erfüllbar sind, muß der Layoutprozeß entsprechend dieser Reihenfolge die einzelnen Layoutanweisungen
berücksichtigen. Folgende Reihenfolge ist, in absteigender Wichtigkeit,
festgelegt:

1.   layout object class: hat keine Bedeutung, wenn der Wert des Attributs null ist;
2.   layout category (nur auf *basic logical objects* anwendbar): hat keine
     Bedeutung, wenn der Wert des Attributs null ist;
3.   new layout object: wird ignoriert, falls mit dem Attribut layout object class ein *lowest level frame* (s. S. 50) angegeben ist; hat keine
     Bedeutung, wenn der Wert des Attributs null ist;
4.   same layout object: wird ignoriert, falls mit dem Attribut layout object class ein *lowest level frame* angegeben ist; hat keine Bedeutung,
     wenn der Wert des ersten Elements des Attributs null ist;
5.   fill order (nur auf *basic logical objects* anwendbar);
6.   concatenation (nur auf *basic logical objects* anwendbar);
7.   offset (nur auf *basic logical objects* anwendbar);
8.   separation (nur auf *basic logical objects* anwendbar);
9.   synchronization: wird ignoriert, wenn der Wert des Attributs null ist;
10. indivisibility: wird ignoriert, wenn mit dem Attribut layout object
     class ein *lowest level frame* angegeben ist;
11. block alignment (nur auf *basic logical objects* anwendbar).

Dabei ist zu beachten, daß diese Layoutanweisungen nicht nur lokal
zu berücksichtigen sind, zum Beispiel bei der Verarbeitung aller logi

schen Objekte, die einem bestimmten logischen Objekt unmittelbar untergeordnet sind. Ein Layout, das auf einer bestimmten Hierarchieebene
in der Baumstruktur der logischen Objekte korrekt ist, darf nicht dazu
führen, daß andere Layoutanweisungen auf hierarchisch übergeordneten
Ebenen verletzt werden. Im Konfliktfall haben Anweisungen auf hierarchisch höherer Ebene Vorrang vor denen auf hierarchisch niedrigeren
Ebenen.

Layout Streams

In der ODA-Norm wurde das Konzept der sogenannten *layout streams*
eingeführt. Dahinter verbirgt sich folgende Idee: Der Layoutprozeß verarbeitet die logischen Objekte und die ihnen zugeordneten *content portions*
in der *sequential order* dieser Objekte (s. S. 88) und erzeugt dabei sukzessive spezifische Layoutobjekte mit zugeordneten *content portions*. In
einer Reihe von Fällen ist es aber nicht erwünscht, daß die *sequential
order* der Layoutobjekte mit der *sequential order* der logischen Objekte
übereinstimmt.

Man betrachte hierzu folgendes Beispiel: Ein ODA-Dokument möge
aus mehreren Kapiteln bestehen. Der Layoutprozeß soll automatisch ein
Inhaltsverzeichnis erstellen, das auf der ersten Seite des Dokuments in
der spezifischen Layoutstruktur auftreten soll. Der Layoutprozeß muß
also jedesmal, wenn er in der spezifischen logischen Struktur auf ein Objekt stößt, das eine Kapitelüberschrift repräsentiert, diese nicht nur an
der gerade erreichten Stelle in der spezifischen Layoutstruktur in entsprechender Form darstellen, sondern außerdem noch an einer anderen Stelle
der spezifischen Layoutstruktur, nämlich dort, wo das Inhaltsverzeichnis
zu finden ist, eine entsprechende Ergänzung vornehmen.

Anders formuliert: Für bestimmte Anwendungen braucht man einen
Mechanismus, mit dem der Layoutprozeß Teile von Inhaltsstücken an
andere Stellen als die gerade erreichte Position auf einer bestimmten Seite
eines Dokuments „umlenken“ kann.

Dies kann man dadurch erreichen, daß man *basic logical objects* eine
sogenannte *layout category* zuordnet, indem man bei den zu den *basic logical objects* gehörenden *layout styles* das Attribut layout category angibt
(s. S. 126). Damit definiert man einen sogenannten *layout stream* für die
den *basic logical objects* zugeordneten Inhaltsstücke. Den Wert des Attributs layout category, eine Zeichenkette mit Zeichen aus dem *minimum
subrepertoire* von ISO 6937, Teil 2, kann man als den Namen des *layout
stream* auffassen. Für jeden neuen „Namen“, der bei dem Attribut layout
category bei einem *layout style* auftritt, wird ein eigener *layout stream*

eingerichtet. In einem ODA-Dokument könnte es beispielsweise je einen *layout stream* für das Inhaltsverzeichnis, das Abbildungsverzeichnis und den Index geben.

Wenn einem *basic logical object* ein *layout stream* zugeordnet ist, wird der Inhalt des *basic logical object* durch den Layoutprozeß nicht an der Stelle in der spezifischen Layoutstruktur eingefügt, die sich entsprechend der *sequential order* der logischen Objekte ergeben würde, sondern der Layoutprozeß ermittelt das dem betreffenden *layout stream* zugeordnete Layoutobjekt.

Layout streams können nur solchen *frames* zugeordnet werden, deren unmittelbar untergeordnete Objekte *blocks* sind. (Man beachte, daß *layout streams* nur für *basic logical objects* angegeben werden können.) Die Zuordnung von *layout streams* zu solchen *frames* erfolgt dadurch, daß bei den betreffenden *frames* das Attribut **permitted categories** angegeben ist (s. S. 128). Als Wert dieses Attributs werden die Namen derjenigen *layout streams* aufgelistet, deren Inhalt in dem betreffenden *frame* dargestellt werden darf.

Wenn man ein oder mehrere *layout streams* in einem ODA-Dokument verwendet, ist jedem dieser *layout streams* eine sogenannte *current layout position* zugeordnet. Der Inhalt eines *basic logical object*, dem ein *layout stream* zugeordnet ist, wird stets an der Stelle der *current layout position* des betreffenden *layout stream* dargestellt. Insbesondere entspricht also die *sequential order* der zu einem bestimmten *layout stream* gehörenden Layoutobjekte der *sequential order* der *basic logical objects* des betreffenden *layout stream*.

3.5.3   Der *Imaging Process*

Der *imaging process* ist der letzte Verarbeitungsschritt bei ODA-Dokumenten, der in der Norm beschrieben ist. Der *imaging process* nimmt die vom Layoutprozeß erzeugte spezifische Layoutstruktur mit den zugeordneten *content portions*, eine möglicherweise vorhandene generische Layoutstruktur, sofern dieser formatierte *generic content portions* zugeordnet sind, und Informationen aus möglicherweise vorhandenen *presentation styles* und erzeugt eine Darstellung des Dokuments auf einem Ausgabemedium, zum Beispiel auf Papier oder einem Bildschirm.

Da dieser Prozeß stets von der verwendeten Ausgabehardware abhängt, finden sich in der ODA-Norm nur wenige Angaben zum *imaging process*, teils in Teil 2 der Norm und teils in den Teilen, die die unterschiedlichen Inhaltsarchitekturen behandeln (s. 6.5, 7.4 und 8.4). In diesem Abschnitt sollen nur auf diejenigen Spezifikationen eingegangen werden, die generell gelten, unabhängig von der verwendeten Inhaltsarchitektur.

Die Reihenfolge, in der die Inhaltsstücke eines Dokuments auf dem Ausgabemedium dargestellt werden, ist entweder festgelegt durch den Wert des Attributs imaging order, das bei *composite pages* und *frames* angegeben werden kann, oder – falls das Attribut fehlt – durch die *sequential order* der Layoutobjekte (s. S. 88). Diese Reihenfolge ist insofern von Bedeutung, als sie in Abhängigkeit von den Werten des Attributs transparency zu unterschiedlichen Resultaten bei der Darstellung des Dokuments führen kann (s. S. 131).

Den Flächen der *frames*, *blocks* und *pages* ist eine sogenannte Textur (*texture*) zugeordnet, die durch die Werte der Attribute colour und transparency festgelegt ist. Dabei gibt es die folgenden drei Möglichkeiten:

- colour = white, transparency = opaque,
- colour = colourless, transparency = opaque und
- colour = colourless, transparency = transparent.

(Die Kombination colour = white, transparency = transparent ist nicht zulässig.)

Wenn sich die Flächen zweier Layoutobjekte überlagern, verdeckt die obenliegende Inhalt und Textur der darunter liegenden Fläche, wenn für das obenliegende Objekt das Attribut transparency den Wert opaque hat. Wenn für das obenliegende Objekt das Attribut transparency den Wert transparent hat, werden Textur und Inhalt der beiden Flächen überlagert; insbesondere ist der Inhalt der beiden Objekte sichtbar (s. Abb. 33).

Bei der Ausgabe eines ODA-Dokuments ist zu unterscheiden, ob es auf Papier gedruckt oder auf einem Bildschirm dargestellt wird.

Bei der Ausgabe auf einem Bildschirm ist das Attribut medium type, das die beiden Parameter side of sheet und nominal page size besitzt, ohne Bedeutung. Ein Bildschirm hat nun einmal keine Vorderseite und Rückseite, und ebenso macht der Begriff einer *nominal page size* wenig Sinn. Es bleibt jeder ODA-Implementation freigestellt, wie auf einem Bildschirm eine Seite eines Dokuments dargestellt wird. Häufig wird der Bildschirm nicht groß genug sein, um beispielsweise eine ISO A4-Seite komplett wiederzugeben; es kann nur ein bestimmter Ausschnitt der Seite dargestellt werden. Dieser Ausschnitt läßt sich in der Regel dann softwaremäßig auf der Seite verschieben, so daß man sukzessive die komplette Seite lesen kann.

Ausgabe auf Papier

Bezüglich der Ausgabe auf Papier werden in der ODA-Norm eine Reihe
detaillierter Angaben gemacht, damit der Austausch von ODA-Dokumenten und das Drucken auf Empfängerseite möglichst problemlos funktio-
niert.

Die Problematik ist dabei folgende: Im Bereich der Dokumentverarbeitung sind die Papiergrößen ISO A4 sowie gelegentlich ISO A3, *North
American Letter Size, Japanese Legal Size* und *Japanese Letter Size* weit
verbreitet. (Die genauen Maße dieser Papierformate werden unten angegeben.) Diese Papiergrößen sind auch die Standardmaße, die von der
heute üblichen Druckerhardware, zum Beispiel von Laserdruckern, verarbeitet werden können.

Praktisch kein Drucker ist aber aus technischen Gründen in der Lage,
das Papier an allen Stellen zu bedrucken. Fast immer ist ein mehr oder
weniger großer Bereich des Randes nicht bedruckbar, da dieser Platz beispielsweise für die mechanische Papierführung benötigt wird. Deshalb
wurde in der ODA-Norm der Begriff *assured reproduction area* eingeführt,
der einen Bereich auf der Seite festlegt, der auf jeden Fall zum Drucken
zur Verfügung steht. In Abb. 36 ist dieser Sachverhalt grafisch dargestellt.

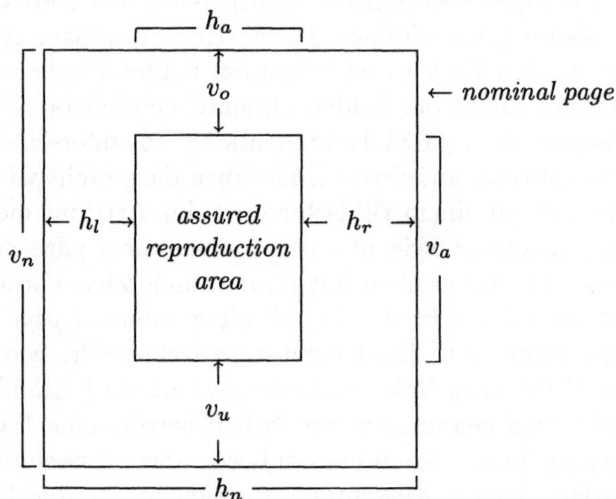

Abb. 36: Lage der *assured reproduction area* auf dem Papier

Einerseits wird erwartet, daß ein Drucker, auf dem ein ODA-Dokument
ausgegeben werden soll, zumindest den Bereich der *assured reproduction
area* bedrucken kann. Andererseits sollte der Autor eines Dokuments

dafür sorgen, daß der darzustellende Inhalt immer im Bereich der *assured reproduction area* liegt.

Für die in Abb. 36 dargestellten Größen sind in der Norm die in Abb. 37 angegebenen Werte festgelegt.

	ISO A4	ISO A3	*North American Letter*	*Japapese Letter*	*Japanese Legal*
h_n	9920 BMU	14030 BMU	10200 BMU	8598 BMU	12141 BMU
	210.0 mm	297.0 cm	215.9 cm	182.0 cm	257.0 cm
v_n	14030 BMU	19840 BMU	13200 BMU	12141 BMU	17196 BMU
	297.0 cm	420.0 cm	279.4 cm	257.0 cm	364.0 cm
h_a	9240 BMU	13200 BMU	9240 BMU	7600 BMU	11200 BMU
	195.6 cm	279.4 cm	195.6 cm	160.9 cm	237.1 cm
v_a	13200 BMU	18480 BMU	12400 BMU	10200 BMU	15300 BMU
	279.4 cm	391.2 cm	262.5 cm	215.9 cm	323.8 cm
h_l	345 BMU	345 BMU	345 BMU	400 BMU	400 BMU
	7.3 cm	7.3 cm	7.3 cm	8.5 cm	8.5 cm
h_r	335 BMU	485 BMU	615 BMU	598 BMU	541 BMU
	7.1 cm	10.3 cm	13.0 cm	12.7 cm	11.5 cm
v_o	472 BMU	472 BMU	472 BMU	900 BMU	900 BMU
	10.0 cm	10.0 cm	10.0 cm	19.0 cm	19.0 cm
v_u	358 BMU	888 BMU	328 BMU	1041 BMU	996 BMU
	7.6 cm	18.8 cm	6.9 cm	22.0 cm	21.1 cm

Abb. 37: Größe und Lage der *assured reproduction area* bei unterschiedlichen Papierformaten

Die Größe einer Seite wird mit dem Attribut **dimensions** festgelegt, das bei einer *page* angegeben werden kann beziehungsweise für das ein *Default*-Wert ermittelt wird. Es empfiehlt sich also, die Seitengröße nicht größer als die *assured reproduction area* des betreffenden Papierformats zu wählen.

Die Plazierung einer *page* auf dem Papier erfolgt mit dem Attribut **page position**, das ebenfalls bei *pages* angegeben werden kann. Wenn dieses Attribut fehlt, wird die *page* nach folgenden Regeln auf der Seite positioniert:

- Wenn die Größe der *page* weder horizontal noch vertikal die Größe der *assured reproduction area* überschreitet, wird die obere linke Ecke der *page* an die durch die Koordinaten (h_l, v_o) gegebene Stelle plaziert, also an der oberen linken Ecke der *assured reproduction area*.

- Wenn die Größe der *page* mit der Größe des Papierformats identisch ist, also das Attribut **dimensions** bei der *page* und der Parameter **nominal page size** des Attributs **medium type** den gleichen Wert haben, wird die obere linke Ecke der *page* auf die Koordinaten $(0,0)$ gelegt, also auf die obere linke Ecke des Papiers.
- Ansonsten soll der Wert des Attributs **page position** so gewählt werden, daß möglichst viel des Inhalts des Dokuments auf dem Papier gedruckt werden kann. Wie dies in der Praxis erreicht werden kann, ist implementationsabhängig und in der Norm nicht weiter spezifiziert.

Man beachte, daß die ODA-Norm neben dem Drucken im Hochformat (*portrait mode*; die Höhe der *page* ist größer als die Breite) auch das Drucken im Querformat (*landscape mode*; die Breite der *page* ist größer als die Höhe) zuläßt. Wenn das Querformat verwendet wird, muß der Drucker dieses Format natürlich unterstützen.

4 *Part 4: Document Profile*

Dieser Teil der ODA-Norm enthält im wesentlichen die Beschreibung des *document profile*, das nach dem ODA-Architekturmodell stets Bestandteil eines ODA-Dokuments ist.

Das *document profile* enthält Informationen über das Dokument, zu dem es gehört. Ein Teil dieser Informationen ist für die Verarbeitung des Dokuments selbst erforderlich, zum Beispiel die Angabe, wo ein *resource document* zu finden ist (s. Abschn. 3.4.3), das in bestimmten *constituents* möglicherweise mit dem Attribut **resource** referiert wird.

Ein anderer Teil der Informationen im *document profile* ist zwar nicht direkt zur Verarbeitung des Dokuments erforderlich, gibt aber Hinweise darauf, welchen Anforderungen eine ODA-Implementationen erfüllen muß, damit sie das zugehörige Dokument verarbeiten kann. Solche Hinweise sind insbesondere im Zusammenhang mit *document application profiles* (s. 2.2) von Bedeutung, also bei einer ODA-Implementation, die nur eine Teilmenge von ISO 8613 realisiert hat. So wird beispielsweise im *document profile* angegeben, welche Inhaltsarchitekturen in dem zugehörigen Dokument verwendet werden.

Eine weiterer Teil der Informationen ist für die eigentliche Verarbeitung eines Dokuments durch eine ODA-Implementation praktisch ohne Bedeutung, zum Beispiel die Angabe, wer der Autor des Dokuments ist. Allerdings können solche Angaben für den „Benutzer" eines Dokuments durchaus eine wichtige Rolle spielen.

Die Informationen im *document profile* werden bei der elektronischen Übertragung von ODA-Dokumenten wie alle anderen Informationen in Dokumenten als ODIF-Datenstrom codiert und können deshalb maschinell verarbeitet werden. Allerdings ist für viele dieser Informationen in der ODA-Norm nicht festgelegt, welche Auswirkungen sie auf die eigentliche Verarbeitung des Dokuments haben. Anders formuliert: Viele dieser Informationen sind für den menschlichen Leser des ODA-Dokuments gedacht, nicht zur automatischen Interpretation durch ODA-Implementationen.

Es sei nochmals darauf hingewiesen (s. 3.3.2), daß ein *document profile* allein, ohne den zugehörigen *document body*, an andere ODA-Implementationen verschickt werden kann, insbesondere damit eine andere Implementation an Hand der Angaben im *document profile* prüfen kann, ob sie überhaupt in der Lage ist, das Dokument korrekt zu verarbeiten.

4.1   Bestandteile des *Document Profile*

Ein *document profile* ist analog den übrigen *constituents* eines ODA-Dokuments aufgebaut, das heißt ein *document profile* ist ebenfalls eine Menge von Attributen. Die erforderlichen (*mandatory* oder *defaultable*) und optional zulässigen (*non-mandatory*) Attribute sind:

document profile :=
   {content architecture classes, document architecture class,
    document reference, interchange format class, ODA version,
    ⟨profile character sets⟩, ⟨unit scaling⟩,
    [abstract], [access rights], [additional information],
    [alternative representation character sets], [authorization], [authors],
    [block alignments], [borders], [coding attributes], [colours],
    [comments character sets], [copyright], [creation date and time],
    [distribution list], [document application profile],
    [document application profile defaults], [document date and time],
    [document size], [document type], [expiry date and time],
    [external document class], [fill orders], [fonts list],
    [generic layout structure], [generic logical structure],
    [keywords], [languages], [layout paths], [layout styles],
    [local file references], [local filing date and time], [medium types],
    [number of objects per page], [number of pages], [organizations],
    [owners], [page dimensions], [page positions], [preparers],
    [presentation features], [presentation styles], [profile character sets],
    [protections], [purge date and time], [references to other documents],
    [release date and time], [resource document], [resources],
    [revision history], [security classification], [specific layout structure],
    [specific logical structure], [start date and time], [status], [subject],
    [superseded documents], [title], [transparencies], [types of coding],
    [user-specific codes] }

Wie man sieht, müssen also nur die Werte für sieben Attribute bekannt sein, alle anderen Attribute gelten als optional. Diese sieben Attribute sind content architecture classes, document architecture class, document reference, interchange format class, ODA version, profile character sets und unit scaling. Für die ersten fünf Attribute müssen die Wert explizit angegeben werden, für die beiden letzten ist ein *Default*-Wert festgelegt, falls kein expliziter Wert spezifiziert ist. Auf die Attribute selbst wird in den Abschnitten 4.2.2, 4.2.3, 4.2.5, 4.2.10, und 4.2.12 eingegangen.

Allerdings gibt es einige Attribute, deren Vorhandensein von bestimmten Eigenschaften des Dokuments selbst abhängt. Dies gilt für die Attribute generic layout structure, generic logical structure, specific layout structure, specific logical structure, layout styles, presentation styles, external document class, resource document und resources.

Die Attribute generic layout structure beziehungsweise generic logical structure müssen dann (und nur dann) angegeben werden, wenn in dem Dokument eine generische Layoutstruktur beziehungsweise eine generische logische Struktur vorhanden ist. Der Wert des Attributs gibt an, ob die betreffende generische Struktur ein *complete generator set*, ein *partial generator set* oder ein *factor set* ist (s. 3.2.13).

Die Attribute specific layout structure beziehungsweise specific logical structure müssen dann (und nur dann) angegeben werden, wenn in dem Dokument eine spezifische Layoutstruktur beziehungsweise eine spezifische logische Struktur vorhanden ist. Der Wert des Attributs ist dann present. Ebenso müssen die Attribute layout style beziehungsweise presentation style mit dem Wert present angegeben werden, wenn die betreffenden *styles* in dem Dokument vorhanden sind.

Wenn die generischen Strukturen des Dokuments in einer *external document class* (s. 3.4.2) abgespeichert sind, muß das Attribut external document class im *document profile* angegeben werden. Ebenso muß im *document profile* das Attribut resource document vorhanden sein, wenn in einem Dokument mit dem Attribut resource ein solches Dokument referiert wird (s. 3.4.3).

4.2   Die Attribute des *Document Profile*

In diesem Abschnitt sollen die einzelnen Attribute des *document profile* beschrieben werden, insbesondere ihr Wertebereich und ihre Semantik. Die Attribute sind in Gruppen gegliedert, wobei die Zuordnung eines Attributs zu einer bestimmten Gruppe nicht unbedingt ganz eindeutig ist; manche Attribute hätten auf Grund ihrer Semantik auch bei einer anderen Gruppe eingeordnet werden können.

4.2.1   Datentypen bei Attributwerten des *Document Profile*

Außer den in 3.2.2 eingeführten Datentypen für Attributwerte gibt es bei den Attributen des *document profile* noch einige weitere, auf die zunächst eingegangen werden soll.

Bei einer Reihe von Attributen besteht der Wert aus einer Kette von Zeichen; der zulässige Zeichenvorrat, aus dem diese Zeichen gewählt werden können, ist durch das Attribut **profile character sets** festgelegt (s. S. 183). Eine solche Zeichenkette soll im folgenden als *profile character set string* bezeichnet und als eigenständiger Datentyp aufgefaßt werden.

Als weiterer Datentyp soll das Format für Namen eingeführt werden, das zur Bezeichnung von Personen verwendet wird und in Annex A von ISO 8613, Teil 4, beschrieben ist. Ein Name, im Normtext als *personal name* bezeichnet, besitzt die vier Parameter **surname**, **givenname**, **initials** und **title**, wobei der Wert jedes Parameters ein *profile character set string* ist. Der Parameter **surname** gibt den Familiennamen und der Parameter **givenname** den Rufnamen der betreffenden Person an. (Dieser Parameter berücksichtigt die im anglo-amerikanischen Bereich weit verbreitete Sitte, sich auch im Geschäftsverkehr mit Vornamen oder „Spitznamen", zum Beispiel „Bill" für „William", anzureden; in deutschsprachigen Dokumenten dürfte hier der Vorname zu verwenden sein.) Der Parameter **initials** gibt die Initialen des Namens an, sofern sie sich nicht aus **surname** und **givenname** ableiten lassen, und der Parameter **title** den im Geschäftsverkehr verwendeten Titel der Person, zum Beispiel „Dr.". Der Parameter **surname** muß angegeben werden; die anderen Parameter sind optional. Es gilt also:

```
personal name :=
    {surname = 'profile character set string''
    [givenname = 'profile character set string'']
    [initials = 'profile character set string']
    [title = 'profile character set string']}
```

Bei einigen Attributen des *document profile* werden Datums- und Uhrzeitangaben gemacht; hierfür wird die Norm ISO 8601 (*Information interchange – Representation of dates and times*) herangezogen. Da das Format für diese Angaben also durch eine externe Norm beschrieben wird, soll hierfür ein eigenständiger Datentyp, im folgenden *date and time* genannt, eingeführt werden. Bei den Attributen, die diesen Datentyp verwenden, reicht immer die Angabe des Kalenderdatums (*calendar date*); die Angabe der Uhrzeit ist optional.

Bei dem Attribut fonts list werden Bezüge zu bestimmten Fonts (Zeichensätzen) hergestellt; das Datenformat für diese Bezüge ist in der Norm ISO 9541, Teil 5 (*Font and character information interchange – Part 5: Font attributes and character model*) festgelegt. Da dieses Format also in einer anderen Norm beschrieben ist, soll auch hierfür ein eigenständiger Datentyp, *font reference* genannt, eingeführt werden.

Bei einigen Attributen, die sich auf Zeichensätze beziehen, wird die ISO-Norm 2022 referiert und auf die dort festgelegte Art von *Escape*-Sequenzen zur Auswahl bestimmter Zeichensätze Bezug genommen. Deshalb sollen auch *ISO 2022 escape sequences* als elementarer Datentyp aufgefaßt werden.

4.2.2 Beschreibung von Implementationsanforderungen

Vier Attribute, nämlich ODA version, interchange format class, content architecture classes und number of objects per page, machen Angaben dazu, welche Anforderungen eine ODA-Implementation erfüllen muß, damit sie überhaupt das zu dem *document profile* gehörende Dokument verarbeiten kann.

Das Attribut ODA version legt fest, welcher Version der ODA-Norm das Dokument entspricht. Derzeit gibt es erst eine Version, nämlich ISO 8613 in der Fassung von 1989 (und die kompatiblen CCITT *Recommendations* der T.410er Reihe), so daß das Attribut derzeit eigentlich überflüssig ist. Es wird allerdings dann Bedeutung bekommen, wenn Erweiterungen von ISO 8613, an denen schon gearbeitet wird, Bestandteil der Norm werden oder möglicherweise eine komplette Überarbeitung der Norm verabschiedet wird.

Der Wert des Attributs besteht aus zwei aufeinanderfolgenden Einträgen: Der erste ist ein *profile character set string*, der den Namen der Norm oder der CCITT *Recommendation* angibt (zum Beispiel „ISO 8613"), der zweite ist ein Kalenderdatum entsprechend der Norm ISO 8601, das angibt, bis zu welchem Datum der aktuelle Stand der Norm (inklusive nachträglicher Erweiterungen) berücksichtigt ist. Also ergibt sich:

ODA version = ⟦ 'profile character set string' 'calendar date' ⟧

Das Attribut ODA version muß immer angegeben werden.

Das Attribut interchange format class gibt an, welche der beiden Austauschformatklassen („A" oder „B", s. 3.4) bei der Codierung des Dokuments als ODIF-Datenstrom gewählt wurde. Es gilt also:

interchange format class = (A | B)

Das Attribut interchange format class muß immer angegeben werden.

Das Attribut content architecture classes listet alle Inhaltsarchitekturen auf, die in dem Dokument verwendet werden, das heißt hier werden alle Werte angeführt, die für das Attribut content architecture class (man beachte das fehlende „es" am Ende) bei den *constituents* des Dokuments auftreten. In den Teilen 6, 7 und 8 der Norm sind als zulässige Werte für das Attribut jeweils *ASN.1 object identifier* mit den folgenden Werten aufgeführt (s. S. 228, 264 und 298): „2 8 2 6 0" (für *formatted character content*), „2 8 2 6 1" (für *processable character content*), „2 8 2 6 2" (für *formatted processable character content*), „2 8 2 7 0" (für *formatted raster graphics content*), „2 8 2 7 2" (für *formatted processable raster graphics content*) und „2 8 2 8 0" (für *formatted processable geometric graphics content*). Somit ergibt sich:

content architecture classes =
    {['2 8 2 6 0'] ['2 8 2 6 1'] ['2 8 2 6 2']
     ['2 8 2 7 0'] ['2 8 2 7 2'] ['2 8 2 8 0']}

Das Attribut content architecture classes muß immer angegeben werden. Zwar sind in der Definition alle Werte für das Attribut als optional gekennzeichnet, aber mindestens einer muß vorhanden sein, denn mindestens eine Inhaltsarchitektur muß ja in dem Dokument verwendet werden.

Das Attribut number of objects per page gibt an, wieviele spezifische Layoutobjekte in dem Dokument pro Seite maximal auftreten. Der Wert ist eine positive Zahl, also:

number of objects per page = '*positive integer*'

Dieses Attribut spezifiziert im Prinzip auch eine Implementationsanforderung und ist deshalb an dieser Stelle aufgeführt. Zwar erlaubt die ODA-Norm generell beliebig viele spezifische Layoutobjekt pro Seite, aber in der Praxis wird eine ODA-Implementation hierfür häufig eine bestimmte Maximalzahl vorsehen, die zum Beispiel vom Layoutprozeß gehandhabt werden kann.

Das Attribut ist nur im Zusammenhang mit *document application profiles* sinnvoll, die einen Wert für das Attribut **number of objects per page** spezifizieren: Nur wenn in einem konkreten Dokument die Maximalzahl der spezifischen Layoutobjekte pro Seite höher ist als im zugehörigen *document application profile*, wird im *document profile* des Dokuments dieses Attribut mit dem entsprechenden Wert angegeben.

4.2.3 Beschreibung der Dokumentstrukturen

Sieben Attribute des *document profile* beschreiben, welche Strukturen im zugehörigen Dokument auftreten und zu welcher Architekturklasse das Dokument gehört. Dies sind die Attribute **generic layout structure**, **generic logical structure**, **specific layout structure**, **specific logical structure**, **layout styles**, **presentation styles** und **document architecture class**.

Die Attribute **generic layout structure** beziehungsweise **generic logical structure** müssen angegeben werden, wenn in dem Dokument die betreffenden generischen Strukturen vorhanden sind. Ihr Wert gibt an, ob die betreffenden generischen Strukturen ein *complete generator set*, *partial generator set* oder *factor set* (s. 3.2.13) bilden. Somit ergibt sich:

> generic layout structure =
>   (complete generator set | partial generator set | factor set)

> generic logical structure =
>   (complete generator set | partial generator set | factor set)

Man beachte, daß der Wert dieser beiden Attribute nicht nur zur Information über das Dokument dient, sondern auch bei der Verarbeitung des Dokuments herangezogen werden muß. In 3.2.13 ist beispielsweise erklärt, daß die Konsistenzforderungen zwischen spezifischen und generischen Strukturen davon abhängen, ob eine generische Struktur ein *complete generator set* oder ein *partial generator set* ist. Zulässige Modifikationen eines ODA-Dokuments durch eine ODA-Implementation sind also von diesen Konsistenzforderungen abhängig.

Analog müssen die Attribute **specific layout structure**, **specific logical structure**, **layout styles** beziehungsweise **presentation styles** angegeben werden, wenn in dem Dokument eine spezifische Layoutstruktur, eine spezifische logische Struktur, *layout styles* beziehungsweise *presentation styles* vorhanden sind. Der Wert der Attribute ist dann jeweils **present**. Es gilt also:

specific layout structure = present

specific logical structure = present

layout styles = present

presentation styles = present

Der Wert des Attributs document architecture class gibt an, ob es sich um ein *formatted, processable* oder *formatted processable document* handelt (s. 3.3):

document architecture class =
   (formatted | processable | formatted processable)

Dieses Attribut muß stets angegeben werden, und natürlich muß der Wert des Attributs auch der tatsächlichen Struktur des Dokuments entsprechen. So kann das Attribut nicht den Wert formatted haben, wenn in dem Dokument keine spezifische Layoutstruktur vorhanden ist, denn eine solche muß bei einem *formatted document* immer vorliegen.

4.2.4   Verweise auf andere benötigte Dokumente

Wie in 3.4 ausgeführt wurde, können nach dem ODA-Architekturmodell bestimmte Teile eines Dokuments separat abgespeichert und erst bei der Vearbeitung mit herangezogen werden. Solche Dokumentteile, die ein eigenes *document profile* besitzen und in der ODA-Norm deshalb auch als eigenständige Dokumente, nicht als Dokument*teile* bezeichnet werden, sind die *external document classes* und die *resource documents* (s. 3.4.3).

Damit ein bestimmtes Dokument Bezug auf eine *external document class* beziehungsweise auf ein *resource document* nehmen kann, müssen im *document profile* die Attribute external document class beziehungsweise resource document angegeben werden. Der Werte dieser beiden Attribute ist dabei entweder ein *ASN.1 object identifier* oder ein *profile character set string*:

external document class =
   (' *ASN.1 object identifier* ' | ' *profile character set string* ')

resource document =
   (' *ASN.1 object identifier* ' | ' *profile character set string* ')

Der Wert dieser Attribute ist identisch mit dem Wert des Attributs
document reference im *document profile* der *external document class* beziehungsweise des *resource document.*

Die in einer *external document class* enthaltenen generischen Strukturen oder *styles* werden nur dann bei der Verarbeitung eines Dokuments herangezogen, wenn in dem betreffenden Dokument diese generischen Strukturen oder *styles* fehlen; wenn sie in dem Dokument schon
vorhanden sind, werden möglicherweise vorhandene generische Strukturen oder *styles* der *external document class* ignoriert. Insofern kann es
nicht zu Konflikten zwischen *constituents* eines bestimmten Dokuments
und gleichartigen *constituents* einer zugehörigen *external document class*
kommen.

Etwas anders sieht die Situation bei *resource documents* aus, die im
wesentlichen Werte für bestimmte Attribute bereitstellen sollen, die bei
der Verarbeitung eines Dokuments im Rahmen des *Default*-Verfahrens
herangezogen werden (s. 3.2.14). Ein *resource document* besteht, abgesehen von seinem *document profile*, aus einer Reihe von Objektklassen, die
nach den üblichen Regeln (s. 3.1.3 und 3.1.4) aufgebaut sind. Insbesondere besitzen diese Objektklassen die üblichen *object-class-id*, die bei der
Erstellung des *resource document* erzeugt werden.

Andererseits werden bei der Erstellung eines bestimmten Dokuments
auch *object-class-id* benötigt, wenn in dem Dokument generische Strukturen vorhanden sind. Diese *object-class-id* will man *unabhängig* von einem
resource document vergeben, auf das gegebenenfalls Bezug genommen
wird. Man kann bei dieser getrennten Erstellung also nicht garantieren,
daß Objektklassen in dem konkreten Dokument und in dem referierten
resource document stets unterschiedliche (eindeutige) *object-class-id* erhalten. Um dieses Problem zu lösen, erfolgt die Referenz auf eine Objektklasse des *resource document* mit dem Attribut **resource** nicht durch
ein *object-class-id*, wie sonst zwischen den *constituents* eines Dokuments
üblich, sondern mit einem *ISO 6937/2 character string* (s. S. 94).

Erforderlich ist in diesem Fall also eine Zuordnungstabelle zwischen
den *ISO 6937/2 character strings*, die in einem Dokument als Werte des
Attributs **resource** verwendet werden, und den *object-class-id*, die im *resource document* für die jeweiligen *constituents* tatsächlich vorhanden
sind. Dies geschieht im *document profile* des betreffenden Dokuments
durch das Attribut **resources**. (Man beachte das „s" am Ende des Attributnamens.) Der Wert des Attributs **resources** besteht aus einem oder
mehreren Einträgen; jeder Eintrag besteht aus einem *ISO 6937/2 character string* (dieser tritt als Wert des Attributs **resource** bei *constituents* des
Dokuments auf) und einem *object-class-id* (dieser wird in dem *resource
document* verwendet). Es gilt also:

resources =
$$\left\{\, \left[\!\left[\ 'ISO\ 6937/2\ character\ string'\ object\text{-}class\text{-}id\ \right]\!\right]^{+}\right\}$$

Zur Verdeutlichung betrachte man folgendes Beispiel: In einem Dokument sei bei einem bestimmten *constituent* das Attribut resource vorhanden. Der Wert des Attributs ist ein *ISO-6937/2 character string* (s. S. 94), etwa in der Form:

resource = 'abc'

Dann muß im *document profile* des *resource document* abc einer bestimmten Objektklasse in diesem *resource document* zugeordnet werden. Dies geschieht durch das Attribut resources; der Wert dieses Attributs könnte dann beispielsweise

resources = { 'abc' $[\![1\ 3\ 4]\!]$ }

sein. Damit ist festgelegt, daß mit dem Attribut resource im Ursprungsdokument die Objektklasse mit dem *object-class-id* $[\![1\ 3\ 4]\!]$ im *resource document* referiert wird. (Natürlich muß im *resource document* eine Objektklasse mit genau diesem *object-class-id* vorhanden sein.)

Falls zu dem Dokument ein *document application profile* gehört, wird dieses mit dem Attribut document application profile angegeben, dessen Wert ein *ASN.1 object identifier* oder die Zahl 2 ist:

document application profile = ('*ASN.1 object identifier*' | 2)

Der Wert „2" wurde wegen Kompatibilität zu den CCITT *Recommendations* der T.410er-Reihe eingeführt und bezeichnet das *document application profile* für *Group 4 Facsimile*-Dokumente, das in der *Recommendation* T.503 beschrieben ist.

4.2.5   Zeichenvorräte

Drei Attribute des *document profile*, nämlich profile character sets, alternative representation character sets und comments character sets, legen fest, aus welchem Zeichenvorrat bestimmte Zeichenketten gebildet werden, die als Werte bei anderen Attributen des *document profile* oder anderer *constituents* des Dokuments auftreten können.

Das Attribut profile character sets legt fest, welcher Zeichenvorrat für diejenigen Attributwerte des *document profile* genommen wird, die *profile character set strings* sind (s. S. 176); das Attribut alternative representation character sets legt den Zeichenvorrat für Werte des Attribut alternative representation fest, das bei *content portions* verwendet werden kann, und das Attribut comments character sets gibt an, welcher Zeichenvorrat bei den Werten der Attribute user-readable comments und user-visible name zugelassen ist.

Der Wert dieser Attribute besteht aus sogenannten *Escape*-Sequenzen, mit denen nach der Norm ISO 2022 solche Zeichensätze spezifiziert werden (s. S. 177). Es ergibt sich also:

profile character sets = '*ISO 2022 escape sequences*'

alternative representation character sets = '*ISO 2022 escape sequences*'

comments character sets = '*ISO 2022 escape sequences*'

Man beachte, daß das Attribut profile character sets eines der beiden Attribute des *document profile* ist, für die ein *Default*-Wert festgelegt ist: Wenn das Attribut nicht angegeben ist, wird als Zeichensatz das *minimum subrepertoire* der Zeichen in ISO 6937, *Part 2*, angenommen (s. S. 64), ergänzt um die Zeichen SPACE (Wortzwischenraum), LINE FEED (Zeilenvorschub) und CARRIAGE RETURN (Sprung zum Zeilenanfang).

4.2.6   Beziehungen zum *Document Application Profile*

Falls dem Dokument, zu dem das *document profile* gehört, auch ein *document application profile* zugeordnet ist (dies wird durch die Angabe des Attributs document application profile spezifiziert), können in diesem *document application profile* für eine Reihe von Attributen explizite, von den Werten im Normtext abweichende *Default*-Werten angegeben werden.

Zur Verdeutlichung ein Beispiel: Mit dem Parameter nominal page size des Attributs medium type läßt sich die physikalische Größe der Fläche auf dem Ausgabemedium festlegen, auf dem die Seiten eines ODA-Dokuments dargestellt werden sollen. Falls in einem konkreten Dokument nirgends, weder in den spezifischen noch in den generischen Strukturen, ein Wert für diesen Parameter festgelegt ist, ist der in der ODA-Norm (Teil 2) festgelegte *Default*-Wert die Größe eine ISO A4-Seite. Wenn allerdings zu dem Dokument ein *document application profile* gehört und in diesem ein *Default*-Wert für das Attribut medium type und dessen Parameter nominal page size angegeben ist, sollte dieser auch berücksichtigt werden.

Um dies zu erreichen, gibt es zwei Möglichkeiten:

1. Man verlangt, daß ODA-Implementationen auch *document application profiles* bei der Verarbeitung von Dokumenten berücksichtigen.
2. Man sorgt dafür, daß die zur Verarbeitung des Dokuments relevanten Informationen eines *document application profile* auch im *document profile* auftreten.

In der ODA-Norm wurde die zweite Möglichkeit gewählt, insbesondere wohl deshalb, weil zum Zeitpunkt der Veröffentlichung der Norm noch keine Spezifikation für *document application profiles* vorlag. Zum Zweck der Übernahme von im *document application profile* angegebenen *Default*-Werten für die oben beschriebenen Attribute gibt es deshalb im *document profile* das Attribut document application profile defaults, das aus einer Liste entsprechender *Default*-Werte besteht:

```
document application profile defaults =
    { [default value for block alignment]
      [default value for border]
      [default value for colour]
      [default value for content architecture class]
      [default value for content type]
      [default value for dimensions]
      [default value for layout path]
      [default value for medium type]
      [default value for page position]
      [default value for transparency]
      [default value for type of coding]
      [default value für bestimmte Attribute, die von content
      architectures abhängen]}
```

Wie man sieht, ist die Angabe von *Default*-Werten nur für einige Attribute zulässig, nämlich für block alignment, border, colour, content architecture class, content type, dimensions, layout path, medium type, page position, transparency, type of coding sowie für eine Reihe von Attributen, die von der Inhaltsarchitektur der *content portions* abhängen und in den Teilen 6, 7 und 8 der Norm aufgeführt sind.

Auf die genaue Spezifikation, wie die *Default*-Werte bei den einzelnen Attributen angegeben werden müssen, soll an dieser Stelle verzichtet werden; man kann dies den Beschreibungen der einzelnen Attribute entnehmen. Zum besseren Verständnis ein Beispiel: In einem *document application profile* sei als *Default*-Wert für das Attribut page position ein bestimmter Wert angegeben. Dann muß dieser Wert auch bei dem Attribut

document application profile defaults des *document profile* des betreffenden
Dokuments aufgeführt werden, etwa in der Form:

document application profile defaults = {page position = ⟦100 120⟧}

Außerdem können in *document application profiles* bestimmte Attributwerte als „*basic*" deklariert werden (s. S. 26), das heißt dieser Wert ist
für das betreffende Attribut auf jeden Fall zulässig. Falls nun in einem
bestimmten Dokument Abweichungen von diesen Attributwerten auftreten, die Attribute also „*non-basic values*" annehmen, muß dies explizit
im *document profile* des betreffenden Dokuments angegeben werden. In
Frage kommen hierfür nur die Attribute block alignment, border, coding
attributes, colour, dimensions, fill order, layout path, medium type, page
position, presentation attributes, protection, transparency und type of coding.

Im *document profile* gibt es deshalb die folgenden Attribute, deren
Werte jeweils aus einem oder mehreren Einträgen bestehen, wobei jeder
Eintrag ein Wert des betreffenden Attributs ist, der zwar in dem zum *document profile* gehörenden Dokument auftritt, aber von dem im *document
application profile* als *basic* bezeichneten Wertebereich abweicht.

block alignments = $\left\{\left['\textit{non-basic value for } \text{block alignment}'\right]^+\right\}$

borders = $\left\{\left['\textit{non-basic value for } \text{border}'\right]^+\right\}$

coding attributes = $\left\{\left['\textit{non-basic value for } \text{coding attributes}'\right]^+\right\}$

colours = $\left\{\left['\textit{non-basic value for } \text{colour}'\right]^+\right\}$

fill orders = $\left\{\left['\textit{non-basic value for } \text{fill order}'\right]^+\right\}$

layout paths = $\left\{\left['\textit{non-basic value for } \text{layout path}'\right]^+\right\}$

medium types = $\left\{\left['\textit{non-basic value for } \text{medium type}'\right]^+\right\}$

page dimensions = $\left\{\left['\textit{non-basic value for } \text{dimensions}'\right]^+\right\}$

page positions = $\left\{\left['\textit{non-basic value for } \text{page position}'\right]^+\right\}$

presentation features =
$\quad\left\{\left['\textit{non-basic value for } \text{presentation attributes}'\right]^+\right\}$

protections = $\left\{\left['\textit{non-basic value for } \text{protection}'\right]^+\right\}$

transparencies = $\left\{\left['\textit{non-basic value for } \text{transparency}'\right]^+\right\}$

types of coding = $\left\{\left['\textit{non-basic value for } \text{type of coding}'\right]^+\right\}$

Wie man sieht, wurden die meisten dieser Attributsnamen des *document profile* durch das Anhängen eines „s" an den Namen des Attributs bei *constituents*, auf das sie sich jeweils beziehen, gebildet. Ausnahmen von dieser Regel sind types of coding, wo das „s" aus naheliegenden Gründen in der Mitte eingefügt wurde, presentation features, dessen zugehöriges Attribut presentation attributes hat schon eine Plural-Form hat, und page dimensions, das sich auf dimensions bezieht. Da ein *basic value* für das Attribut dimensions nur für Layoutobjekte des Typs *page* spezifiziert werden kann, ist auch diese Namensgebung gerechtfertigt. Auf eine detaillierte Angabe, wie die *non-basic values* bei den einzelnen Attributen genau angegeben werden müssen, soll hier verzichtet werden; dies kann man den Beschreibungen der Attribute in 3.2 entnehmen.

Zur Verdeutlichung zwei Beispiele: Im *document application profile* eines Dokuments sei für das Attribute block alignment (s. S. 110) der Wert right-hand aligned als *basic* deklariert. In dem Dokument selbst möge aber bei einigen *constituents* als Wert für dieses Attribut auch left-hand aligned und centred vorkommen. Dann muß im *document profile* der Wert des Attributs block alignments (man beachte das „s" am Ende dieses Attributnamens) spezifiziert werden als

    block alignments={'left-hand aligned' 'centred'}

In einem anderen Fall sei im *document application profile* eines Dokuments mit dem Attribut dimensions angegeben, daß der *basic value* für die Größe von Layoutobjekten des Typs *page* dem Wert einer ISO A5-Seite entspricht. Im Dokument selbst mögen aber Seiten auftreten, die das Format einer ISO A4-Seite haben, also nicht durch den *basic value* abgedeckt sind. Dann muß im *document profile* dieses Dokuments

    page dimensions=⟦9920 14030⟧

angegeben werden, denn dies ist die horizontale beziehungsweise vertikale Größe eine ISO A4-Seite in *basic measurement units* (s. S. 134).

4.2.7 Inhaltsbezogene Angaben

Eine Reihe von Attributen, die in diesem Abschnitt beschrieben werden, machen Angaben zum eigentlichen Inhalt eines Dokuments. Dies sind die Attribute title, subject, abstract, document type, keywords, languages, user-specific codes, document size und number of pages.

Das Attribut title enthält den Titel des Dokuments, das Attribut subject beschreibt sein Thema, das Attribut abstract enthält eine inhaltliche

Zusammenfassung, und das Attribut **document type** beschreibt die Art des Dokuments, zum Beispiel „Geschäftsbrief" oder „Interner Bericht". Der Wert dieser Attribute ist jeweils ein *profile character set string*:

title $=$ '*profile character set string*'

subject $=$ '*profile character set string*'

abstract $=$ '*profile character set string*'

document type $=$ '*profile character set string*'

Der Wert der Attribute **keywords**, **languages** und **user-specific codes** besteht aus einem oder mehreren Einträgen, die das Dokument betreffende Stichwörter enthalten (bei **keywords**), die im Dokument verwendeten Sprachen angeben (bei **languages**) oder zusätzliche, für das Umfeld des Dokuments relevante Angaben (zum Beispiel Projektbezeichnungen oder Abrechnungsschlüssel) enthalten (bei **user-specific codes**). Jeder Eintrag besteht aus einem *profile character set string*:

keywords $= \left\{ \left[\text{'}profile\ character\ set\ string\text{'} \right]^{+} \right\}$

languages $= \left\{ \left[\text{'}profile\ character\ set\ string\text{'} \right]^{+} \right\}$

user-specific codes $= \left\{ \left[\text{'}profile\ character\ set\ string\text{'} \right]^{+} \right\}$

Das Attribut **document size** gibt einen Näherungswert für die Zahl der *Bytes*, die das Dokument inklusive *document profile* in elektronisch gespeicherter Form beansprucht; dieser Wert darf nicht kleiner sein als der tatsächlich benötigte Speicherplatz. Das Attribut **number of pages** gibt die Zahl der Seiten (*pages*) an, die in der spezifischen Layoutstruktur des Dokuments (sofern vorhanden) auftreten. Die Werte dieser beiden Attribute sind positive beziehungsweise nicht negative Zahlen:

document size $=$ '*positive integer*'

number of pages $=$ '*non-negative integer*'

Alle diese Angaben sind für die eigentliche Verarbeitung (Editieren, Formattieren, Verschicken) von ODA-Dokumenten praktisch ohne Bedeutung, sondern hauptsächlich zur Information für Bearbeiter der Dokumente gedacht. Allerdings ist es durchaus denkbar, daß diese Attribute von bestimmten Programmen auch automatisch ausgewertet werden. So

könnten die Werte des Attributs **keywords** zum gezielten Abspeichern und
Wiederfinden von ODA-Dokumenten in Datenbanken benutzt werden.

4.2.8 Angaben zur Dokumenthistorie

Eine Reihe von Attributen, die in diesem Abschnitt beschrieben werden,
machen Datums- und Uhrzeitangaben zur Entstehungsgeschichte oder
zukünftigen Entwicklung des Dokuments. Die Werte dieser Attribute sind
immer ein Kalenderdatum und ein Uhrzeit (gelegentlich auch mehrere)
gemäß ISO 8601 (s. S. 176). Die Uhrzeitangabe ist optional, das heißt
es reicht die Angabe eines Kalenderdatums. Bevor auf die Bedeutung
der einzelnen Attribute eingegangen wird, sollen sie kurz alle aufgelistet
werden:

creation date and time $=$ '*date and time*'

document date and time $=$ '*date and time*'

expiry date and time $=$ '*date and time*'

local filing date and time $=$ $\big[\,[\,'date\ and\ time']^+\,\big]$

purge date and time $=$ '*date and time*'

release date and time $=$ '*date and time*'

start date and time $=$ '*date and time*'

Die Semantik dieser Attribute ist:

Das Attribut **creation date and time** gibt an, wann das Dokument erstmals erstellt wurde.

Das Attribut **document date and time** wird vom Urheber (*originator*)
des Dokuments festgelegt. Eine genauere Bedeutung ist in der Norm nicht
angegeben; auch der Begriff „*originator*" ist nicht genauer spezifiziert.

Das Attribut **expiry date and time** gibt an, ab wann das Dokument als
ungültig oder überholt angesehen werden kann.

Das Attribut **local filing date and time** gibt an, wann das Dokument
abgespeichert wurde. Falls mehr als ein Datum (mit möglicherweise einer
Uhrzeit) angegeben ist, gibt der letzte Eintrag das letzte Datum an, zu
dem eine Abspeicherung des Dokuments stattgefunden hat.

Das Attribut **release date and time** gibt an, ab wann Restriktionen, für
das Dokument mit dem Attribut **security classification** (s. S. 193) angegeben, als ungültig angesehen werden können.

Das Attribut **purge date and time** gibt an, ab wann das Dokument von Speichermedien gelöscht werden kann.

Das Attribut **start date and time** gibt an, ab wann das Dokument als gültig betrachtet werden kann.

4.2.9 Angaben zur Erstellung des Dokuments

Neben den im vorhergehenden Abschnitt beschriebenen Zeitangaben zu einem Dokument gibt es noch weitere Attribute zur Entstehung und zum Status des Dokuments, die in diesem Abschnitt beschrieben werden. Es sind die Attribute **organizations, preparers, owners, authors, status** und **copyright**.

Der Wert des Attributs **organizations** ist ein Menge von *profile character set strings* (s. S. 176); jede Zeichenkette gibt eine der Organisationen an, bei der das Dokument entstanden ist. Also gilt:

$$\text{organizations} = \{['\textit{profile character set string}']^{+}\}$$

Der Wert des Attributs **preparers** ist eine Menge von einem oder mehreren Elementen, bei der jedes Element aus den Parametern **personal name of preparer** und **preparer's organization** besteht. Der Wert des Parameters **personal name of preparer** ist ein *personal name*, der Wert des Parameters **preparer's organization** ein *profile character set string*:

$$\begin{aligned}
&\text{preparers} = \\
&\quad \{\,[[\text{personal name of preparer} = '\textit{personal name}'] \\
&\quad\;\; [\text{preparer's organization} = '\textit{profile character set string}']]^{+}\}
\end{aligned}$$

Jeder Eintrag identifiziert eine der Personen, die das Dokument hergestellt (als ODA-Dokument erfaßt) haben.

Der Wert des Attributs **owners** ist eine Menge von einem oder mehreren Elementen, bei der jedes Element aus den Parametern **personal name of owner** und **owner's organization** besteht. Der Wert des Parameters **personal name of owner** ist ein *personal name*, der Wert des Parameters **owner's organization** ein *profile character set string*:

$$\begin{aligned}
&\text{owners} = \\
&\quad \{\,[[\text{personal name of owner} = '\textit{personal name}'] \\
&\quad\;\; [\text{owner's organization} = '\textit{profile character set string}']]^{+}\}
\end{aligned}$$

Jeder Eintrag identifiziert eine der Personen, die Eigentümer (derzeitige Verwalter) des Dokuments sind.

Der Wert des Attributs authors ist eine Menge von einem oder mehreren Elementen, bei der jedes Element aus den Parametern personal name of author und author's organization besteht. Der Wert des Parameters personal name of author ist ein *personal name*, der Wert des Parameters author's organization ein *profile character set string*:

```
authors =
   { [[personal name of author = 'personal name']
     [author's organization = 'profile character set string']]⁺}
```

Jeder Eintrag identifiziert eine der Personen, die Autoren des Dokuments sind.

Der Wert des Attributs status ist ein *profile character set string* (s. S. 176), der den Bearbeitungsstand des Dokument angibt (zum Beispiel „Entwurf" oder „endgültige Fassung".). Es gilt also:

```
status = 'profile character set string'
```

Das Attribut copyright legt die juristischen Urheberrechte an dem Dokument fest. Das Attribut besteht aus einer Menge von einem oder mehreren Einträgen; jeder Eintrag besteht aus zwei Parametern, copyright information und copyright dates. Der Wert von copyright information ist eine Menge von einem oder mehreren *profile character set strings* (s. S. 176), die den oder die Personen oder Organisationen angibt, die das Urheberrechte besitzen. Der Wert des Parameters copyright dates besteht aus einem oder mehreren Datumsangabe nach ISO 8601 bezüglich des Urheberrechts. Somit ergibt sich:

```
copyright =
   { [[copyright information = {['profile character set string']⁺}]
     [copyright dates = {['date and time']⁺}] ]⁺}
```

Die Parameter der Einträge bei dem Attribut copyright sind optional, allerdings sollte bei jedem Eintrag mindestens ein Parameter angegeben werden.

Das Attribut authorization gibt die Person oder Organisation an, die dem Dokument seine Zustimmung gegeben hat. Der Wert des Attributs ist entweder ein Name (*personal name*) oder ein *profile character set string*:

$$\text{authorization} = (\text{'}personal\ name\text{'} \mid \text{'}profile\ character\ set\ string\text{'})$$

Das Attribut revision history beschreibt die Entwicklung der Änderungen, die an dem Dokument vorgenommen wurden. Der Wert des Attributs besteht aus einer Folge von Einträgen, jeder Eintrag aus bis zu fünf Parametern, revision date and time, version number, reviser(s), version reference und user comments.

Der Wert das Parameters revision date and time ist die Angabe eines Datums, zu dem die Änderung erfolgte. Der Wert des Parameters version number ist ein *profile character set string*, der eine Versionsnummer für die betreffende Überarbeitungsstufe angibt. Der Wert des Parameters reviser(s) ist eine Menge von einer der mehreren Angaben zu Personen, die die Änderung durchgeführt haben. Zur Identifizierung der Personen dienen die Subparameter name(s), dessen Wert eine Menge von *personal names* ist, position und organization, deren Werte jeweils *profile character set strings* sind.

Der Wert des Parameters version reference ist entweder ein *ASN.1 object identifier* oder ein *profile character set string*, der das Ursprungsdokument identifiziert, auf dem das modifizierte Dokument beruht; der Wert dieses Parameters entspricht also dem Wert des Attributs document reference in dem referierten Dokument (s. S. 192).

Der Wert des Parameters user comments ist ein *profile character set string*, der die durchgeführten Änderungen beschreibt. Alle Parameter sind optional, allerdings muß bei jedem Eintrag mindestens einer angegeben sein. Man erhält also:

revision history =
    [[[revision date and time = '*date and time*']
       [version number = '*profile character set string*']
       [reviser(s) = {[[name(s) = {['*personal name*']$^+$}]
              [position = '*profile character set string*']
                [organization = '*profile character set string*']]$^+$}
       [version reference =
          ('*ASN.1 object identifier*' | '*profile character set string*')]
       [user comments = '*profile character set string*']]]$^+$]

4.2.10 Beziehungen zu anderen Dokumenten

Mit den Attributen document reference, superseded documents und references to other documents lassen sich Beziehungen zwischen unterschiedlichen
Dokumenten aufbauen.

Der Wert jedes dieser Attribute besteht aus einem Eintrag (bei document reference) oder möglicherweise auch aus mehreren Einträgen (bei
den beiden anderen Attributen); jeder Eintrag ist entweder ein *ASN.1
object identifier* oder ein *profile character set string*. Es gilt also:

document reference =
  $(\,'ASN.1\ object\ identifier'\ |\ 'profile\ character\ set\ string'\,)$

superseded documents =
  $\{\,[(\,'ASN.1\ object\ identifier'\ |\ 'profile\ character\ set\ string'\,)]^{+}\,\}$

references to other documents =
  $\{\,[(\,'ASN.1\ object\ identifier'\ |\ 'profile\ character\ set\ string'\,)]^{+}\,\}$

Das Attribut document reference identifiziert das Dokument, zu dem
das *document profile* gehört; mit dem Wert dieses Attributs wird also
von anderen Dokumenten auf das Dokument Bezug genommen, zum Beispiel mit den Attributen resource oder external document class in deren
document profile.

Die Einträge bei dem Attribut superseded documents identifizieren Dokumente, die durch das zum *document profile* gehörende Dokument ersetzt werden (also veraltete Version des Dokuments sind). Die Einträge
bei dem Attribut references to other documents identifizieren Dokumente,
die zu dem betreffenden Dokument einen Bezug haben.   Alle diese
Einträge sind also jeweils Werte des Attributs document reference in den
document profiles der referierten Dokumente.

4.2.11 Angaben zur Verwaltung des Dokuments

Vier Attribute, nämlich distribution list, local file references, access rights
und security classification, machen Angaben, die sich auf die Verwaltung
des Dokuments beziehen.

Der Wert des Attributs local file references besteht aus einem oder mehreren Einträgen, die angeben, wo Kopien des Dokuments in elektronischer
Form abgespeichert sind. Jeder Eintrag besteht aus drei Parametern, file
name, location of the document und user comments, deren Werte jeweils

profile character set strings sind. Der Parameter **file name** gibt den Dateinamen an, unter dem die Kopie des Dokuments in dem betreffende Dateisystem zu finden ist, und der Parameter **location of the document** spezifiziert möglicherweise zusätzlich Angaben, um die Datei auffinden zu können. Die Werte dieser beiden Parameter hängen also in aller Regel vom Betriebssystem des Rechners ab, auf dem sich das Dokument befindet. Mit dem Parameter **user comments** lassen sich zusätzliche Angaben machen. Die Angabe der drei Parameter ist optional, allerdings muß mindesten ein Parameter angegeben werden. Damit ergibt sich:

local file references =
$\{$ [[**file name** = '*profile character set string*']
[**location of the document** = '*profile character set string*']
[**user comments** = '*profile character set string*']]$^{+}\}$

Der Wert das Attributs **distribution list** besteht aus einem oder mehreren Einträgen, die jeweils einen Empfänger des Dokuments angeben. Jeder Eintrag besteht aus den Parametern **personal name of recipient** und **recipient(s) organization**; der Wert des Parameters **personal name of recipient** ist ein Name und der Wert des Parameters **recipient(s) organization** ein *profile character set string*. Die Bedeutung der beiden Parameter dürfte auf Grund ihres Namens unmittelbar klar sein. Also gilt:

distribution list =
$\{$ [[**personal name of recipient** = '*personal name*']
[**recipient(s) organization** = '*profile character set string*']]$^{+}\}$

Der Wert des Attributs **access rights** besteht aus einem oder mehreren Einträgen; jeder Eintrag ist ein *profile character set string* und spezifiziert eine Zugangsberechtigung zum Dokument, die von den Eigentümern (diese werden durch das Attribut **owners** angegeben) festgelegt wird:

access rights = $\{$ ['*profile character set string*']$^{+}\}$

Der Wert des Attributs **security classification** besteht aus einem *profile character set string* und macht Sicherheitsangaben, zum Beispiel bezüglich des Lesens, Kopierens oder Löschens des Dokuments. Der Wert dieses Attributs wird von den Eigentümern (durch das Attribut **owners** angegeben) festgelegt. Also gilt:

security classification = '*profile character set string*'

4.2.12   Sonstige Angaben

Schließlich gibt es noch drei weitere Attribute, die nicht in eine der obigen Gruppen eingeordnet werden können, nämlich unit scaling, fonts list und additional information.

Bei zahlreichen *constituents* in ODA-Dokumenten treten Attribute auf, bei denen absolute oder relative Positionen oder Dimensionen angegeben werden, die als Maßeinheit *scaled measurement units* verwenden. Diese *scaled measurement units* werden auf Grund eines Skalierungsfaktors auf *basic measurement units* umgerechnet (s. 3.2.16). Der Umrechnungsfaktor wird durch das Attribut unit scaling festgelegt: Der Wert dieses Attributs besteht aus einem Paar positiver Zahlen, m und n; eine *scaled measurement unit* ist dann m/n *basic measurement units*. Es gilt also:

$$\text{unit scaling} = [\![\,'\textit{positive integer}'\ \ '\textit{positive integer}'\,]\!]$$

Man beachte, daß dieses Attribut des *document profile* eines der beiden mit einem *Default*-Wert ist: Wenn das Attribut nicht explizit im *document profile* angegeben ist, wird $m = n = 1$ angenommen, eine *scaled measurement unit* entspricht dann einer *basic measurement unit*.

In Teil 6 der ODA-Norm (*Character Content Architectures*) treten Attribute auf, mit denen sich unterschiedliche Fonts (graphisch unterschiedlich gestaltete Zeichensätze) auswählen lassen. Die einzelnen Fonts werden jeweils durch eine Zahl repräsentiert (s. S. 219); die Zuordnung dieser Zahlen zu tatsächlichen Fonts geschieht durch das Attribut fonts list im *document profile*. Der Wert dieses Attributs besteht aus einem oder mehreren Einträgen; jeder Eintrag besteht aus einer Zahl gefolgt von einer *font reference*. Die Zahl entspricht der in den jeweiligen *content portions* des Dokuments zur Identifikation von Fonts verwendeten; die *font reference* entspricht der Spezifikation der Norm ISO 9541, Teil 5 (s. S. 177). Damit ergibt sich:

$$\text{fonts list} = \big[\,[\textit{integer}\ '\textit{font reference}']^{+}\,\big]$$

Schließlich gibt es noch ein Attribut des *document profile*, nämlich additional information, dessen Semantik in der Norm nicht weiter beschrieben ist und das jeden beliebigen Wert erhalten kann.

5 Part 5: Office Document Interchange Format (ODIF)

Die ODA-Norm legt kein Datenformat fest, das von ODA-Implementationen für die interne Repräsentation von ODA-Dokumenten gewählt werden müßte. Die Wahl der internen Repräsentation der Dokumente bleibt jeder Implementation freigestellt.

Wenn ein ODA-Dokument jedoch auf elektronischem Wege übertragen werden soll, muß eine genau festgelegte Codierung verwendet werden, damit das Empfängersystem die Folge der Bits entschlüsseln und das Dokument in sein eigenes internes Format für ODA-Dokumente transformieren kann. Diese Codierung ist in Teil 5 der Norm festgelegt. Hier werden genaue Regeln angegeben, wie der Datenstrom (die Folge der Bits) aussehen muß.

In Teil 5 der Norm werden zwei Codierungen spezifiziert. Die eine Codierung, als ODIF bezeichnet, basiert auf der sogenannten *Abstract Syntax Notation One* (ASN.1), die in den ISO-Normen 8824 und 8825 beschrieben ist und auch von vielen anderen ISO-Normen und CCITT *Recommendations* im Bereich der *Open Systems Interconnection* (OSI) verwendet wird. Dies ist eine Binärcodierung, ein ASN.1-Datenstrom ist also nicht für den menschlichen Leser gedacht, sondern wird von Software interpretiert.

Die zweite Codierung, als ODL (*Office Document Language*) bezeichnet, ist eine sogenannte „Klartext"-Codierung, kann also auch von einem menschlichen Leser verarbeitet werden, obwohl das sicher der Ausnahmefall sein dürfte. Die ODL-Codierung basiert auf der sogenannten *Standard Generalized Markup Language* (SGML). SGML ist ebenfalls eine ISO-Norm im Bereich der Dokumentverarbeitung und hat die Registriernummer 8879. (Genaugenommen wird nicht ODL als Austauschformat verwendet, sondern die Codierung von ODL-Dokumenten im *Standard Document Interchange Format* – SDIF, aber auf dieses Detail soll hier nicht weiter eingegangen werden.)

Die ODL-Codierung wurde in die ODA-Norm aufgenommen, um eine Brücke zwischen der „ODA-Welt" und „SGML-Welt" zu schlagen. Damit ist es möglich, ein ODA-Dokument so zu transformieren, daß es als SGML-Dokument betrachtet und damit von SGML-Systemen weiterverarbeitet werden kann. Der umgekehrte Weg, nämlich ein SGML-Dokument in die „ODA-Welt" zu übertragen, ist in der Regel nicht möglich; auf diese Problematik soll hier aber nicht weiter eingegangen werden.

Die ODL-Codierung ist im übrigen der einzige wesentliche Unterschied zwischen der ISO-Norm 8613 und den CCITT *Recommendations* der T.410er Reihe. Während ODL normativer Bestandteil der ISO-Norm ist, fehlt sie in den CCITT *Recommendations*. Dies liegt daran, daß SGML selbst keine CCITT *Recommendation* ist und wohl auch nie werden wird, da der Einsatzbereich von SGML außerhalb der Thematik liegt, mit der sich das CCITT beschäftigt.

Da ODL auch in der ODA-Norm etwas am Rande angesiedelt ist und damit im wesentlichen nur eine Schnittstelle zu einer anderen Norm festgelegt wird, soll auch in diesem Buch nicht weiter darauf eingegangen werden.

Auch auf Details von ODIF soll nicht eingegangen werden. Der technische Inhalt von Teil 5 der Norm besteht im wesentlichen aus detaillierten Codierungsregeln in einer formalen Notation, die für das Verständnis der ODA-Norm von untergeordneter Bedeutung sind. Erst bei der Implementation von ODA-Systemen muß man sich diesen Teil der Norm, dann allerdings sehr gründlich, ansehen.

5.1 Die *Abstract Syntax Notation One* (ASN.1)

Wie schon erwähnt beruht die ODIF-Codierung von ASN.1-Dokumenten auf den ISO-Normen 8824 (*Open Systems Interconnection – Specification of Abstract Syntax Notation One*) und 8825 (*Open Systems Interconnection – Specification of basic encoding rules for Abstract Syntax Notation One*).

ASN.1 ist eine Notation, mit der man, ausgehend von elementaren Datentypen wie *octet string* oder *integer*, weitere anwendungsabhängige Datentypen spezifizieren kann. Mit dieser Methode ist es möglich, sehr komplexe Datentypen zu definieren, bis hin zur vollständigen Spezifikation der Syntax eines digitalen Datenstroms, der zwischen zwei Systemen ausgetauscht werden soll. Neben der Spezifikation der Syntax, also der Regeln, nach denen ein Datenstrom aufgebaut ist, kann mit ASN.1 auch die Codierung des Datenstroms selbst vorgenommen werden.

Unter Verwendung von ASN.1 kann man also

– die Syntax eines digitalen Datenstroms festlegen und
– einen bestimmten Datenstrom codieren.

Im Bereich der *Open Systems Interconnection* und insbesondere auch bei der ODA-Norm werden diese beiden Eigenschaften von ASN.1 üblicherweise so eingesetzt, daß in einer Norm die abstrakten Syntaxregeln festgelegt werden und bei der Implementation normkonformer Systeme einerseits Datenströme gemäß der vorgegebenen Syntax erzeugen und andererseits solche Datenströme entschlüsseln können.

In den ASN.1-Normen (ISO 8824 und 8825) wurden schon eine Reihe von Datentypen sowie deren Codierung definiert, zum Beispiel *boolean, integer, real, bit string, octet string, set, sequence* oder *object identifier*. Die Definition weiterer anwendungsabhängiger Datentypen geschieht durch sogenannte ASN.1 *definitions*, die deren Syntax auf der Basis anderer, entweder elementarer oder zusammengesetzter Datentypen angeben.

Zum besseren Verständnis betrachte man folgende Beispiele: In Teil 2 der ODA-Norm ist festgelegt, daß der Wert des Attributs colour entweder colourless oder white ist. Bezüglich der ODIF-Codierung dieses Attributwerts findet sich in Teil 5 der Norm folgende ASN.1-Definition:

Colour ::= INTEGER {colourless(0), white(1)}

Damit wurde ein neuer Datentyp mit dem Namen „Colour" definiert. Der Datentyp entspricht einer *integer*; als zulässige Werte können nur 0 und 1 auftreten. Die Zahl 0 entspricht dem Attributwert colourless, die Zahl 1 dem Attributwert white.

Das Attribut colour kann unter anderem bei *presentation styles* angegeben werden. Bezüglich der ODIF-Codierung von *presentation styles* findet sich in Teil 5 der Norm (etwas vereinfacht) folgende ASN.1-Definition:

```
Presentation-Style-Descriptor ::= SET{
    style-identifier              Style-Identifier,
    user-readable-comments        [0] Comment-String OPTIONAL,
    user-visible-name             [1] Comment-String OPTIONAL,
    transparency                  [2] Transparency OPTIONAL,
    presentation-attributes       [3] Presentation-Attributes OPTIONAL,
    colour                        [4] Colour OPTIONAL,
    border                        [5] Border OPTIONAL}
```

Damit ist festgelegt, daß die ODIF-Codierung eines *presentation style*
mit dem ASN.1-Datentyp *set* erfolgt. In dieser Menge können sieben
Elemente entsprechend den sieben bei *presentation styles* zulässigen Attributen auftreten (s. S. 62). Eines dieser Elemente ist ein Datenelement
vom Typ „Colour". Dieses Datenelement kann fehlen, was durch das
ASN.1-Schlüsselwort „OPTIONAL" ausgedrückt ist.

In dem ASN.1 *set* wird das Datenelement Colour durch ein sogenanntes *tag* mit dem Wert 4 identifiziert. Ein *tag* ist ein Bezeichner für den
Datentyp. Die Syntax der Datentypen Style-Identifier, Comment-String,
Transparency, Presentation-Attributes und Border ist ebenfalls in Teil 5
der Norm festgelegt, worauf allerdings hier nicht weiter eingegangen werden soll.

Im wesentlichen bestehen die in der ODA-Norm angegebenen Regeln
zur Codierung von Dokumenten als ODIF-Datenstrom aus derartigen
ASN.1-Definitionen; in Teil 5 der Norm sind die Regeln zu finden, die
die zu codierenden Strukturen aus den Teilen 2 und 4 der Norm betreffen, während die Syntaxregeln zur Codierung der unterschiedlichen
Inhaltsarchitekturen jeweils in den Teilen 6, 7 und 8 der Norm angegeben
sind.

Nun soll noch kurz auf die ASN.1-Codierung eines konkreten Dokuments eingegangen werden, also auf das Aussehen des digitalen Datenstroms, der sich gemäß der ASN.1-Norm und den zusätzlichen Syntaxregeln der ODIF-Codierung ergibt.

Jedes ASN.1-Datenelement, zum Beispiel ein *integer*-Wert oder der
Wert eines bestimmten zusammengesetzten Datentyps, ist nach folgendem Schema aufgebaut:

identifier octets	*length* octets	*contents* octets	*end of contents* octets

Ein *octet* besteht, wie der Name schon sagt, aus acht Bits. Mit den
identifier octets wird der Typ des Datenelements angegeben, und mit den
length octets wird die Anzahl der *content octets* festgelegt, wobei die Angabe *indefinite* (unbestimmt) zulässig ist. Die *content octets* repräsentieren den eigentlichen Wert des Datenelements. Die *end of contents octets*
sind nur dann vorhanden, wenn als Längenangabe *indefinite* verwendet
wurde.

In vielen Fällen genügt ein *identifier octet*, um den Typ des Datenelements anzugeben. Deshalb soll nachfolgend der Fall mehrerer *identifier
octets* nicht behandelt werden. Bei einem *identifier octet* sind die acht
Bits folgendermaßen untergliedert:

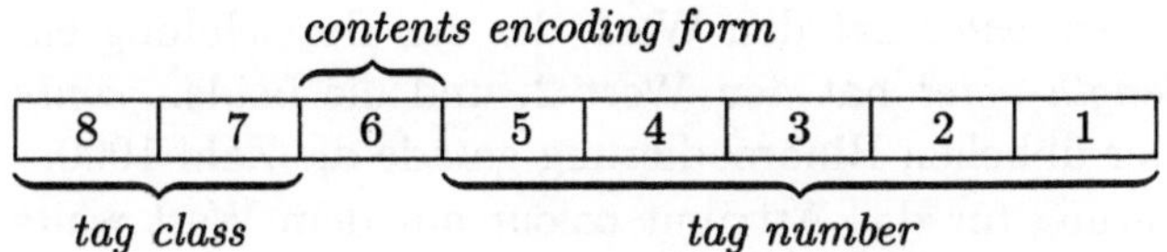

Durch die Bits 8 und 7 wird festgelegt, zu welcher Klasse das Daten-element gehört; in der ASN.1-Norm ist folgendes festgelegt:

00: *universal*
01: *application*
10: *context-specific*
11: *private*

Wenn das Bit 6 den Wert 0 hat, handelt es sich um einen nicht-zusammengesetzten Datentyp (*primitive*), zum Beispiel um eine *integer*, wenn der Wert 1 ist, handelt es sich um einen zusammengesetzten Da-tentyp (*constructed*), zum Beispiel um ein *set*.

Bei den restlichen fünf Bits ist jede Bitkombination außer 11111 zulässig; diese Bitkombination gibt an, daß mehr als ein *identifier oc-tet* zur Angabe des Datentyps verwendet wird. Bei nur einem *identifier octet* kann also die *tag number* einen Wert zwischen 0 (binär: 00000) und 30 (binär: 11110) annehmen.

Zur Verdeutlichung betrachte man folgende Beispiele: In der ASN.1-Norm ist dem Datentyp *integer* die *universal tag number* 2 zugeordnet, wobei eine *integer* ein nicht-zusammengesetzter Datentyp ist. Einer *in-teger* ist somit folgendes *identifier octet* zugeordnet:

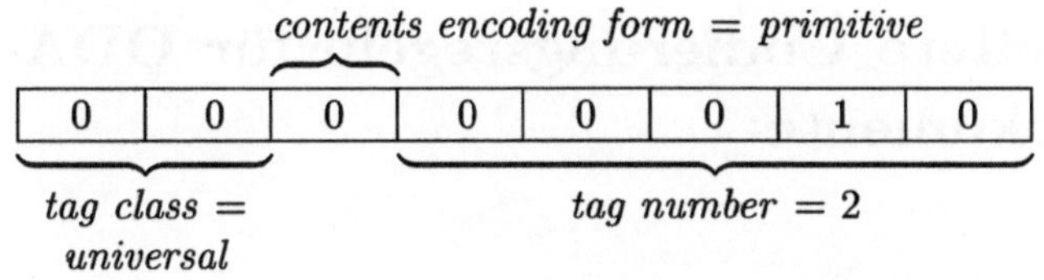

Für die Zahl 1000 ergibt sich somit in ASN.1-Codierung die Bit-Folge:

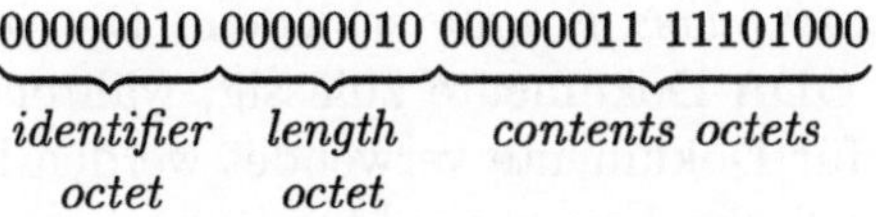

Das *identifier octet* hat den Wert, der zur Bezeichnung einer *integer* dient, das *length octet* hat den Wert 2, und die beiden *contents octets* ergeben in der üblichen Binärcodierung gerade die Zahl 1000.

Die Codierung für das Attribut **colour** mit dem Wert **white** sieht bei einem *presentation style* gemäß den obigen ASN.1-Definitionen der Datentypen Presentation-Style-Descriptor und Colour folgendermaßen aus:

$$\underbrace{10000100}_{\substack{identifier \\ octet}} \quad \underbrace{00000001}_{\substack{length \\ octet}} \quad \underbrace{00000001}_{\substack{contents \\ octet}}$$

Das *contents octet* ist die Zahl 1 (00000001), denn der Wert **white** wird nach der ASN.1-Definition für den Datentyp Colour durch die Zahl 1 repräsentiert (s. S. 197). Das *length octet* hat ebenfalls den Wert 1, denn es ist nur ein *contents octet* vorhanden. Bei dem *identifier octet* ergeben die Bits 5 bis 1 die Zahl 4 (00100), denn nach der ASN.1-Definition des Datentyps Presentation-Style-Descriptor wird die *tag number* 4 zur Identifikation des Datenelements Colour verwendet. Bit 6 hat den Wert 0, denn der Wert des Datenelements ist eine *integer*, also *primitive*. Die Bits 8 und 7 sind binär 10, denn die *tag number* 4 ist kontextabhängig: Bei anderen Datentypen wird die *tag number* 4 zur Identifikation anderer Datenelemente als Colour benutzt, und umgekehrt kann ein Datenelement vom Typ Colour in anderem Zusammenhang als bei *presentation styles* auch durch eine andere *tag number* als 4 identifiziert werden.

5.2 Weitere Codierungsregeln für ODA-Dokumente

Wie im vorhergehenden Abschnitt beschrieben, ist die ODIF-Codierung eines ODA-Dokuments ein ASN.1-Datenstrom. In Teil 5 der Norm finden sich noch weitere Angaben, wie dieser Datenstrom aufgebaut ist.

Es wird zwischen der sogenannten *interchange format class A* und der *interchange format class B* unterschieden. Die *interchange format class A* ist für alle ODA-Dokumente zulässig, während die *interchange format class B* nur für Dokumente verwendet werden kann, die nur eine generische oder spezifische Layoutstruktur, *presentation styles*, *content portions* und ein *document profile* enthalten.

Bei der *interchange format class A* ist folgende Reihenfolge festgelegt, in der die unterschiedlichen Arten von *constituents* im Datenstrom hintereinander auftreten müssen:

1. *Document profile*,
2. Layoutobjektklassen,
3. logische Objektklassen,
4. *content portions*, die Objektklassen zugeordnet sind,
5. *presentation styles*,
6. *layout styles*,
7. Layoutobjekte,
8. logische Objekte und
9. *content portions*, die spezifischen Objekten zugeordnet sind.

Natürlich können auch einige dieser Gruppen von *constituents* im Datenstrom fehlen, zum Beispiel Layoutobjekte bei einem Dokument der *processable document architecture class.*

Die Layoutobjekte sowie die logischen Objekte müssen jeweils in der Reihenfolge ihrer *sequential order* (s. S. 88) im Datenstrom auftreten. Wenn ein Dokument spezifische Layoutobjekte enthält, werden die Layoutobjekten oder logischen Objekten zugeordneten *content portions* in der Reihenfolge der *sequential layout order* angeordnet, andernfalls, wenn also nur spezifische logische Objekte vorhanden sind, in der Reihenfolge der *sequential logical order.* Ansonsten kann die Reihenfolge der *constituents* innerhalb der einzelnen Gruppen beliebig gewählt werden.

Die *interchange format class B* kann bei Dokumenten verwendet werden, die keine spezifischen und generischen logischen Strukturen und keine *layout styles* enthalten. Die Reihenfolge, in der die unterschiedlichen Arten von *constituents* im Datenstrom hintereinander auftreten müssen, ist dabei die folgende:

1. *Document profile*,
2. Layoutobjektklassen und zugeordnete *content portions*,
3. *presentation styles* und
4. Layoutobjekte und zugeordnete *content portions*.

Natürlich können auch hier einige dieser Gruppen von *constituents* im Datenstrom fehlen, zum Beispiel Layoutobjektklassen und zugeordnete *content portions.*

Die *basic page classes* oder *block classes* zugeordneten *content portions* (anderen Layoutobjektklassen können keine *content portions* zugeordnet werden) folgen im Datenstrom unmittelbar auf die Layoutobjektklassen, zu denen sie gehören. Innerhalb der Gruppe der Layoutobjekte werden diese entsprechend der *sequential order* angeordnet, allerdings folgen auch hier die *basic layout objects* zugeordneten *content portions* unmittelbar den betreffenden Layoutobjekten. Die Reihenfolge der *presentation styles* im Datenstrom ist beliebig.

Man beachte, daß sich die hierarchische Baumstruktur der Layoutobjekte und der zugeordneten *content portions* unmittelbar aus der Reihenfolge der *constituents* im Datenstrom ableiten läßt. Deshalb können bei Dokumenten, für die als Austauschformat die *interchange format class B* gewählt wird, die üblicherweise zum Aufbau dieser Baumstruktur benötigten Attribute, nämlich **object identifier, content identifier layout, subordinates** und **content portions**, auch fehlen (s. 3.3.3).

6 *Part 6: Character Content Architectures*

In diesem Teil der Norm wird beschrieben, wie *character content*, der in *content portions* von ODA-Dokumenten auftreten kann, codiert wird, welche Attribute es diesbezüglich gibt und wie der *layout process* und der *imaging process* für *character content* ausgeführt wird. Der Einfachheit halber soll im folgenden auch der Begriff „Text" für *character content* verwendet werden.

6.1 Das ODA-Modell für Texte

Generell wurde das ODA-Modell für Texte nicht nur für Dokumente mit lateinischen Schriften entwickelt, also insbesondere mit einer Schreibrichtung von links nach rechts und oben nach unten, sondern auch für andere Schriften, zum Beispiel für Kanji oder Arabisch. Dies erklärt einige der nachfolgend beschriebenen Konzepte, die für lateinische Schriften von untergeordneter Bedeutung sind.

Andererseits umfaßt das ODA-Modell aber nicht alle Arten von Texten; beispielsweise ist mathematischer Formelsatz mit dem derzeitigen ODA-Modell praktisch nicht möglich. Entsprechende Erweiterungen der ODA-Norm sind jedoch zu erwarten.

Im folgenden werden zwar alle Konzepte des ODA-Modells für Texte dargestellt, der Schwerpunkt liegt allerdings auf lateinischen Schriften.

6.1.1   Zeichen

Die Grundelemente beim ODA-Modell für Texte sind Zeichen (*graphic characters*), die auf einem Darstellungsmedium wiedergegeben werden. Die Darstellung eines Zeichen auf einem Darstellungsmedium wird als *character image* bezeichnet.

Jedem *character image* ist eine *character baseline*, ein *position point* und ein *escapement point* zugeordnet, wie in Abb. 38 gezeigt.

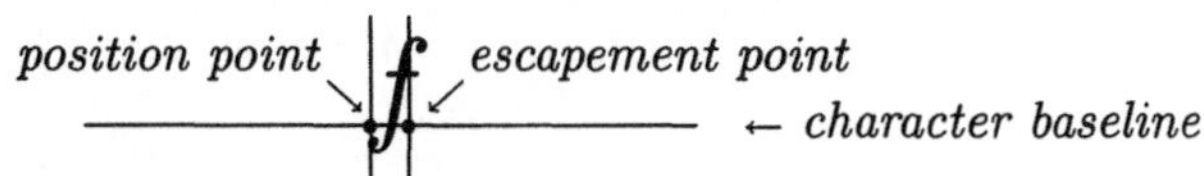

Abb. 38: *Character baseline, position point* und *escapement point* eines *character image*

Die *character baseline* ist eine fiktive Linie zur Festlegung der Lage des Zeichens: Bei horizontalem Verlauf der *character baseline* und einer *character orientation* (s. u.) von 0° befindet sich das *character image* in der Lage, in der es üblicherweise betrachtet wird.

Der *position point* ist ein Referenzpunkt zur Positionierung des *character image* innerhalb der *line box* (s. u.), und der *escapement point* ist ein weiterer Referenzpunkt eines *character image*: Der Abstand zwischen *escapement point* und *position point* entspricht der Breite des Zeichens. Bei zwei aufeinanderfolgenden Zeichen wird der *position point* des zweiten Zeichens in der Regel auf den *escapement point* des vorhergehenden Zeichens plaziert, sofern nicht explizit ein bestimmter Zeichenabstand (s. S. 208) festgelegt ist.

Man beachte, daß das *character image* über *position point* und *escapement point* hinausragen kann. Der Betrag, um den das *character image* über die beiden Punkte hinausragt, wird als *kern* bezeichnet.

Aufeinanderfolgende Zeichen werden innerhalb einer *line box* in Richtung des *character path* hintereinander angeordnet. Den Zeichen ist eine *character orientation* zugeordnet, die durch einen Winkel zwischen *character path* und *character baseline*, entgegengesetzt dem Uhrzeigersinn gemessen, festgelegt wird, wie in Abb. 39 gezeigt.

Mit *pp* und *ep* sind in dieser Abbildung der *position point* und der *escapement point* bezeichnet. Man beachte, daß *character path* und *character baseline* nicht unbedingt parallel zueinander liegen.

Ein Zeichen gehört immer zu einem bestimmten *Font*. Ein Font ist eine Menge von *character images*, die auf Grund ihres Aussehens, zum

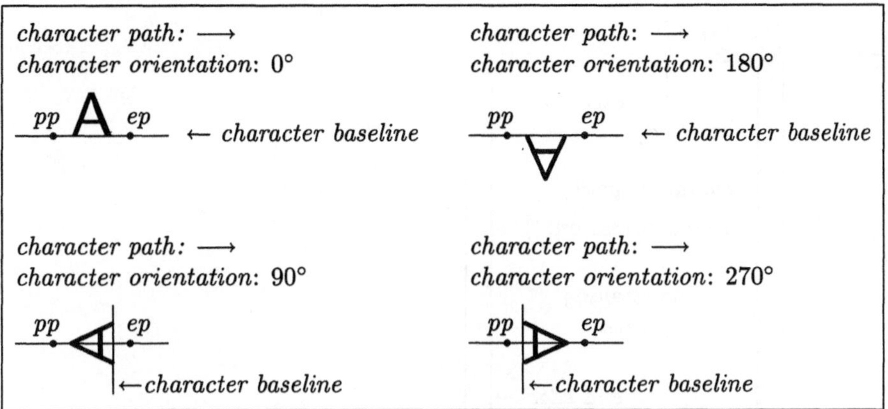

Abb. 39: Lage eines Zeichens in Abhängigkeit von der *character orientation*

Beispiel ihrer Größe, als zusammengehörig betrachtet werden. Jeder Font besitzt eine Reihe von Eigenschaften, die durch Attribute beschrieben werden; auch die Eigenschaften der einzelnen Zeichen eines Fonts werden durch Attribute beschrieben. In der ODA-Norm sind diese Attribute allerdings nicht angegeben, sondern es wird auf die (zukünftige) Norm ISO 9541, Teil 5 (*Font and character information interchange – Part 5: Font attributes and character model*) verwiesen.

6.1.2   Positionierung von Zeichen

Die einzelnen Zeichen eines Textes werden innerhalb der *positioning area* plaziert. Dies ist ein rechteckiger Bereich, der vollständig innerhalb der Fläche des *basic layout object* liegt, dem der Text zugeordnet ist. Die vier Ränder der *positioning area* werden als *start edge, end edge, top edge* und *bottom edge* bezeichnet; die Bezeichnung der Ränder hängt von der Richtung des *character path* und der *line progression* ab, wie in Abb. 40 gezeigt.

In der Abbildung ist zu sehen, daß *start edge* und *end edge* der *positioning area* nicht unbedingt mit den betreffenden Rändern des *basic layout object* zusammenfallen müssen, sondern um einen bestimmten Abstand davon entfernt sein können. Dieser Abstand wird als *kerning offset* bezeichnet. In den durch den *kerning offset* angegebenen Bereich dürfen noch Teile des *character image* hineinragen (s. Abb. 38), allerdings müssen *position point* und *escapement point* aller Zeichen innerhalb der *positioning area* liegen.

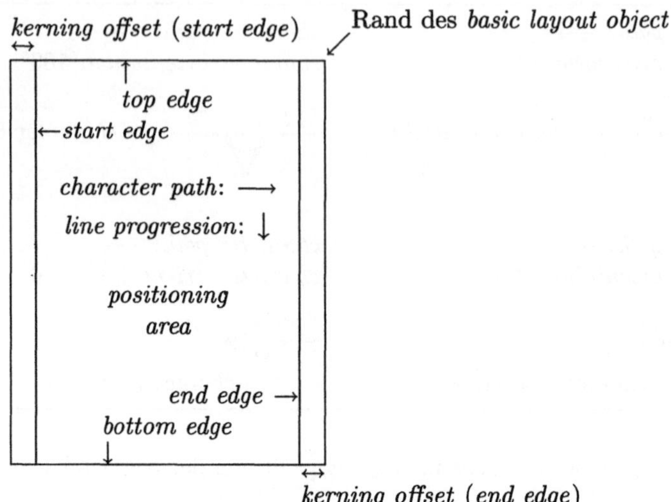

Abb. 40: Ränder der *positioning area* in Abhängigkeit von *character path* und *line progression*

Innerhalb der *positioning area* befinden sich sogenannte *line boxes*, die sich in Richtung des *character path* zwischen *start edge* und *end edge* erstrecken. Innerhalb dieser *line boxes* werden die einzelnen Zeilen eines Textes dargestellt, wie in 41 skizziert.

Wie man dieser Abbildung weiter entnehmen kann, besitzt jede *line box* eine *reference line*, auf der normalerweise die *character images* ausgerichtet werden, auf dieser Linie werden also die *position points* der Zeichen plaziert. Die *line home position* bezeichnet denjenigen Punkt auf der *reference line*, an dem innerhalb der *line box* üblicherweise das erste Zeichen der Zeile plaziert wird. Der Abstand zwischen der *start edge* der *positioning area* und der *line home position* wird als *indentation* bezeichnet.

Die Länge einer *line box* entspricht gerade dem Abstand zwischen *end edge* und *start edge* der *positioning area*; die Höhe ergibt sich als Summe von *backward extent* und *forward extent* der *line box*. Die Größen *backward extent* und *forward extent* werden durch die Fonts bestimmt, aus dem die Zeichen in der Zeile gewählt sind; bei Fonts entsprechend der ISO-Norm 9541 – die Verwendung solcher Fonts wird bei ODA-Dokumenten im Prinzip immer angenommen – sind die Größen aus den Werten von dort angegebenen Attributen ermittelbar. Falls in der Zeile bestimmte Zeichen nicht an der *reference line* ausgerichtet werden, zum Beispiel hochgestellte oder tiefgestellte Indizes auftreten, ist dies bei

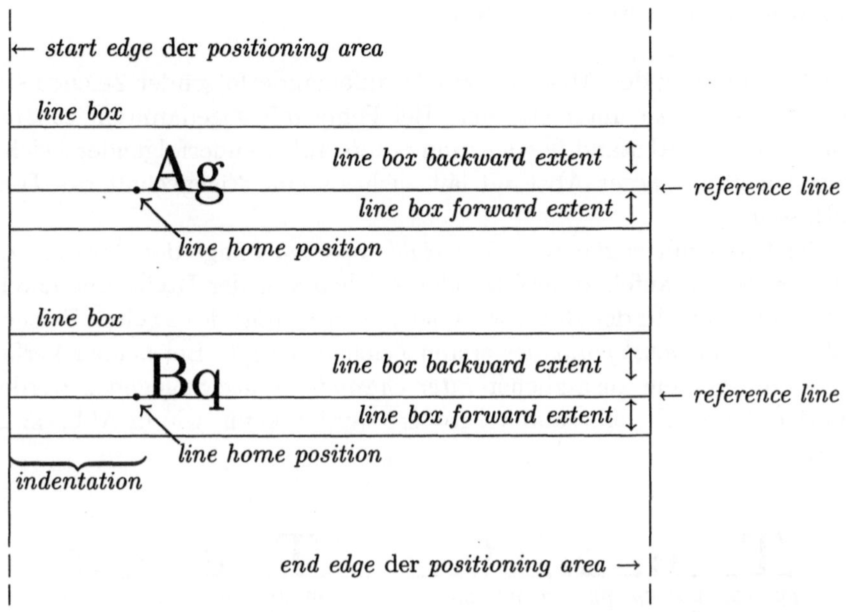

Abb. 41: *Line boxes* und dabei auftretende Begriffe

der Ermittlung des *backward extent* und *forward extent* zu berücksichtigen.

Aufeinanderfolgende *character images* werden innerhalb einer *line box* entlang der *reference line* hintereinandergereiht. Wie diese Positionierung erfolgt, hängt von einer Reihe von Faktoren ab, auf die gleich genauer eingegangen wird.

Zur Verdeutlichung einiger Konzepte beim Formatieren von Text wird in der ODA-Norm der Begriff *active position* eingeführt. Dies ist diejenige Position in der *positioning area*, die während des Formatierens gerade erreicht ist und an der die nächste „Aktion" stattfindet, die durch das nächste zu verarbeitende Zeichen festgelegt ist. Die *active position* ist also konzeptionell vergleichbar mit einem *Cursor*, den man bei der Eingabe eines Textes an einem Bildschirm normalerweise sieht.

Wenn im Text als nächstes ein darzustellendes Zeichen folgt, wird dessen *position point* auf die *active position* plaziert und anschließend die *active position* um die Zeichenbreite in Richtung des *character path* verschoben. Mit einigen Kontrollfunktionen (s. 6.3) läßt sich auch explizit die *active position* verschieben, zum Beispiel mit der Kontrollfunktion CR (*carriage return*), die die *active position* an den Zeilenanfang plaziert.

Abstand zwischen zwei Zeichen

Zur Bestimmung des Abstands zweier aufeinanderfolgender Zeichen sind zwei Verfahren zu unterscheiden: Bei Fonts mit sogenanntem *constant spacing* ist der Abstand der *position points* aufeinanderfolgender Zeichen stets konstant; dieser Abstand läßt sich als eine Eigenschaft des Fonts auffassen.

Bei Fonts mit sogenanntem *variable spacing* hängt der Abstand der *position points* aufeinanderfolgender Zeichen von der Breite der jeweiligen Zeichen ab: In der Regel wird der *position point* des zweiten Zeichens auf den *escapement point* des ersten Zeichens gelegt. Bei beiden Verfahren kann noch ein zusätzlicher *inter-character space* angegeben werden, um den der Zeichenabstand vergrößert werden kann, wie in Abb. 42 gezeigt.

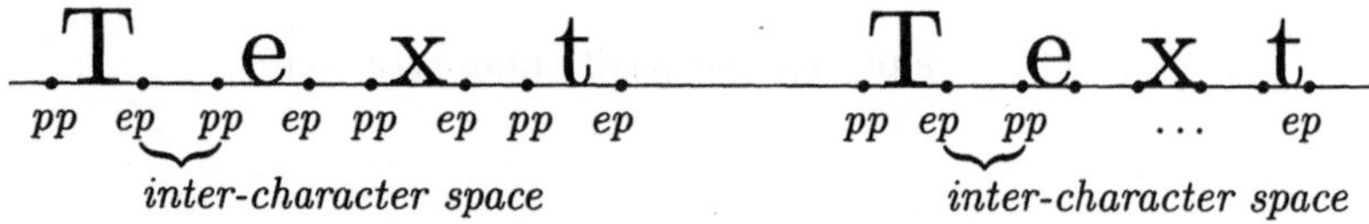

Abb. 42: Zeichenpositionierung und *inter-character space*

In der Abbildung ist links ein Font mit *constant spacing* gezeigt, bei dem also der Abstand zwischen *position point* und *escapement point* jedes Zeichens konstant ist. Rechts ist ein Font mit *variable spacing* abgebildet, bei dem die Zeichen unterschiedlich breit sind. In beiden Fällen wurde noch ein positiver *inter-character space* dargestellt, das heißt die Schrift läuft breiter als normal. Der *inter-character space* darf auch negativ werden; dann läuft die Schrift schmaler als normal.

Eine Sonderrolle nimmt das Leerzeichen (*space character*) ein: Bei Fonts mit *constant spacing* ist die Breite des Leerzeichens gleich der Breite aller übrigen Zeichen eines Fonts. Bei Fonts mit *variable spacing* ist die Breite des Leerzeichens eine Eigenschaft des verwendeten Fonts. Allerdings wird durch den Font in der Regel nur eine „Sollbreite" des Leerzeichens angegeben; die tatsächliche Breite kann innerhalb eines bestimmten Bereichs variieren. Dieser Variationsbereich ist immer dann erforderlich, wenn Blocksatz durchgeführt werden soll (siehe den Begriff *justified* bei der nachfolgend beschriebenen Ausrichtung der Zeichen in einer *line box*).

Ausrichtung innerhalb der *line box*

Für die Ausrichtung der *character images* innerhalb einer *line box* gibt es in der ODA-Norm vier Möglichkeiten:

- *start-aligned*: Der *position point* des ersten Zeichens der Zeile wird auf die *line home position* positioniert.
- *end-aligned*: Der *escapement point* des letzten Zeichens der Zeile wird auf die *end edge* der *positioning area* positioniert.
- *centred*: Der Abstand des *position point* des ersten Zeichens zur *line home position* ist gleich dem Abstand des *escapement point* des letzten Zeichens zur *end edge*.
- *justified*: Der *position point* des ersten Zeichens wird auf die *line home position* und der *escapement point* des letzten Zeichens auf die *end edge* der *positioning area* positioniert. Damit dies erreicht werden kann, muß die Breite der Leerzeichen in der Zeile beziehungsweise der *inter-character space* entsprechend angepaßt werden.

Im Deutschen sind für diese vier Arten des Satzes die Begriffe linksbündiger Satz, rechtsbündiger Satz, zentrierter Satz und Blocksatz gebräuchlich.

Tabulatoren

Es ist möglich, in einer *line box* sogenannte Tabulatoren (*tabulation stops*) zu definieren, das heißt bestimmte Punkte auf der *reference line* zu markieren. An diesen Tabulatoren kann dann gezielt eine Zeichenfolge ausgerichtet werden. Für die Zeichenkette gibt es dabei folgende Möglichkeiten der Ausrichtung:

- *start-aligned*: Der *position point* des ersten Zeichens der Zeichenkette wird an die angegebene Tabulatorposition positioniert.
- *end-aligned*: Der *escapement point* des letzten Zeichens der Zeichenkette wird an die angegebene Tabulatorposition positioniert.
- *centred*: Die Zeichenkette wird so positioniert, daß der *position point* des ersten Zeichens den gleichen Abstand zur Tabulatorposition hat wie der *escapement point* des letzten Zeichens.
- *aligned around*: Es wird eine bestimmte Teilzeichenkette festgelegt, von der der *position point* des ersten Zeichens auf die Tabulatorposition gelegt werden soll. Wenn diese Teilzeichenkette in einer gegebenen Zeichenkette auftritt, erfolgt die entsprechende Ausrichtung.

Wenn die Teilzeichenkette nicht vorkommt, wird wie bei *end-aligned* vorgegangen.

Eine typische Anwendung für diese Ausrichtungsart ist die vertikale Ausrichtung von Dezimalzahlen in aufeinanderfolgenden Zeilen.

Die vier Arten der Ausrichtung bei Tabulatoren sind in Abb. 43 gezeigt.

```
Dies          Dies              Dies          126.48
ist            ist               ist           54.50
start-         end-          centred         30183
aligned     aligned                           21.985
```

Abb. 43: Ausrichtung bei Verwendung von Tabulatoren

Die vertikalen Linien in der Abbildung bezeichnen die Positionen der Tabulatoren. An der ersten Tabulatorposition wurde die Ausrichtungsart *start-aligned*, an der zweiten *end-aligned* und an der dritten *centred* verwendet. An der vierten Position ist die Ausrichtung *aligned around* gezeigt, wobei als Teilzeichenkette zur Ausrichtung der Dezimalpunkt verwendet wurde, die Teilzeichenkette besteht in dem Beispiel also nur aus einem Zeichen.

Hoch- und tiefgestellte Zeichen

Von der generellen Regel, die *position points* der Zeichen auf der *reference line* zu positionieren, kann dadurch abgewichen werden, daß mit bestimmten Kontrollfunktionen (s. 6.3) eine Verschiebung in Richtung der *line progression* oder entgegengesetzt spezifiziert wird. Dies ist beispielsweise dann erforderlich, wenn mit hochgestellten Indizes Fußnoten referiert werden.

Wenn eine solche Verschiebung der Positionierung der Zeichen vorgenommen wurde, muß die Wirkung der Kontrollfunktion spätestens beim Erreichen des Zeilenendes wieder aufgehoben werden. Das Hoch- und Tiefstellen von Zeichen wird bei der Beschreibung der Kontrollfunktionen PLD, PLU, VPB und VPR (s. S. 233ff.) näher erläutert.

Pairwise kerning

Bei bestimmten Zeichenkombinationen ist die generelle Regel, daß der *position point* des zweiten Zeichens auf den *escapment point* des ersten Zeichens positioniert wird, nicht sinnvoll, wenn eine gute typographische Qualität erzielt werden soll. In Abb. 44 ist beispielsweise die Kombination der Zeichen „W" und „A" gezeigt, links ohne, rechts mit sogenanntem *pairwise kerning*.

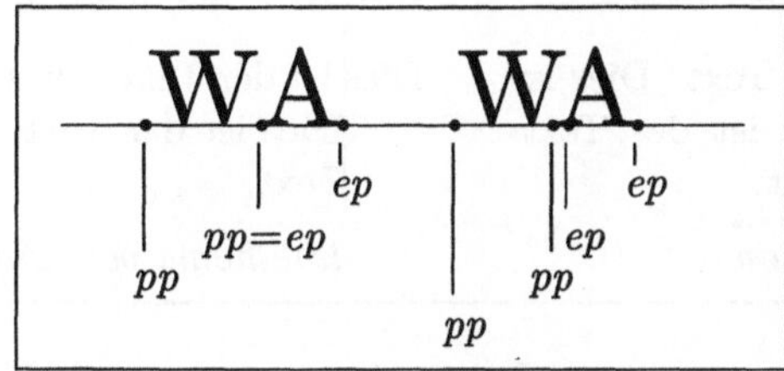

Abb. 44: *Pairwise kerning* bei Zeichenkombinationen

Das typographische Ergebnis ist offensichtlich besser, wenn – wie in der rechten Hälfte der Abbildung gezeigt – der *position point* des „A" vor den *escapement point* des „W" positioniert wird; andernfalls wirkt der Abstand zwischen den beiden Zeichen optisch zu groß. Diese Positionsverschiebung wird als *pairwise kerning* bezeichnet. Übrigens muß diese Positionsverschiebung nicht unbedingt entgegengesetzt dem *character path* erfolgen; bei bestimmten Zeichenkombinationen kann aus typographischen Gesichtspunkten auch eine Verschiebung in Richtung des *character path* erforderlich sein.

Die Angaben, die dieses *kerning* bei bestimmten Zeichenkombinationen beschreiben, sind eine Eigenschaft des betreffenden Fonts und werden durch entsprechende Attribute eines Fonts nach der ISO-Norm 9541 festgelegt.

Man beachte, daß *pairwise kerning* nur bei Fonts mit *variable spacing* anwendbar ist.

Einrückungen der Zeilen

Um Einrückungen bei den Zeilen eines einem *basic layout object* zugeordneten Textes vorzunehmen, bietet die ODA-Norm neben der *indentation*, also dem Verschieben der *line home position* vom Rande

der *positioning area*, wie in Abb. 41 gezeigt, zwei weitere Möglichkeiten. Die eine besteht darin, bei der ersten Zeile eines Textstücks
das erste Zeichen von der *line home position* zu verschieben, indem
man einen *first line offset* spezifiziert. Diese Verschiebung kann po-
sitiv (in Richtung des *character path*) oder negativ (entgegengesetzt
zur Richtung des *character path*) erfolgen, wie es in Abb. 45 gezeigt
ist.

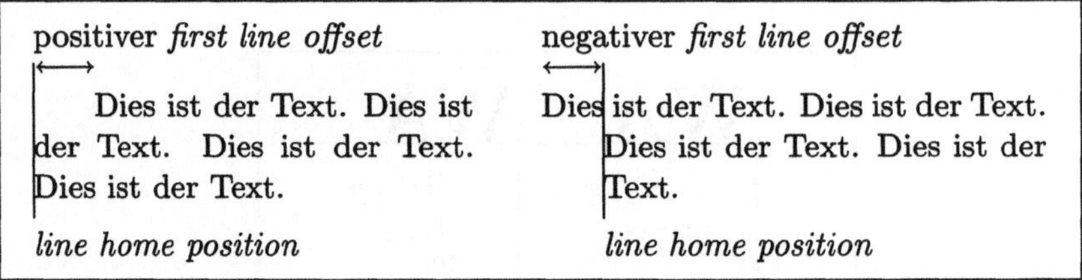

Abb. 45: First line offset bei Texten

In der Abbildung ist die Lage der *line home position* durch eine vertikale Linie bezeichnet. Ein positiver *first line offset* wird häufig verwendet,
um den Anfang eines Absatzes grafisch hervorzuheben, wie zum Beispiel
in diesem Buch. Ein negativer *first line offset* ist oft bei tabellarischen
Texten gebräuchlich.

Eine weitere Art von Einrückungen ist bei Aufzählungen, also bei mit
bestimmten Marken versehenen Textstücken erforderlich, zum Beispiel
bei Spiegelstrichlisten oder numerierten Listen. Für solche Aufzählungen
wird in der ODA-Norm der Begriff *itemization* verwendet. Die Marke,
also das Zeichen oder die Zeichenkette, die dem eigentlichen Text vorange-
stellt wird, kann auf verschiedene Weise plaziert werden. Zunächst kann
ein *identifier start offset* und *identifier end offset* angegeben und damit
der Bereich spezifiziert werden, in dem die Marke plaziert werden soll.
Zusätzlich kann zur Ausrichtung der Marke ein *identifier alignment* angegeben werden, wobei als Ausrichtungsart *start-aligned* und *end-aligned*
möglich sind. Einige Beispiele zur Gestaltung solcher Aufzählungen sind
in Abb. 46 gezeigt.

In der linken Hälfte der Abbildung ist jeweils ein Textstück für
Aufzählungen gezeigt, rechts sind die Werte angegeben, die bei dem
Textstück als *indentation* (*ind*), *first line offset* (*flo*), *identifier start offset* (*iso*), *identifier end offset* (*ieo*) und *identifier alignment* verwendet
wurden.

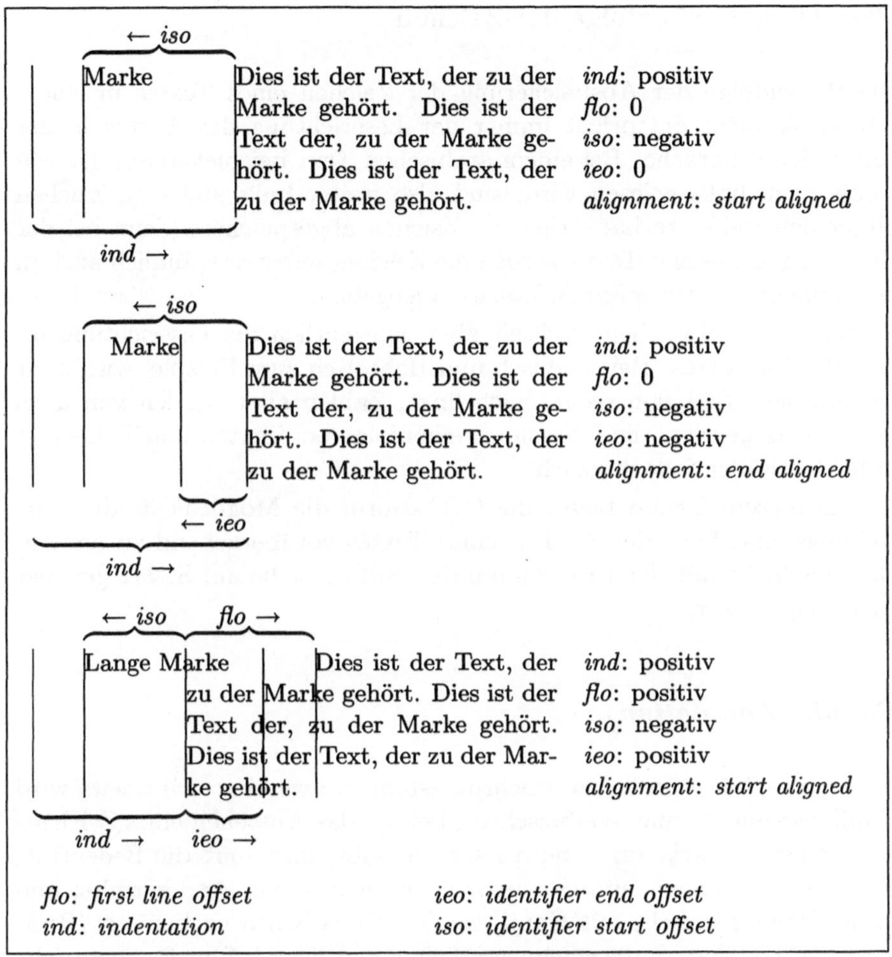

Abb. 46: Beispiele für *itemization*

Die linken vertikalen Linien geben die *start edge* der *positioning area*
an. Die zweiten Linien zeigen jeweils die (negative) Verschiebung des
identifier start offset.

Die rechten Linien in den ersten beiden Beispielen bezeichnen die Lage
der *line home position*. Die dritte Linie im zweiten Beispiel gibt die (negative) Verschiebung des *identifier end offset* an. Im dritten Beispiel
bezeichnet die dritte Linie die Lage der *line home position*, die vierte
die (positive) Verschiebung des *identifier end offset*. Im ersten und dritten Beispiel wurde die Ausrichtung *start aligned*, im zweiten *end aligned*
gewählt.

Darstellungsreihenfolge der Zeichen

Die Reihenfolge der Abspeicherung der Zeichen eines Textes in einem
ODA-Dokument entspricht immer der Leserichtung des Textes in der
verwendeten Sprache. Bei einem arabischen Text beispielsweise, der von
rechts nach links gelesen wird, sind also weiter links stehende Zeichen
hinter den weiter rechts stehenden Zeichen abgespeichert, denn bei der
Erfassung arabischer Texte werden die Zeichen selbstverständlich auch in
der Reihenfolge des späteren Lesens eingegeben.

Bei einigen Sprachen wechselt aber gelegentlich die Leserichtung innerhalb des Textes. Bei Arabisch und Hebräisch zum Beispiel wird zwar
der normale Text von rechts nach links, Zahlen aber werden von links
nach rechts gelesen; die Erfassungsreihenfolge bei Texten und Zahlen ist
in beiden Fällen jedoch gleich.

Aus diesem Grund bietet die ODA-Norm die Möglichkeit, die Darstellungsreihenfolge der Zeichen eines Textes vorübergehend zu ändern.
Dies geschieht mit der Kontrollfunktion SRS, auf die auf S. 241 genauer
eingegangen wird.

Parallel Annotation

Im Japanischen werden zwei Schriftsysteme verwendet. Einerseits wird
Kanji verwendet, eine Symbolschrift, bei der das Aussehen eines Zeichens
gibt keinen Hinweis auf seine Aussprache gibt; man muß die Bedeutung
des Zeichens kennen, um es aussprechen zu können. Andererseits, und
in der Regel gemischt mit Kanji, werden Kana-Schriften benutzt (Hira-
gana und Katakana), die wie im westlichen Kulturkreis üblich phonetische
Schriften sind, deren Zeichen einen Lautwert haben.

Hinzu kommt, daß viele Kanji-Zeichen mehrere, zum Teil völlig unterschiedliche Bedeutungen und entsprechend unterschiedliche Aussprachen
haben. Umgekehrt gibt es auch identische Phoneme mit völlig unterschiedlichen Bedeutungen. Zwar gibt es dies auch in unserer Sprache –
zum Beispiel kann das Wort „Schloß" sowohl ein Gebäude als auch eine
Schließvorrichtung bezeichnen –, aber in aller Regel lassen sich solche
Mehrdeutigkeiten anhand des Kontextes auflösen.

Im Japanischen lassen sich solche Mehrdeutigkeiten jedoch häufig nicht
so einfach auflösen, und daher wird oft ein Wort gleichzeitig in Kanji und
in Kana geschrieben, um eine eindeutige Interpretation des Textes zu
ermöglichen. Dies wird als *Ruby* bezeichnet. Deshalb wurde in der ODA-
Norm das Konzept der *parallel annotation* eingeführt, um die japanische

Ruby-Schreibweise zu ermöglichen. Auf Details soll hier allerdings nicht weiter eingegangen werden.

6.1.3   Anordnung der Zeilen

Innerhalb der *positioning area* werden die einzelnen *line boxes* (Zeilen) in Richtung der *line progression* hintereinander angeordnet. Die *line home position* der ersten *line box* wird als *initial point* bezeichnet.

Der Abstand der *reference lines* zweier aufeinanderfolgender *line boxes*, das sogenannte *line spacing* (s. Abb. 41), hängt davon ab, ob ein sogenanntes *proportional line spacing* oder ob ein konstanter Zeilenabstand verwendet wird. Bei einem konstanten Zeilenabstand wird dieser durch das Attribut line spacing (s. S. 223) oder die Kontrollfunktionen SLS und SVS (s. S. 236) festgelegt.

Der Zeilenabstand bei einem *proportional line spacing* ist implementationsabhängig und in der Norm nicht weiter beschrieben.

6.1.4   Darstellungsarten der Zeichen

Zur visuellen Hervorhebung von Textteilen sind in der ODA-Norm folgende sechs Möglichkeiten vorgesehen:

weight
: Die Strichstärke der Zeichen wird variiert; neben der normalen Strichstärke ist eine fette (*bold*) und eine magere (*faint*) zulässig.

posture
: Der Neigungswinkel der Zeichen wird geändert; neben der senkrechten Richtung (*not-italicized*) ist eine geneigte Richtung (*italicized*) möglich.

underlining
: Die Zeichen können mit einer einfachen Linie (*underlined*) oder einer Doppellinie (*doubly underlined*) unterstrichen werden.

blinking
: Die Zeichen können auf einem Bildschirm mit zeitlich wechselnder Lichtstärke, also blinkend, dargestellt werden; zwei unterschiedliche Geschwindigkeiten des Blinkens (*slowly blinking* und *rapidly blinking*) sind vorgesehen.

image inversion
: Vordergrund- und Hintergrundfarbe der Zeichen können vertauscht werden, statt schwarz auf weißem Hintergrund werden Textteile etwa weiß auf schwarzem Hintergrund dargestellt.

crossing-out
: Zeichen können durchgestrichen werden.

Alle diese Möglichkeiten zur Hervorhebung von Textteilen sind in der Norm nicht detailliert festgelegt. Es ist beispielsweise nicht spezifiziert, was eine normale, fette oder magere Strichstärke ist oder welcher Neigungswinkel bei *italicized* verwendet werden soll.

Üblicherweise wird die Darstellungsart der Zeichen im Text durch die Kontrollfunktion SGR (s. S. 239) ausgewählt.

6.2   Attribute für Texte

Durch den Wert des Attributs content architecture class, der bei einem *basic object* oder einer *basic object class* angegeben werden kann beziehungsweise für den bei *basic objects* gegebenenfalls ein *Default*-Wert ermittelt wird, wird festgelegt, welche Art von Inhalt (*character content*, *raster graphics content* oder *geometric graphics content*) die diesen Objekten oder Objektklassen zugeordneten *content portions* haben.

Falls es sich um Text handelt, muß der Wert des Attributs content architecture class ein *ASN.1 object identifier* mit dem Wert $[\![2\ 8\ 2\ 6\ 0]\!]$ (bei *formatted character content*), mit dem Wert $[\![2\ 8\ 2\ 6\ 1]\!]$ (bei *processable character content*) oder mit dem Wert $[\![2\ 8\ 2\ 6\ 2]\!]$ (bei *formatted processable character content*) sein. Dies bedeutet dann insbesondere auch, daß der Wert des Attributs content information bei den entsprechenden *content portions* einen Text darstellt.

Wie solche Texte darstellende *content portions* zu verarbeiten sind, wie also der Wert des Attributs content information zu interpretieren ist und wie Texte auf einem Darstellungsmedium wiederzugeben sind, wird durch eine Reihe von Attributen festgelegt, die in Abb. 47 aufgeführt sind.

In der Abbildung ist jeweils angegeben, bei welcher *content architecture class* die einzelnen Attribute zulässig sind und ob sie *defaultable* (d), *mandatory* (m) oder optional (o) sind. Die Attribute oberhalb der gepunkteten Linie sind *presentation attributes* für Texte, die Attribute unterhalb der Linie wurden schon in Teil 2 der Norm eingeführt, ihre Werte hängen allerdings von der verwendeten Inhaltsarchitektur ab, werden also für Texte in Teil 6 der Norm festgelegt.

	Content architecture class:		
	processable	formatted	formatted processable
alignment	d	d	d
character fonts	m	m	m
character orientation	d	d	d
character path	d	d	d
character spacing	d	d	d
code extension announcers	d	d	d
first line offset	d	d	d
formatting indicator	–	d	d
graphic character sets	d	d	d
graphic character subrepertoire	d	d	d
graphic rendition	d	d	d
indentation	d	–	d
initial offset	–	d	d
itemization	d	d	d
kerning offset	d	d	d
line layout table	d	d	d
line progression	d	d	d
line spacing	d	d	d
orphan size	d	–	d
pairwise kerning	d	d	d
proportional line spacing	d	–	d
widow size	d	–	d
content architecture class	d*	d*	d*
content information	o*	o*	o*
type of coding	d*	d*	d*
*: Siehe auch die Ausführungen zu diesem Attribut in Kapitel 2			

Abb. 47: Attribute bei den *content architecture classes* für *character content*

6.2.1 *Presentation Attributes* für Texte

Die in Abb. 47 oberhalb der gepunkteten Linie aufgeführten Attribute werden als *presentation attributes* für Texte verwendet, treten also bei dem Attribut **presentation attributes** (s. S. 98) auf.

Sie können bei *basic logical object classes*, *basic layout object classes*, *basic logical objects* und *basic layout objects* sowie bei von diesen Objekten oder Objektklassen referierten *presentation styles* angegeben werden und enthalten Informationen, wie die diesen Objekten oder Objektklassen in *content portions* zugeordneten Texte während des Layoutprozesses und des *imaging process* behandelt werden sollen.

Im folgenden wird auf diese Attribute, geordnet nach ihrer Funktionalität, genauer eingegangen.

Attribute zur Festlegung und Auswahl von Zeichensätzen

Eine Reihe von Attributen dienen zur Auswahl und Festlegung von Zeichensätzen, die im einem *basic layout object* zugeordneten Text verwendet werden. Bei diesen Attributen wird auf die ISO-Normen 2022 (*ISO 7-bit and 8-bit coded character sets – Code extension techniques*), 2375 (*Procedure for registration of escape sequences*), 6937 (*Coded character sets for text communication*) und 7350 (*Registration of graphic character subrepertoires*) Bezug genommen, auf die hier jedoch nicht detaillierter eingegangen werden soll. Für ein volles Verständnis der nachfolgend beschriebenen Attribute code extension announcers, graphic character sets, graphic character subrepertoire und character fonts sei der Leser deshalb auf die Lektüre dieser Normen verwiesen.

Der Wert des Attributs code extension announcers besteht aus einer Folge von *Escape*-Sequenzen gemäß der ISO-Norm 2022:

code extension announcers = '*ISO 2022 escape sequences*'

Mit diesem Attribut wird angekündigt, welche Funktionen zur Codeerweiterung entsprechend der ISO-Norm 2022 im dem *basic layout object* zugeordneten Text verwendet werden. Wenn das Attribut fehlt, wird als *Default*-Wert diejenige Folge von *Escape*-Sequenzen angenommen, mit der die Verwendung der Zeichensätze G0 und G2 nach ISO 2022 angekündigt wird.

Der Wert des Attributs graphic character sets besteht aus einer Folge von *Escape*-Sequenzen gemäß der ISO-Norm 2022 in Übereinstimmung mit dem Register der ISO-Norm 2375:

graphic character sets = '*ISO 2022 escape sequences*'

Das Attribut legt denjenigen Zeichensatz beziehungsweise diejenigen Zeichensätze fest, die zu Beginn des Textes verwendet werden. Auf weitere Zeichensätze kann dann im Text mit *Escape*-Sequenzen umgeschaltet werden, die mit dem Attribut code extension announcers angegeben wurden. Wenn das Attribut fehlt, werden als *Default*-Wert diejenigen *Escape*-Sequenzen und *Shift*-Funktionen angenommen, mit denen als G0-Zeichensatz der primäre Zeichensatz der ISO-Norm 6937, Teil 2, und als

G2-Zeichensatz der zusätzliche Zeichensatz von ISO 6937, Teil 2, aufgerufen wird.

Der Wert des Attributs graphic character subrepertoire ist entweder 0 oder die Bezeichnung eine Subrepertoires von Zeichen gemäß der ISO-Norm 7350:

graphic character subrepertoire =
   (0 | '*ISO 7350 subrepertoire identifier*')

Mit diesem Attribut wird dasjenige Subrepertoire des Zeichensatzes der ISO-Norm 6937 festgelegt, das am Anfang des Textes verwendet wird. Das Attribut ist also nur dann von Bedeutung, wenn auch dieser Zeichensatz benutzt wird. Der *Default*-Wert des Attributs ist 0, womit das volle Repertoire des Zeichensatzes bezeichnet wird. Im Text kann mit der Kontrollfunktion IGS (s. S. 238) auf andere Subrepertoires umgeschaltet werden.

Der Wert des Attributs character fonts ist eine Folge von bis zu zehn Elementen; jedes Element besteht aus dem Parameterpaar font size und font identifier. Die Werte der beiden Parameter sind positive Zahlen. Es gilt also:

character fonts =
   [[font size = '*positive integer*'
      font identifier = '*positive integer*']$^+$]

Mit diesem Attribut können bis zu zehn Fonts zur Darstellung des Textes angegeben werden, der dem *basic layout object* zugeordnet ist. Für jeden Font wird eine Fontgröße (mit dem Parameter font size) sowie eine positive Zahl angegeben. Die Fontgröße wird in *scaled measurement units* gemessen.

Die Zahl bei dem Parameter font identifier ist die für den betreffenden Font bei dem Attribut fonts list im *document profile* (s. S. 194) angegebene. Statt der tatsächlichen Bezeichnung eines Fonts wird bei dem Attribut character fonts also ein symbolischer Name, nämlich eine Zahl, verwendet; die Zuweisung des symbolischen Namens zu einem tatsächlichen Font erfolgt mit dem Attribut fonts list. Ein *Default*-Wert ist für dieses Attribut nicht festgelegt; die Wahl eines *Default*-Wertes ist jeder Implementation freigestellt.

Entsprechend der Reihenfolge, in der die Fonts beim Wert dieses Attributs aufgeführt sind, werden die Fonts als *primary font, first alternative font, second alternative font* usw. bis *nineth alternative font* bezeichnet.

Ein bestimmter Font wird entweder mit dem Attribut graphic rendition (s. S. 228) oder mit der Kontrollfunktion SGR (s. S. 239) ausgewählt.

Festlegung von *character orientation*, *character path* und *line progression*

Mit den Attributen character orientation, character path und line progression werden die zur Formatierung eines Textes grundlegenden Angaben zur Lage der Zeichen und zur Anordnung aufeinanderfolgender Zeichen und Zeilen gemacht.

Der Wert des Attributs character orientation ist entweder 0°, 90°, 180° oder 270°:

character orientation = (0° | 90° | 180° | 270°)

Mit diesem Attribut wird die *character orientation* der Zeichen festgelegt (s. Abb. 39). Der *Default*-Wert des Attributs ist 0°; dies entspricht der Orientierung, in der die Zeichen normalerweise gelesen werden. Die *character orientation* kann im Text nicht mehr geändert werden.

Der Wert des Attributs character path ist entweder 0°, 90°, 180° oder 270°:

character path = (0° | 90° | 180° | 270°)

Mit diesem Attribut wird der *character path* festgelegt, also die Richtung, in der die Zeichen hintereinander angeordnet werden. Zwar wird mit diesem Attribut der *character path* für den kompletten Text angegeben, mit der Kontrollfunktion SRS läßt sich die Richtung aber lokal ändern, wie im Abschnitt „Darstellungsreihenfolge der Zeichen" auf S. 214 erklärt. Der *Default*-Wert des Attributs ist 0°; dies entspricht bei lateinischen Schriften der üblichen Leserichtung von links nach rechts.

Der Wert des Attributs line progression ist entweder 90° oder 270°:

line progression = (90° | 270°)

Mit diesem Attribut wird angegeben, in welcher Richtung aufeinanderfolgende Zeilen angeordnet werden. Der *Default*-Wert des Attributs ist 270°; dies entspricht der bei lateinischen Texten üblichen Leserichtung von oben nach unten.

Festlegung der *positioning area*

Die Festlegung der *positioning area* selbst sowie des Bereichs der *positioning area*, in dem ein Textstück dargestellt wird, kann durch die Attribute initial offset, kerning offset und indentation genauer spezifiziert werden.

Das Attribut initial offset hat die Parameter horizontal coordinate und vertical coordinate, deren Wert jeweils eine nicht negative Zahl ist:

```
initial offset =
    {horizontal coordinate = 'non-negative integer'
     vertical coordinate = 'non-negative integer'}
```

Mit dem Attribut wird der Abstand des *initial point*, also der *line home position* der ersten *line box*, zur oberen linken Ecke der dem *basic layout object* zugeordneten Fläche angegeben. Der Abstand wird in *scaled measurement units* gemessen, und zwar in horizontaler Richtung vom linken Rand des *basic layout object* nach rechts und in vertikaler Richtung vom oberen Rand nach unten. Wenn das Attribut fehlt, wird der *Default*-Wert in Abhängigkeit vom *character path* und der *line progression* entsprechend den Angaben in Abb. 48 ermittelt.

character path	*line progression*	horizontal coordinate	vertical coordinate
0°	90°	0	$v_{blay} - bwex$
	270°	0	$bwex$
90°	90°	$h_{blay} - bwex$	v_{blay}
	270°	$bwex$	v_{blay}
180°	90°	h_{blay}	$bwex$
	270°	h_{blay}	$v_{blay} - bwex$
270°	90°	$bwex$	0
	270°	$h_{blay} - bwex$	0

$bwex$: Größe des *backward extent* der ersten *line box*
h_{blay}: horizontale Größe des *basic layout object*
v_{blay}: vertikale Größe des *basic layout object*

Abb. 48: *Default*-Wert des Attributs initial offset in Abhängigkeit vom *character path* und der *line progression*

Bei lateinischen Schriften, also einem *character path* von 0° und einer *line progression* von 270°, wird mit dem *Default*-Wert der *initial offset*

gerade so gelegt, daß die linke Seite des Textes an der *start edge* und der
obere Rand der ersten Textzeile gerade an der *top edge* der *positioning
area* liegt (s. Abb. 40).

Das Attribut kann nicht bei *processable character content* angegeben
werden, denn hier wurde ja noch keine Formatierung des Textes durchgeführt. Insbesondere wurde der Text noch nicht auf *line boxes* verteilt,
so daß natürlich auch keine Lage des *initial point* der ersten *line box*
bekannt ist.

Das Attribut **kerning offset** hat die Parameter **start edge offset** und **end
edge offset**, deren Werte jeweils nicht negative Zahlen sind:

```
kerning offset =
    {start edge offset = 'non-negative integer'
     end edge offset = 'non-negative integer'}
```

Mit dem Wert des Parameters **start edge offset** dieses Attributs wird der
Abstand der *start edge* der *positioning area* zum Rand des *basic layout object* festgelegt, mit dem Wert des Parameters **end edge offset** der Abstand
des Randes der *end edge* zum Rand des *basic layout object* (s. Abb. 40);
die Abstände werden in *scaled measurement units* angegeben. Der *Default*-Wert für beide Parameter ist 0.

Der Wert des Attributs **indentation** ist eine nicht negative Zahl:

```
indentation = 'non-negative integer'
```

Das Attribut gibt den Abstand der *line home position* der *line boxes*
zur *start edge* der *positioning area* an (s. Abb. 41). Der Abstand wird
in *scaled measurement units* gemessen. Ein positiver Wert für dieses Attribut bedeutet also ein Einrücken des kompletten Textes von der *start
edge* der *positioning area* in Richtung des *character path*. Wenn das Attribut fehlt, wird als *Default*-Wert 0 angenommen. Im Text kann dieser
Abstand nicht mehr geändert werden. Das Attribut ist eine Anweisung,
die vom Layoutprozeß für Texte berücksichtigt wird. Es kann nicht bei
formatted character content angegeben werden, denn bei diesem wurde
die Formatierung des Textes ja schon vorgenommen.

Festlegung des Zeichen- und Zeilenabstands

Der Abstand der Zeichen und Zeilen eines Textstücks wird durch die Attribute character spacing, pairwise kerning, line spacing und proportional line spacing festgelegt.

Der Wert des Attributs character spacing ist eine positive Zahl:

character spacing = '*positive integer*'

Das Attribut legt den Zeichenabstand fest, der zu Beginn des Textes verwendet wird; der Abstand wird in *scaled measurement units* angegeben. Der *Default*-Wert ist 120 *basic measurement units*. Der Wert dieses Attributs wird nur herangezogen, wenn der verwendete Font eine konstante Zeichenbreite hat; ansonsten ist er ohne Bedeutung. Innerhalb eines Textes kann der Zeichenabstand mit den Kontrollfunktionen SCS oder SHS verändert werden (s. S. 234).

Der Wert des Attributs pairwise kerning ist entweder yes oder no:

pairwise kerning = (yes | no)

Mit diesem Attribut wird festgelegt, ob bei der Anordnung aufeinanderfolgender Zeichen *pairwise kerning* angewendet wird (s. S. 211). Der *Default*-Wert des Attributs ist no. Im Text kann die Angabe, ob *pairwise kerning* durchgeführt werden soll, nicht mehr geändert werden.

Der Wert des Attributs line spacing ist eine positive Zahl:

line spacing = '*positive integer*'

Mit diesem Attribut wird der Zeilenabstand festgelegt (der Abstand zwischen den *reference lines* zweier aufeinanderfolgender *line boxes*), der zu Beginn des Textes verwendet werden soll (s. 6.1.3). Der Abstand wird in *scaled measurement units* angegeben. Wenn das Attribut fehlt, wird ein *Default*-Wert von 200 *basic measurement units* angenommen. Das Attribut wird nur dann verwendet, wenn der Wert des Attributs proportional line spacing den Wert false hat. Im Text kann der Zeilenabstand mit den Kontrollfunktionen SLS und SVS (s. S. 236) geändert werden.

Der Wert des Attributs proportional line spacing ist entweder yes oder no:

proportional line spacing = (yes | no)

Mit diesem Attribut wird angegeben, ob der Zeilenabstand durch das Attribut line spacing (s. S. 223) und die Kontrollfunktionen SLS und SVS (s. S. 236) festgelegt wird – wenn das Attribut den Wert no hat – oder ob der Zeilenabstand vom Layoutprozeß in Abhängigkeit vom Inhalt der einzelnen *line boxes* bestimmt wird (s. 6.1.3). Der *Default*-Wert des Attributs ist no.

Das Attribut stellt eine Anweisung dar, wie der Layoutprozeß die Anordnung aufeinanderfolgender Zeilen vornehmen soll. Es kann nicht bei *formatted character content* angegeben werden, denn bei diesem wurde die Formatierung des Textes ja schon durchgeführt.

Textumbruch

Die Art des Umbruchs eines Textes wird durch das Attribut alignment festgelegt sowie durch das Attribut first line offset, mit dem sich die grafische Gestaltung der ersten Zeile eines Textstücks modifizieren läßt.

Der Wert des Attributs alignment ist entweder centred, end-aligned, justified oder start-aligned:

alignment = (centred | end-aligned | justified | start-aligned)

Mit diesem Attribut wird festgelegt, wie der Text umbrochen werden soll (s. S. 209). Der Wert des Attributs gilt für den kompletten dem *basic layout object* zugeordneten Text, für den das Attribut angegeben ist. Wenn das Attribut fehlt, wird als *Default*-Wert start-aligned angenommen.

Falls der Wert des Attributs justified ist, kann mit der Kontrollfunktion JFY (s. S. 237) der Blocksatz zeilenweise ausgeschaltet werden. Ebenso hat die Verwendung von Tabulatoren (s. S. 226 und S. 242) Vorrang vor dem Attribut alignment.

Der Wert des Attributs first line offset besteht aus einer beliebigen Zahl:

first line offset = *integer*

Der Wert des Attributs gibt an, wie weit der *position point* des ersten Zeichens in der ersten Zeile des dem *basic layout object* zugeordneten Textes von der *line home position* verschoben werden soll (s. S. 211). Ein positiver Wert bedeutet eine Verschiebung in Richtung des *character path*, eine negativer Wert, eine Verschiebung in entgegengesetzter Richtung. Als Maßeinheit werden *scaled measurement units* benutzt.

Der Wert des *first line offset* kann innerhalb des Textes nicht geändert werden. Wenn das Attribut nicht angegeben ist, wird als *Default*-Wert 0 angenommen.

Aufzählungen und Tabellensatz

Zwei Sonderfälle des Textumbruchs, nämlich Aufzählungen und Tabellensatz, werden durch die beiden Attribute itemization und line layout table gesteuert.

Das Attribut itemization hat die Parameter identifier alignment, identifier start offset und identifier end offset. Der Wert des Parameters identifier alignment ist entweder no itemization, start-aligned oder end-aligned. Die Werte der Parameter identifier start offset und identifier end offset sind beliebige Zahlen. Es gilt also:

```
itemization =
    {identifier alignment = (no itemization | start-aligned | end-aligned)
     identifier start offset = integer
     identifier end offset = integer}
```

Das Attribut gibt an, ob das betreffende zu dem *basic layout object* gehörende Textstück eine Aufzählung darstellt (s. S. 212 und Abb. 46) und wie diese gegebenenfalls dargestellt werden soll. Wenn der Parameter identifier alignment den Wert no itemization hat, stellt das Textstück keine Aufzählung dar. Andernfalls ist es eine Aufzählung, und die Marke wird entweder linksbündig (start-aligned) oder rechtsbündig (end-aligned) dargestellt.

Mit dem Parameter identifier start offset wird der Abstand des ersten Zeichens der Marke zur *line home position* angegeben. Ein positiver Wert dieses Parameters entspricht einer Verschiebung in Richtung des *character path*, ein negativer Wert einer Verschiebung in entgegengesetzter Richtung.

Mit dem Parameter identifier end offset wird der Abstand des letzten Zeichens der Marke zur *line home position* angegeben. Auch hier entspricht ein positiver Wert dieses Parameters einer Verschiebung in Richtung des *character path*, ein negativer Wert einer Verschiebung in entgegengesetzter Richtung.

Die Marke selbst besteht aus allen Zeichen am Anfang des Textes bis zum ersten Auftreten der Kontrollfunktion CR. Zur Formatierung des nachfolgenden Textes wird auch der Wert des Attributs first line offset angewendet.

Die Werte der Parameter identifier start offset und identifier end offset sowie die Lage der *line home position* (gegebenenfalls durch das Attribut indentation spezifiziert) müssen so gewählt werden, daß die Marke vollständig innerhalb der *positioning area* liegt.

Der *Default*-Wert für das Attribut ist no itemization für den Parameter identifier alignment und 0 für die Parameter identifier start offset und identifier end offset.

Das Attribut line layout table hat die Parameter tab reference, tab position, alignment und alignment string. Der Wert des Parameters tab reference ist eine Folge von bis zu vier Dezimalziffern. Der Parameter tab position hat als Wert eine nicht negative Zahl. Der Wert des Parameters alignment ist entweder start-aligned, end-aligned, centred oder aligned-around. Bei dem Parameter alignment string ist eine Zeichenfolge angegeben; die Zeichen werden aus demjenigen Zeichenvorrat gewählt, der durch die Attribute graphic character sets und graphic character subrepertoire angegeben ist. Es gilt also:

```
line layout table =
    {tab reference = 'decimal digits string'
     tab position = 'non-negative integer'
     alignment = (start-aligned | end-aligned | centred | aligned-around)
     alignment string = 'character string'}
```

Mit dem Attribut werden Tabulatorpositionen und die Ausrichtung des Textes an den Tabulatorpositionen festgelegt (s. S. 209). Für jeden Tabulator wird mit dem Parameter tab position sein Abstand von der *start edge* der *positioning area*, gemessen in *scaled measurement units*, spezifiziert sowie mit dem Parameter alignment die Art der Ausrichtung für den Text an diesem Tabulator. Ist als Ausrichtungsart aligned-around angegeben, wird mit dem Parameter alignment string die Teilzeichenkette festgelegt, die bei dieser Art der Ausrichtung benutzt werden soll (s. Abb. 43).

Mit dem Parameter tab reference wird ein symbolischer Náme für den Tabulator angegeben. Dieser Name wird im Text als Parameter der Kontrollfunktion STAB verwendet, um einen bestimmten Tabulator zu referieren (s. S. 242).

Wenn das Attribut fehlt, sind keine Tabulatorpositionen festgelegt, das heißt, in dem Textstück kommt kein Tabellensatz vor. Im Text kann dann die Kontrollfunktion STAB nicht verwendet werden. Ein Setzen oder Ändern von Tabulatoren ist im Text nicht möglich.

Seiten- und Spaltenumbruch

Zwei Attribute, nämlich orphan size und widow size, haben Auswirkungen auf den Seiten- beziehungsweise Spaltenumbruch des Textes. Der Wert dieser Attribute ist allerdings nur dann von Bedeutung, wenn während des Layoutprozesses festgestellt wird, daß der einem *basic logical object* zugeordnete Text zwei oder mehr *basic layout objects* zugeordnet werden muß, beispielsweise, wenn in dem Textstück ein Seitenumbruch erfolgt (s. 6.4.2). Der Wert der beiden Attribute ist jeweils eine positive Zahl. Es gilt also:

orphan size = '*positive integer*'

widow size = '*positive integer*'

Der Wert des Attributs orphan size gibt die Minimalzahl der Textzeilen an, die dem ersten während des Layoutprozesses erzeugten Textstück zugeordnet werden sollen. Der Wert des Attributs widow size gibt die Minimalzahl der Textzeilen an, die dem letzten *basic layout object* zugeordnet werden sollen. Der *Default*-Wert ist für beide Attribute 1.

Die Namen dieser Attribute erklären sich so: Eine zu einem Absatz gehörende Einzelzeile am Ende einer Seite oder am Ende einer Spalte bei mehrspaltigem Satz heißt im Englischen *orphan line* (im Deutschen „Schusterjunge"), eine Einzelzeile am Anfang einer Seite oder Spalte heißt *widow line* (im Deutschen „Hurenkind").

Solche Einzelzeilen sind aus typographischen Gründen unerwünscht. Sie lassen sich in ODA-Dokumenten dadurch verhindern, daß man die Werte der beiden Attribute orphan size und widow size auf 2 oder mehr – wenn man an Anfang und Ende von Seiten oder Spalten immer mehr als zwei Zeilen erhalten will – setzt.

Die beiden Attribute stellen eine Anweisung an den Layoutprozeß für Texte dar. Sie können nicht bei *formatted character content* angegeben werden, denn hier der Umbruch schon vollständig durchgeführt wurde.

Sonstige Angaben

Es bleiben noch zwei *presentation attributes*, nämlich graphic rendition und formatting indicator, auf die bisher noch nicht genauer eingegangen wurde.

Der Wert des Attributs graphic rendition ist eine Folge von einer oder mehreren nicht negativen Zahlen:

graphic rendition $= [\![\,[\,'\textit{non-negative integer}'\,]^{+}\,]\!]$

Dieses Attribut legt die Darstellungsarten der Zeichen fest, die zu Beginn des Textes verwendet werden sollen. Die möglichen Darstellungsarten sind bei der Kontrollfunktion SGR aufgeführt (s. Abb. 49). Die als Wert des Attributs angegebene Zahlenfolge darf nur Zahlen enthalten, die zulässige Parameterwerte der Kontrollfunktion SGR sind (siehe auch die Ausführung auf S. 239). Der *Default*-Wert für das Attribut ist 0, es wird also der implementationsabhängige *Default*-Wert für die Darstellung der Zeichen verwendet.

Der Wert des Attributs formatting indicator ist entweder yes oder no:

formatting indicator $= (\text{yes}\,|\,\text{no})$

Das Attributs gibt an, ob der Text formatiert ist oder nicht. Der *Default*-Wert für das Attribut ist no. Das Attribut kann nicht bei *processable character content* angegeben werden, denn bei diesen kann der Text ja noch nicht formatiert worden sein. Der Wert des Attributs wird vom Layoutprozeß auf yes gesetzt, wenn der dem *basic layout object* zugeordnete Text formatiert ist (s. S. 245).

6.2.2 Sonstige Attribute

In Teil 6 der Norm werden für drei Attribute aus Teil 2, nämlich für content architecture class, content information und type of coding, Werte festgelegt, die diese Attribute im Zusammenhang mit Texten annehmen.

Der Wert des Attributs content architecture class ist ein *ASN.1 object identifier*, der im Zusammenhang mit Texten entweder den Wert $[\![\,2\ 8\ 2\ 6\ 0\,]\!]$, $[\![\,2\ 8\ 2\ 6\ 1\,]\!]$ oder $[\![\,2\ 8\ 2\ 6\ 2\,]\!]$ hat:

content architecture class $= ([\![\,2\ 8\ 2\ 6\ 0\,]\!]\,|\,[\![\,2\ 8\ 2\ 6\ 1\,]\!]\,|\,[\![\,2\ 8\ 2\ 6\ 2\,]\!])$

Dieses Attribut wird bei *basic logical object classes*, *basic layout object classes*, *basic logical objects* und *basic layout objects* angegeben und legt fest, zu welcher *content architecture class* diesen Objekten oder Objektklassen zugeordnete *content portions* gehören. Wenn die betreffende *content portion* einen Text enthält, bedeutet der Wert ⟦2 8 2 6 0⟧, daß der Text zur *formatted content architecture class* gehört, der Wert ⟦2 8 2 6 1⟧, daß er zur *processable content architecture class*, und der Wert ⟦2 8 2 7 2⟧, daß er zur *formatted processable content architecture class* gehört.

Der Wert des Attributs content information, das bei *content portions* angegeben wird, repräsentiert das eigentlichen Textstück. Neben dem darzustellenden Text (*graphic characters*) können beim Wert dieses Attributs eine Reihe von Kontrollfunktionen (*control functions*), die teilweise auch einen Parameter haben können, sowie Leerzeichen (*space characters*) auftreten. Es gilt also:

content information =
  ⟦ [('*graphic character*' | '*control function*' | '*space character*')]$^+$ ⟧

Man beachte, daß das Leerzeichen eine doppelte Rolle hat: Zwar ist es kein direkt darzustellendes Zeichen, aber als Wortzwischenraum im Text sichtbar. Es läßt sich auch als Kontrollfunktion auffassen, denn es bezeichnet eine Stelle, an der ein Zeilenumbruch erfolgen kann.

Der Wert des Attributs type of coding, das bei *content portions* angegeben werden kann, ist ein *ASN.1 object identifier*, der den Wert ⟦2 8 3 6 0⟧ hat:

type of coding = ⟦2 8 3 6 0⟧

Dieses Attribut ist bei *character content* ohne große Bedeutung, da es keine unterschiedlichen Codierungsmethoden für Text, also keine weiteren *coding attributes* gibt. Da es jedoch in Teil 2 der Norm eingeführt wurde, muß ihm ein Wert zugewiesen werden.

6.3   Kontrollfunktionen

Wie schon verschiedentlich erwähnt, können in einem Textstück, also
im Wert des Attributs content information, nicht nur die darzustellenden Zeichen selbst auftreten, sondern auch sogenannte *control functions*
(Kontrollfunktionen), die Angaben zur grafischen Gestaltung des Textes
machen. Die in ODA-Dokumenten zulässigen Kontrollfunktionen sind
in Abb. 49 aufgelistet. Auf die Codierung der Kontrollfunktionen soll
hier nicht näher eingegangen werden; sie ist in der ISO-Norm 6429 (*ISO
7-bit and 8-bit coded character sets – Additional control functions for
character-imaging devices*) angegeben.

In der Abbildung ist auch angegeben, ob eine Kontrollfunktion bei
formatted character content (f), *processable character content* (p) oder
formatted processable character content (f-p) zulässig ist.

Die Kontrollfunktionen BPH, NBH und PTX sind nicht bei *formatted
character content* zulässig, denn sie dienen zur Steuerung des Forma-
tierprozesses, der bei *formatted character content* ja schon durchgeführt
wurde.

Die Kontrollfunktionen BS, HPB, HPR, JFY, SACS, SRCS und SSW
sind nicht bei *processable character content* zulässig, da sie durch den
Formatierprozeß in den Text eingefügt werden, um dessen grafische Gestaltung zu bescheiben (s. 6.4.1).

Die beiden Kontrollfunktionen SOS uns ST dürfen nur bei *formatted
processable character content* auftreten, denn sie markieren Textstücke,
meist einschließlich Kontrollfunktionen oder auch nur aus Kontrollfunktionen bestehend, die erst während des Layoutprozesses entstanden sind
und vor einer erneuten Formatierung des Textes wieder eliminiert werden
müssen.

Auf die Kontrollfunktionen soll im folgenden, nach thematischen Gesichtspunkten geordnet, eingegangen werden.

Verschieben der *active position*

Eine Reihe von Kontrollfunktionen, nämlich BS, CR, LF, HPB, HPR,
PLD, PLU, VPB und VPR, bewirkt eine Verschiebung der *active position*
(s. S. 207).

Control function		Content architecture class		
BPH	break permitted here	p	f-p	
BS	backspace	f	f-p	
CR	carriage return	f	p	f-p
GCC	graphic character composition	f	p	f-p
HPB	character position backward	f	f-p	
HPR	character position relative	f	f-p	
IGS	identify graphic subrepertoire	f	p	f-p
JFY	no justify	f	f-p	
LF	line feed	f	p	f-p
NBH	no break here	p	f-p	
PLD	partial line down	f	p	f-p
PLU	partial line up	f	p	f-p
PTX	parallel texts	p	f-p	
SACS	set additional character separation	f	f-p	
SCS	set character spacing	f	p	f-p
SGR	select graphic rendition	f	p	f-p
SHS	select character spacing	f	p	f-p
SLS	set line spacing	f	p	f-p
SOS	start of string	f-p		
SRCS	set reduced character separation	f	f-p	
SRS	start reverse string	f	p	f-p
ST	string terminator	f-p		
STAB	selective tabulation	f	p	f-p
SUB	substitute character	f	p	f-p
SVS	select line spacing	f	p	f-p
SSW	set space width	f	f-p	
VPB	line position backward	f	p	f-p
VPR	line position relative	f	p	f-p

Abb. 49: Liste der *control functions*

BS (*backspace*)

Diese Kontrollfunktion bewirkt, daß die *active position* entgegengesetzt
der Richtung des *character path* verschoben wird, und zwar um den Betrag, der als letzter durch die Kontrollfunktion SHS (*select character spacing* oder SCS (*set character spacing*) angegeben wurde, oder, falls diese
beiden Kontrollfunktionen nicht aufgetreten sind, um den Wert, der durch
das Attribut **character spacing** festgelegt ist.

CR (*carriage return*)

Diese Kontrollfunktion bewirkt, daß die *active position* an die *line home position* derjenigen *line box* positioniert wird, in der diese Kontrollfunktion auftritt. Es erfolgt kein Vorschub in die nächste *line box*. Auf CR folgt in der Regel unmittelbar die Kontrollfunktion LF (*line feed*), um nach dem letzten Zeichen in einer Zeile die *active position* auf die *line home position* der nachfolgenden Zeile zu positionieren. Außerdem kann mit CR auch beispielsweise nach dem Setzen einer Marke die *line home position* angesteuert werden (s. S. 212).

Die Kontrollfunktion CR darf im Text nur auftreten, wenn die *active position* auf der *reference line* liegt, und nicht mit den Kontrollfunktionen PLD, PLU, VPB oder VPR verschoben ist (s. S. 233ff.). Ebenso ist sie nicht zulässig in einer Zeichenfolge, die durch die Kontrollfunktionen SRS mit dem Parameter 0 und SRS mit dem Parameter 1 eingeschlossen ist (s. S. 241), oder in einer Zeichenfolge, die durch die Kontrollfunktionen PTX mit dem Parameter 1 und PTX mit dem Parameter 0 eingeschlossen ist (s. S. 238).

LF (*line feed*)

Diese Kontrollfunktion verschiebt die *active position* in Richtung der *line progression*. Der Betrag der Verschiebung ist derjenige, der zuletzt durch die Kontrollfunktionen SLS (*set line spacing*) oder SVS (*select line spacing*) angegeben wurde, oder, falls keine dieser beiden Kontrollfunktionen verwendet wurde, der Wert des Attributs line spacing (s. S. 223).

Die Kontrollfunktion LF darf nur

– unmittelbar hinter der Kontrollfunktion CR (*carriage return*),
– unmittelbar hinter einem LF oder
– unmittelbar am Anfang eines Textstücks, das einem *basic layout object* zugeordnet ist,

verwendet werden.

HPB (*character position backward*)

Mit dieser Kontrollfunktion wird die *active position* um einen bestimmten Betrag entgegengesetzt der Richtung des *character path* verschoben. Dieser Betrag wird durch den Parameter der Kontrollfunktion angegeben, der eine positive Zahl ist und die Verschiebung in *scaled measurement units*

(s. S. 152) spezifiziert. Der Parameter kann auch fehlen; dann wird als Wert des Parameters 120 *basic measurement units* angenommen.

HPR (*character position relative*)

Mit dieser Kontrollfunktion wird die *active position* um einen bestimmten Betrag in Richtung des *character path* verschoben. Dieser Betrag wird durch den Parameter der Kontrollfunktion angegeben, der eine positive Zahl ist und die Verschiebung in *scaled measurement units* spezifiziert. Der Parameter kann auch fehlen; dann wird als Wert des Parameters 120 *basic measurement units* angenommen.

Die Kontrollfunktion HPR hat einen ähnlichen Effekt wie das Leerzeichen. Allerdings werden die für das Leerzeichen geltenden Darstellungseigenschaften, zum Beispiel Unterstreichen, nicht auf einen durch HPR angegebenen Zwischenraum angewandt.

PLD (*partial line down*) und PLU (*partial line up*)

Mit der Kontrollfunktion PLD wird eine Folge von tiefgestellten Zeichen begonnen oder eine Folge von hochgestellten Zeichen beendet (s. S. 210). Wenn eine Folge von tiefgestellten Zeichen begonnen wurde, muß die Kontrollfunktion PLU (*partial line up*) auftreten, bevor die Kontrollfunktion LF (*line feed*) verwendet werden darf.

Mit der Kontrollfunktion PLU wird eine Folge von hochgestellten Zeichen begonnen oder eine Folge von tiefgestellten Zeichen beendet (s. S. 210). Wenn eine Folge von hochgestellten Zeichen begonnen wurde, muß die Kontrollfunktion PLD (*partial line down*) auftreten, bevor die Kontrollfunktion LF (*line feed*) verwendet werden darf.

Wie diese Kontrollfunktionen umgesetzt werden, ist implementationsabhängig und in der ODA-Norm nicht detailliert beschrieben. Wenn beispielsweise ein Font mit hoch- und tiefgestellten Zeichen vorhanden ist, muß nicht unbedingt die *active position* von der *reference line* wegbewegt werden.

Die Kontrollfunktionen PLD und PLU bewirken kein Verschieben der bei den Darstellungsarten *underlined, doubly underlined* oder *crossed-out* erzeugten Linien (s. S. 239), wenn die entsprechende Darstellungsart vor dem Auftreten der Kontrollfunktionen verwendet wurde.

VPB (*line position backward*)

Mit dieser Kontrollfunktion wird die *active position* entgegengesetzt der *line progression* verschoben. Die Kontrollfunktion hat als Parameter eine positive Zahl, die die Verschiebung in *scaled measurement units* spezifiziert. Wenn der Parameter fehlt, wird als *Default*-Wert 100 *basic measurement units* angenommen. Vor dem Erreichen des Zeilenendes muß die Wirkung dieser Kontrollfunktion wieder aufgehoben sein, die *active position* muß also wieder auf der *reference line* liegen.

VPR (*line position relative*)

Mit dieser Kontrollfunktion wird die *active position* in Richtung der *line progression* verschoben. Ansonsten gelten die gleichen Bemerkungen wie bei der Kontrollfunktion VPB.

Änderungen des Zeichen- und Zeilenabstands

Mit den Kontrollfunktionen SCS, SHS, SACS, SRCS, SSW, SLS und SVS läßt sich der Abstand der Zeichen und Zeilen eines Textes beeinflussen.

SCS (*set character spacing*)

Mit dieser Kontrollfunktion wird der Zeichenabstand angegeben, der im nachfolgenden Text bei Fonts mit *constant spacing* verwendet werden soll (s. S. 208). Die Kontrollfunktion hat als Parameter eine positive Zahl, die den Zeichenabstand in *scaled measurement units* angibt. Falls der Parameter fehlt, wird als *Default*-Wert 120 *basic measurement units* angenommen. Der angegebene Wert für den Zeichenabstand wird solange verwendet, bis entweder die Kontrollfunktion SHS (*select character spacing*) oder erneut SCS auftritt.

SHS (*select character spacing*)

Mit dieser Kontrollfunktion wird der Zeichenabstand bei Fonts mit *constant spacing* festgelegt. Die Kontrollfunktion hat einen Parameter, der einen Wert zwischen 0 und 4 annehmen kann. Die Parameterwerte haben folgende Bedeutung:

0: Der Zeichenabstand beträgt 120 *basic measurement units.*
1: Der Zeichenabstand beträgt 100 *basic measurement units.*
2: Der Zeichenabstand beträgt 80 *basic measurement units.*
3: Der Zeichenabstand beträgt 200 *basic measurement units.*
4: Der Zeichenabstand beträgt 400 *basic measurement units.*

Wenn der Parameter fehlt, wird der Wert 0 angenommen. Der angegebene Wert für den Zeichenabstand wird solange verwendet, bis entweder die Kontrollfunktion SCS (*set character spacing*) oder erneut SHS auftritt.

SACS (*set additional character separation*)

Mit dieser Kontrollfunktion wird angegeben, daß beim nachfolgenden Text ein positiver *inter-character space* zwischen den einzelnen Zeichen verwendet werden soll (s. S. 208). Die Kontrollfunktion hat als Parameter eine nicht negative Zahl, die die Größe des *inter-character space* in *scaled measurement units* angibt. Falls der Parameter fehlt, wird als *Default*-Wert 0 angenommen. Der angegebene Wert für den *inter-character space* wird solange verwendet, bis entweder eine der Kontrollfunktionen SACS oder SRCS (*set reduced character separation*) auftritt oder das Zeilenende erreicht ist.

SRCS (*set reduced character separation*)

Mit dieser Kontrollfunktion wird angegeben, daß beim nachfolgenden Text ein negativer *inter-character space* verwendet werden soll. Die Kontrollfunktion hat als Parameter eine nicht negative Zahl, die die Größe des negativen *inter-character space* in *scaled measurement units* angibt. Falls der Parameter fehlt, wird als *Default*-Wert 0 angenommen. Der angegebene Wert für den *inter-character space* wird solange verwendet, bis entweder eine der Kontrollfunktionen SACS (*set additional character spacing*) oder SRCS auftritt oder das Zeilenende erreicht ist.

SSW (*set space width*)

Mit dieser Kontrollfunktion wird explizit die Breite des Leerzeichens angegeben, die üblicherweise durch den verwendeten Font festgelegt ist (s. S. 208). Die Kontrollfunktion hat als Parameter eine positive Zahl, die die Breite des Leerzeichens in *scaled measurement units* angibt. Die angegebene Breite für das Leerzeichen wird solange verwendet, bis entweder erneut SSW auftritt oder das Zeilenende erreicht ist.

SLS (*set line spacing*)

Mit dieser Kontrollfunktion wird der Zeilenabstand (der Abstand der *references lines* aufeinanderfolgender *line boxes*) angegeben. Die Kontrollfunktion hat einen Parameter, der eine positive Zahl ist und den Zeilenabstand in *scaled measurement units* angibt. Wenn der Parameter fehlt, wird als *Default*-Wert ein Abstand von 200 *basic measurement units* angenommen. Der angegebene Zeilenabstand wird solange verwendet, bis die Kontrollfunktion SVS (*select line spacing*) oder erneut SLS im Text auftritt.

SVS (*select line spacing*)

Mit dieser Kontrollfunktion wird der Zeilenabstand angegeben. Die Kontrollfunktion hat einen Parameter, der entweder 0, 1, 2, 3, 4 oder 9 ist. Die Parameter haben folgende Bedeutung:

0: Der Zeilenabstand beträgt 200 *basic measurement units*
1: Der Zeilenabstand beträgt 300 *basic measurement units*
2: Der Zeilenabstand beträgt 400 *basic measurement units*
3: Der Zeilenabstand beträgt 100 *basic measurement units*
4: Der Zeilenabstand beträgt 150 *basic measurement units*
9: Der Zeilenabstand beträgt 600 *basic measurement units*

Der angegeben Zeilenabstand wird solange verwendet, bis die Kontrollfunktion SLS (*set line spacing*) oder erneut SVS im Text auftritt. Wenn der Parameter fehlt, wird als *Default*-Wert 0 angenommen.

Steuerung des Zeilenumbruchs

Mit den Kontrollfunktionen BPH, NBH und JFY läßt sich der Zeilenumbruch beeinflussen.

BPH (*break permitted here*)

Mit dieser Kontrollfunktion läßt sich eine Stelle im Text markieren, an der ein Zeilenumbruch stattfinden kann. Normalerweise ist ein Zeilenumbruch an jedem Leerzeichen zwischen zwei Wörtern zulässig, was natürlich nicht explizit durch BPH angegeben werden muß. Gelegentlich kann es jedoch erforderlich sein, zusätzliche Umbruchstellen mit der Kontrollfunktion BPH zu markieren.

Die Kontrollfunktion CR darf im Text nur auftreten, wenn die *active position* auf der *reference line* liegt, und nicht von dieser mit den Kontrollfunktionen PLD, PLU, VPB oder VPR verschoben ist (s. S. 233ff.). Ebenso ist sie nicht zulässig in einer Zeichenfolge, die durch die Kontrollfunktionen SRS mit dem Parameter 0 und SRS mit dem Parameter 1 eingeschlossen ist (s. S. 241), oder in einer Zeichenfolge, die durch die Kontrollfunktionen PTX mit dem Parameter 1 und PTX mit dem Parameter 0 eingeschlossen ist (s. S. 238).

NBH (*no break here*)

Diese Kontrollfunktion bezeichnet eine Stelle, an der beim Formatieren kein Zeilenumbruch vorgenommen werden darf. In der Regel wird diese Kontrollfunktion hinter einem Leerzeichen eingefügt, wenn hier, abweichend vom üblichen Vorgehen beim Formatieren, keine neue Zeile angefangen werden darf, zum Beispiel bei dem Textstück „1. Januar", wo ein Zeilenumbruch hinter dem Punkt unerwünscht ist.

JFY (*no justify*)

Diese Kontrollfunktion erscheint am Anfang einer Zeile, wenn für diese Zeile kein Randausgleich durchgeführt werden soll; mit dieser Kontrollfunktion läßt sich also vorübergehend die Wirkung des Werts **justified** des Attributs **alignment** aufheben. Die Kontrollfunktion kann einen Parameter haben, für den allerdings nur der Wert 0 zulässig ist.

Sonstige Kontrollfunktionen

Es bleiben noch neun Kontrollfunktionen, nämlich GCC, IGS, PTX, SGR, SOS, ST, SRS, STAB und SUB, die nicht in eine der oben besprochenen

Kategorien eingeordnet werden konnten und in diesem Abschnitt erklärt werden sollen.

GCC (*graphic character composition*)

Mit dieser Kontrollfunktion lassen sich zwei oder mehrere Zeichen zu einem Zeichen zusammenfassen, man kann damit also aus den vorhanden Zeichen eines Fonts neue Zeichen definieren. Diese Kontrollfunktion hat einen Parameter, der entweder den Wert 0, 1 oder 2 hat. Entsprechend dem Wert des Parameters bewirkt die Kontrollfunktion folgendes:

0: Die beiden nachfolgenden Zeichen werden zu einem Zeichen zusammengefaßt.

1: Damit wird eine Zeichenkette angefangen, die durch die Kontrollfunktion GCC mit dem Parameterwert 2 beendet wird. Die damit bezeichnete Zeichenkette wird zu einem Zeichen zusammengefaßt.

Der Parameter kann auch fehlen; in diesem Fall wird als Wert des Parameters 0 angenommen.

IGS (*identify graphic subrepertoire*)

Mit dieser Kontrollfunktion wird ein bestimmtes Subrepertoire eines Zeichensatzes der ISO-Norm 6937 angegeben. Alle Zeichen des nachfolgenden Textes müssen aus diesem Subrepertoire gewählt werden, und zwar solange, bis entweder das Ende des zum jeweiligen *basic object* gehörenden Textes erreicht ist oder die Kontrollfunktion IGS erneut im Text auftaucht. Die Kontrollfunktion hat einen Parameter, der das Subrepertoire von ISO 6937 in Übereinstimmung mit dem Registrierungsverfahren nach der ISO-Norm 7350 bezeichnet. Wenn der Parameter fehlt, wird als *Default*-Wert das vollständige Repertoire des gerade verwendeten Zeichensatzes angenommen.

PTX (*parallel texts*)

Diese Kontrollfunktion dient dazu, zwei Textteile zu bezeichnen, die für die im Japanischen gebräuchliche *parallel annotation* gedacht sind (s. S. 214). Die Kontrollfunktion hat einen Parameter mit dem Wert 0, 1 oder 3. Der Parameter 0 wird verwendet, wenn das Ende der beiden Textstücke für die *parallel annotation* erreicht ist; 1 wird benutzt, um

den Beginn der Textteile für die *parallel annotation* zu markieren; mit
dem Parameter 3 wird das Ende des ersten Textstücks und der Beginn
des zweiten Textstücks bezeichnet. Falls der Parameter fehlt, wird als
Default-Wert 0 angenommen.

SGR (*select graphic rendition*)

Mit dieser Kontrollfunktion wird eine bestimmte Darstellungsweise für
nachfolgenden Text ausgewählt. Die Art der Darstellung hängt vom Parameter der Kontrollfunktion ab. Die Bedeutung der Parameter ist in
Abb. 50 angegeben.

Aufeinanderfolgende Verwendungen dieser Kontrollfunktion haben in
der Regel kumulierende Wirkungen. Wenn beispielsweise zunächst SGR
mit dem Parameterwert 3 und anschließend SGR mit dem Wert 4 auftritt,
werden die nachfolgenden Zeichen kursiv und gleichzeitig unterstrichen
dargestellt. Von dieser Regel gibt es jedoch folgende Ausnahmen:

– Parameterwerte, die sich gegenseitig ausschließen, können natürlich
  nicht gleichzeitig gültig sein, zum Beispiel 4 und 24, 7 und 27 oder 26
  und 50.
– Der Parameterwert 0 hebt alle anderen Darstellungsarten auf.
– Wenn auf einen bestimmten Font mit einem der Parameterwerte 10
  bis 19 umgeschaltet wird, werden die möglicherweise vorher gesetzten
  Parameterwerte 1, 2, 3, 22 oder 23 ignoriert.

Die bei den Parameterwerten 4, 9 und 21 zum Unterstreichen beziehungsweise zum Durchstreichen verwendeten Linien werden bei hoch-
und tiefgestellten Zeichen nur dann entsprechend verschoben, wenn die
Kontrollfunktion SGR mit einem dieser Parameterwerte nach den Kontrollfunktionen PLD und PLU auftritt (s. S. 233).

SOS (*start of string*) und ST (*string terminator*)

Mit der Kontrollfunktion SOS wird eine Zeichenkette begonnen, die von
einem nachfolgenden Layoutprozeß wieder gelöscht werden darf. Die Zeichenkette, die üblicherweise auch Kontrollfunktionen enthält oder sogar
nur aus Kontrollfunktionen bestehen kann, wird mit der Kontrollfunktion
ST beendet. Die beiden Kontrollfunktionen dürfen nur bei *formatted processable character content* auftreten.

Dieses Einschließen von Zeichenketten durch die Kontrollfunktionen
hat unter anderem folgende wesentliche Bedeutung: Während des For-

Wert	Bedeutung
0	Dies ist der implementationsabhängige *Default*-Wert für die Darstellung der Zeichen. Mit diesem Parameter werden alle vorherigen Darstellungsarten der Kontrollfunktion SGR rückgängig gemacht, und es wird auf den Ausgangsfont umgeschaltet.
1	*bold*; es wird auf einen fetten Font umgeschaltet.
2	*faint*; es wird auf einen mageren Font umgeschaltet.
3	*italicized*; es wird auf einen kursiven Font umgeschaltet.
4	*underlined*; die nachfolgenden Zeichen werden unterstrichen.
5	*slowly blinking*; die nachfolgenden Zeichen werden bei einer Darstellung des Textes auf einem Bildschirm langsam blinkend dargestellt.
6	*rapidly blinking*; die Zeichen werden bei einer Darstellung des Textes auf einem Bildschirm schnell blinkend dargestellt.
7	*negative image*; die nachfolgenden Zeichen werden invers dargestellt, zum Beispiel weiß auf schwarzem Hintergrund, wenn die normale Darstellung schwarz auf weißem Hintergrund ist.
9	*crossed-out*; die nachfolgenden Zeichen werden durchgestrichen.
10	*primary font*; die Zeichen werden im Ausgangsfont dargestellt, also dem, der als erster beim Attribut **character fonts** angegeben ist.
11	*first alternative font*; die Zeichen werden in dem Font dargestellt, der als zweiter beim Attribut **character fonts** angegeben ist.
12	*second alternative font*; analog wie bei Parameter 11 beschrieben.
⋮	
19	*nineth alternative font*; analog wie bei Parameter 11 beschrieben.
21	*doubly underlined*; die nachfolgenden Zeichen werden doppelt unterstrichen.
22	*normal density*; es wird auf den normalen Font (weder fett noch mager) umgeschaltet.
23	*not italicized*; es wird auf einen gerade gestellten (nicht kursiven) Font umgeschaltet.
24	*not underlined*; nachfolgende Zeichen werden nicht unterstrichen.
25	*steady*; nachfolgende Zeichen werden bei der Darstellung auf einem Bildschirm ohne Blinken dargestellt.
26	*variable spacing*; im nachfolgende Text wird ein variabler Wortzwischenraum verwendet (s. S. 208).
27	*positive image*; die nachfolgenden Zeichen werden nicht invertiert (s. Parameterwert 7).
29	*not crossed-out*; die nachfolgenden Zeichen werden nicht durchgestrichen.
50	*not variable spacing*; im nachfolgende Text wird ein konstanter Wortzwischenraum verwendet (s. S. 208).

Abb. 50: Bedeutung der Parameterwerte der Kontrollfunktion SGR

matierens eines *processable form* vorliegenden Textes müssen in der Regel Zeilenumbrüche bestimmt werden, das heißt es werden die Kontrollfunktionen CR (*carriage return*) und LF (*line feed*) in den Text eingefügt, möglicherweise auch noch Trennstriche („-") bei Worttrennung am Zeilenende.

Andererseits können aber schon vorher im Text die Kontrollfunktionen CR und LF vorhanden gewesen sein, nämlich dort, wo unabhängig vom Ergebnis des Zeilenumbruchs auf jeden Fall ein Zeilenende sein soll. Damit diese vorgegebenen Stellen für Zeilenenden von erst durch das Formatieren des Textes entstandenen unterschieden werden können, werden letztere, möglicherweise einschließlich eines Trennungsstrichs, durch die Kontrollfunktionen SOS und ST eingeschlossen. Vor dem erneuten Formatieren des Textes werden diese Kontrollfunktionen inklusive dazwischenliegendem Text eliminiert.

In der Norm wird ein Zeilenende, das durch die Kontrollfunktionen CR gefolgt von LF markiert und zwischen SOS und ST eingeschlossen ist, als *soft line terminator* bezeichnet, andere Zeilenenden als *hard line terminator*.

Aber auch andere vom Layoutprozeß in einen Text eingefügte Kontrollfunktionen werden zwischen SOS und ST eingeschlossen. Nur bei den Kontrollfunktionen BS, HPB, HPR, JFY, SACS, SRCS und SSW ist dies nicht erforderlich, denn diese können nur durch den Layoutprozeß bei *formatted character content* und *formatted processable character content* eingefügt worden sein, also nicht schon in einem Text in *processable form* vorhanden gewesen sein.

SRS (*start reverse string*)

Mit dieser Kontrollfunktion wird eine Zeichenkette eingeschlossen, deren Zeichen entgegengesetzt dem *character path* hintereinander dargestellt werden sollen (s. S. 214). Die Kontrollfunktion hat einen Parameter, der entweder den Wert 1 hat, um den Anfang der Zeichenkette zu markieren, oder den Wert 0, um dessen Ende zu markieren.

In der Zeichenkette darf kein Zeilenende (zum Beispiel durch CR LF spezifiziert) auftreten. Wenn die Kontrollfunktionen PLD (*partial line down*), PLU (*partial line up*), VPB (*line position backward*) oder VPR (*line position relative*) verwendet werden, muß deren Wirkung bis zum Ende der Zeichenkette aufgehoben werden. Durch die Kontrollfunktion SRS eingeschlossene Zeichenketten können ineinander verschachtelt werden, das heißt „... SRS1... SRS1... SRS0... SRS1... SRS0... SRS0" ist zulässig.

STAB (*selective tabulation*)

Mit dieser Kontrollfunktion wird eine bestimmte Tabulatorposition in der *line layout table* (s. S. 226) ausgewählt. Die Kontrollfunktion hat einen Parameter, der einem der Werte des Parameters **tab reference** des Attributs **line layout table** entspricht und den gewünschten Tabulator identifiziert. Der nachfolgende Text, dessen Ende entweder durch das erneute Auftreten der Kontrollfunktion STAB oder das Zeilenende festgelegt ist, wird entsprechend den Angaben des Attributs **line layout table** für den betreffenden Tabulator ausgerichtet.

SUB (*substitute character*)

Diese Kontrollfunktion wird dann eingefügt, wenn im Text ein ungültiges Zeichen auftritt.

6.4   Der Layoutprozeß für Texte

Der Layoutprozeß für Texte ist eine der drei in der Norm beschriebenen Arten eines *content layout process*, der in Interaktion mit dem *document layout process* die Gestaltung von ODA-Dokumenten vornimmt. Wie auch sonst in der ODA-Norm üblich, wird nicht der eigentliche Prozeß beschrieben, sondern im wesentlichen das Ergebnis des Prozesses.

Der Layoutprozeß für Texte nimmt eine einem *basic logical object* zugeordnete und Text enthaltende *content portion* und erzeugt ein *basic layout object*, in dem der Text dargestellt wird. Insbesondere werden dabei die Dimensionen (Höhe und Breite) des *basic layout object* bestimmt und dem *document layout process* (s. 3.5.2) mitgeteilt, der anschließend die genaue Positionierung des *basic layout object* in der dem *document layout process* zur Verfügung stehenden Fläche (*available area*) vornimmt.

Dem Layoutprozeß für Texte wird vom *document layout process* mitgeteilt, welche maximalen Dimensionen (Höhe und Breite) das *basic layout object* annehmen kann. Mit diesen Randbedingungen und unter Berücksichtigung der Werte der relevanten Attribute versucht der Layoutprozeß dann, die tatsächlichen Dimensionen des *basic layout object* zu bestimmen. Wenn der Text in die für das *basic layout object* maximal zur Verfügung stehende Fläche paßt, ist der Layoutprozeß erfolgreich verlaufen.

Wenn der Text in Richtung des *character path* nicht hineinpaßt, muß der *document layout process* entscheiden, ob er ein anderes *basic layout object* mit größeren Dimensionen bereitstellen kann und mit diesem der Layoutprozeß für den Text nochmals durchgeführt werden soll.

Wenn er in Richtung der *line progression* nicht hineinpaßt, wird der Text in der Regel mehreren *basic layout objects* zugeordnet (s. 6.4.2), der *document layout process* muß also eine weitere *available area* bereitstellen, in dem der noch nicht abgearbeitete Teil des Textes dargestellt werden soll.

Beim Layoutprozeß für Texte ist zu unterscheiden, ob es sich um *formatted character content*, *processable character content* oder *formatted processable character content* handelt. Wenn der Text in *processable form* oder *formatted processable form* vorliegt, wird er vom Layoutprozeß entweder in *formatted processable* oder *formatted form* transformiert, je nach gewünschtem Ergebnis. Ein Text in *formatted form* ist auch nach dem Layoutprozeß noch in *formatted form*. Der Text selbst, also der Wert des Attributs content information einer *content portion*, wird durch den Layoutprozeß in aller Regel modifiziert, wie in 6.4.1 genauer erklärt.

Grundsätzlich werden beim Layoutprozeß für Texte die folgenden sechs Schritte durchgeführt:

1. Initialisierung,
2. Ermittlung des *initial point* der *positioning area*,
3. Formatieren des Textes,
4. Identifizierung der *content portions*,
5. Bestimmung der Dimensionen des *basic layout object* und
6. Ermittlung des Wertes des Attributs initial offset.

Bevor auf den zentralen Teil des Layoutprozesses, das Formatieren des Textes, genauer eingegangen wird, sollen kurz die anderen vier Schritte besprochen werden.

Initialisierung

Der Initialisierungsschritt ist nur bei *formatted processable character content* von Bedeutung; bei *processable* oder bei *formatted character content* findet er nicht statt. Die Grundidee dabei ist, daß alle Resultate eines vorhergehenden Layoutprozesses rückgängig gemacht werden. Dazu ist erforderlich:

– Alle zum gleichen *basic logical object* gehörenden *content portions* werden zu einem *content portion* zusammengefaßt. Dies kann erforderlich sein, wenn beim vorhergehenden Layoutprozeß der Inhalt, der einem *basic logical object* zugeordnet war, mehreren *basic layout objects* zugeordnet wurde, etwa weil bei der Formatierung eines Textstücks ein Seiten- oder Spaltenumbruch erforderlich war, aus einer *content portion* also mehrere entstanden (s. 6.4.2).

- Aus den Texten, also insbesondere aus den Werten des Attributs content information der *content portions*, werden die Kontrollfunktionen SOS und ST sowie die durch sie eingeschlossenen Zeichenketten eliminiert (s. S. 239 und 6.4.1).

- Die Kontrollfunktionen BS, HPB, HPR, JFY, SACS, SRCS und SSW, die durch den vorangegangenen Formatierprozeß in die Textstücke möglicherweise eingeführt wurden, werden eliminiert.

- Das Attribut content identifier layout wird, wenn vorhanden, bei den *content portions* beseitigt.

Nach diesem Initialisierungschritt liegt der *character content* des Dokuments wieder in *processable form* vor, der Layoutprozeß kann also wie für *processable character content* durchgeführt werden. Beim Layoutprozeß für Texte muß nach dieser Initialisierung nur zwischen *formatted character content* und *processable character content* unterschieden werden.

Ermittlung des *initial point* der *positioning area*

Der *initial point* der *positioning area* muß nur bei *processable character content* ermittelt werden; bei *formatted character content* ist er durch den Wert des Attributs initial offset (s. S. 221) gegeben.

Bei *processable character content* wird zunächst die Lage von *start edge* und *top edge* der Fläche des *basic layout object* ermittelt; die Lage der Ränder dieser Fläche ist durch die Werte der Attribute character path und line progression festgelegt. Bei einer Schreibrichtung von links nach rechts und von oben nach unten liegt die *start edge* am linken und die *top edge* am oberen Rand dieser Fläche (s. Abb. 40).

Anschließend wird die *start edge* der *positioning area* bestimmt, indem der Wert des Attributs kerning offset berücksichtigt wird. Der Abstand des *initial point* zur *start edge* der *positioning area* wird dann durch den Wert des Attributs indentation festgelegt. Damit ist bekannt, wieviel Platz in Richtung des *character path* zur Formatierung des Textes zur Verfügung steht.

Nun muß noch der Abstand des *initial point* zur *top edge* der *positioning area* ermittelt werden. Hierzu muß die Größe des *backward extent* der ersten *line box* bekannt sein (s. Abb. 41). Diese Größe wiederum hängt davon ab, welche Fonts in der ersten Zeile verwendet werden und welche die Größe des *backward extent* dieser Zeile beeinflussenden Kontrollfunktionen (z. B. PLU – *partial line up*) dort auftreten. Die exakte Lage des *initial point* kann also erst dann festgestellt werden, wenn der Text, zumindest seine erste Zeile, formatiert ist.

Identifizierung der *content portions*

Um festzuhalten, daß der einer *content portion* zugeordnete Inhalt formatiert ist, muß bei der *content portion* das Attribut content identifier layout (s. S. 87), sofern noch nicht vorhanden, mit einem entsprechenden Wert gesetzt werden. Damit wird ausgedrückt, daß die betreffende *content portion* zur Layoutstruktur eines ODA-Dokuments gehört und ihr Inhalt in *formatted form* oder *formatted processable form* (wenn auch das Attribut content identifier logical vorhanden ist) vorliegt.

Ferner wird bei dem *basic layout object*, zu dem der Text gehört, das Attribut formatting indicator auf yes gesetzt um festzuhalten, daß das betreffende Textstück formatiert wurde.

Bestimmung der Dimensionen des *basic layout object*

Nach der Formatierung des Textes, die in 6.4.1 genauer beschrieben wird, ist bekannt, wieviel Platz für den Text mindestens erforderlich ist. Daraus ergibt sich die Größe der Fläche, die das *basic layout object* mindestens haben muß, damit dort der formatierte Text dargestellt werden kann.

Bei einem *character path* von 0° oder 180° entspricht die Ausdehnung des Textes in dieser Richtung der horizontalen, die Ausdehnung in Richtung der *line progression* der vertikalen Größe des *basic layout object*. Bei einem *character path* von 90° oder 270° entspricht die Ausdehnung des Textes in dieser Richtung der vertikalen, die Ausdehnung in Richtung der *line progression* der horizontalen Größe des *basic layout object*.

Wenn die *available area* des *basic layout object* groß genug war, um den formatierten Text darzustellen, ist der Layoutprozeß erfolgreich verlaufen. Andernfalls muß vom *document layout process* eine größere *available area* zur Verfügung gestellt oder der Text auf mehrere *basic layout object* aufgeteilt werden (s. 6.4.2).

Ermittlung des Wertes des Attributs initial offset

Zum Abschluß des Layoutprozesses für Rastergrafik wird noch die Lage des *initial point* dadurch festgehalten, daß die Parameter horizontal coordinate und vertical coordinate des Attributs initial offset gesetzt werden. Zwar kann dieses Attribut auch fehlen – dann wird dafür ein *Default*-Wert ermittelt – , es wird aber in der Norm empfohlen, diesem Attribut stets explizit einen Wert zuzuweisen, damit es keine Probleme beim *imaging process* gibt (s. 6.5).

6.4.1   Formatieren des Textes

Der zentrale Teil des Layoutprozesses für *character content* ist das Formatieren des Textes, er soll in diesem Abschnitt detaillierter besprochen werden.

Das Formatieren des Textes umfaßt insbesondere

- das Positionieren der Zeichen innerhalb der *line boxes*,
- die Ermittlung der Zeilenumbrüche, falls es sich um *processable character content* handelt, und
- die Positionierung der *line boxes* innerhalb der *positioning area*.

Es mag etwas überraschen, daß auch für *formatted character content* in der ODA-Norm der Begriff Formatierung angewendet wird, aber diese beschränkt sich auf die Ausrichtung der Zeichen innerhalb der *line box* sowie auf die Anordnung der *line boxes* hintereinander. Ein Textumbruch im eigentlichen Sinne findet für *formatted character content* nicht mehr statt. Eine erneute Ausrichtung der Zeichen und Zeilen bei *formatted character content* kann erforderlich sein, wenn der Empfänger eines Dokuments nicht über die Fonts verfügt, für die der Text ursprünglich formatiert war. Im folgenden soll auf das Formatieren von *formatted character content* nicht weiter eingegangen werden – auch in der Norm werden hierzu nur wenige Angaben gemacht –, sondern nur das Formatieren von *processable character content* behandelt werden.

Bei der Formatierung von *processable character content* ist zu unterscheiden, ob *formatted* oder *formatted processable character content* erzeugt wird, ob also der Empfänger eines Dokuments in der Lage sein soll, den Inhalt zu modifizieren, oder nicht. Wenn nach Abschluß des Layoutprozesses der Text in *formatted form* vorliegen soll, ist der Layoutprozeß einfacher; insbesondere werden die nur für *processable* oder *formatted processable character content* möglichen Kontrollfunktionen eliminiert beziehungsweise gar nicht im Text eingefügt.

Im folgenden wird hauptsächlich die Formatierung von *processable
character content* und die Erzeugung von *formatted processable character
content* besprochen, denn dies ist der allgemeinste Fall des Layoutprozesses für Texte. Falls Abweichungen bei der Erzeugung von *formatted
character content* bestehen, wird dies angegeben.

Im wesentlichen werden beim Formatieren eines Textes Kontrollfunktionen eingefügt, um das gewünschte Aussehen des Textes zu erhalten.
Meistens wird es sich dabei um Kontrollfunktionen handeln, die die *active position* an diejenige Position verschieben, an der ein oder mehrere
nachfolgende Zeichen plaziert werden sollen.

Positionierung der Zeichen innerhalb der *line boxes*

Die Positionierung der Zeichen hängt von folgenden Attributen oder Kontrollfunktionen ab:

- pairwise kerning:
  Wenn das Attribut pairwise kerning des zum Text gehörenden *basic
  logical object* den Wert yes hat, also bei bestimmten Zeichenkombinationen der *position point* des zweiten Zeichens nicht auf den *escapement point* des ersten Zeichens gelegt werden soll (s. S. 211), wird
  durch den Formatierprozeß an den betreffenden Stellen die Kontrollfunktion HPB oder HPR eingefügt, um eine Verschiebung der Zeichen
  für das *pairwise kerning* zu realisieren.
- first line offset:
  Wenn der Wert dieses Attributs nicht 0 ist, wird vom Formatierprozeß
  die Kontrollfunktion HPB oder HPR in den Text eingefügt, um die
  gewünschte Verschiebung der ersten Zeile eines Textes zu erreichen
  (s. S. 211).
- itemization:
  Wenn durch den Wert dieses Attributs festgelegt ist, daß das zugehörige Textstück mit einer Marke versehen werden soll (s. Abb. 46),
  wird diese vom Formatierprozeß durch die Kontrollfunktion HPB oder
  HPR an die gewünschte Stelle plaziert.
- line layout table und STAB:
  Mit diesem Attribut wird zusammen mit der Kontrollfunktion Tabellensatz spezifiziert (s. S. 209). Der Formatierprozeß fügt zwischen jedem STAB und dem ersten nachfolgenden Zeichen die Kontrollfunktion HPB oder HPR ein, um den Text an die angegebene
  Tabulatorposition in der gewünschten Ausrichtung zu positionieren.

– **alignment:**
Die Auswirkungen dieses Attribut hängen von seinem Wert ab. Wenn
der Wert **start-aligned** ist, werden keine Kontrollfunktionen in den Text
eingefügt, außer natürlich mögliche Zeilenumbrüche, wie im nachfolgenden Abschnitt „Zeilenumbruch" genauer erklärt wird.

Wenn der Wert **end-aligned** oder **centred** ist, wird vor dem ersten
Zeichen jeder Zeile beziehungsweise nach dem CR, das eine mögliche
Marke bei dem Textstück beendet (s. S. 225), die Kontrollfunktion
HPR eingefügt, um die entsprechende Ausrichtung der Zeile zu errei-
chen.

Wenn das Attribut den Wert **justified** hat, wird der links- und
rechtsbündige Randausgleich dadurch realisiert, daß vom Formatierprozeß die Kontrollfunktionen SSW, SACS und SRCS passend
eingefügt werden. Das genaue Verfahren hierfür ist implementationsabhängig. Außerdem wird am Beginn der letzten Zeile eines
Textstücks stets die Kontrollfunktion JFY eingefügt.

Zeilenumbruch

Wenn der zu formatierende Text in Richtung des *character path* mehr
Platz beansprucht, als in der *positioning area* zur Verfügung steht, er-
mittelt der Formatierprozeß Stellen für den Zeilenumbruch. An diesen
Stellen fügt er im Text dann die Kontrollfunktionen CR und LF ein.

Zu unterscheiden ist dabei allerdings, ob als Ergebnis des Layoutprozesses formatted oder *formatted processable character content* erzeugt
wird: Bei *formatted processable character content* werden die vom Formatierprozeß ermittelten Zeilenumbrüche durch die Kontrollfunktionen
SOS und ST eingeschlossen (s. S. 239), das heißt im Text wird die Folge
„SOS CR LF ST" eingefügt. Falls durch einen Trennungsalgorithmus
Trennzeichen in den Text eingefügt werden, werden diese ebenfalls zwischen SOS und ST eingeschlossen.

Wenn als Ergebnis des Layoutprozesses *formatted character content*
erzeugt wird, werden die Kontrollfunktionen SOS und ST nicht in den
Text eingefügt. Allerdings werden in diesem Fall die Kontrollfunktionen BPH und NBH (s. S. 237) aus dem Text eliminiert, wenn sie dort
vorhanden sind.

Das Verfahren für den Zeilenumbruch ist in der Norm nicht detailliert beschrieben. Als generelle Regel gilt aber, daß ein Zeilenumbruch
an jedem Leerzeichen möglich ist, auf das nicht unmittelbar die Kontrollfunktion NBH folgt, sowie an allen Stellen, die durch BPH markiert sind.

Weitere Stellen können beispielsweise durch einen Trennungsalgorithmus gefunden werden.

Nicht erlaubt ist ein Zeilenwechsel, solange Zeichen hoch- oder tiefgestellt sind, innerhalb einer Zeichenkette, bei der die Darstellungsreihenfolge mit der Kontrollfunktion SRS umgekehrt ist, und innerhalb einer Zeichenkette, für die die *parallel annotation* angewendet wird.

Parallel annotation

Die Verwendung der *parallel annotation* (s. S. 214) wird bei *processable character content* durch die Kontrollfunktion PTX angegeben (s. S. 238). Der Formatierprozeß bewirkt, daß die beiden gleichzeitig darzustellenden Textstücke mit den Kontrollfunktionen HPB, HPR, VPB und VPR entsprechend positioniert werden.

Zu unterscheiden ist dabei allerdings, ob als Ergebnis des Layoutprozesses formatted oder *formatted processable character content* erzeugt wird: Bei *formatted character content* werden die Kontrollfunktionen PTX aus dem Text beseitigt; bei *formatted processable character content* bleiben die Kontrollfunktionen PTX im Text erhalten, aber die neu eingefügten Kontrollfunktionen HPB, HPR, VPB und VPR mit ihren Parametern werden jeweils durch die Kontrollfunktionen SOS und ST eingeschlossen (s. S. 239).

Anordnung der Zeilen

Die *line boxes* des Textes werden in der durch das Attribut character path angegebenen Richtung hintereinander angeordnet. Bei konstantem Zeilenabstand ist der Abstand der *reference lines* aufeinanderfolgender *line boxes* durch das Attribut line spacing festgelegt, kann im Text aber durch die Kontrollfunktionen SLS und SVS geändert werden.

Wenn ein *proportional line spacing* verwendet wird (s. 6.1.3), wird der Abstand der Zeilen vom Formatierprozeß ermittelt, der dann auch die Kontrollfunktion SLS an den betreffenden Stellen im Text einfügt. Wenn als Ergebnis des Layoutprozesses *formatted processable character content* erzeugt wird, werden diese Kontrollfunktionen mit ihren Parameterwerten zwischen SOS und ST eingeschlossen. Das Verfahren zur Ermittlung des Zeilenabstands bei *proportional line spacing* ist allerdings in der Norm nicht beschrieben und gilt als implementationsabhängig.

6.4.2 Zusammenfassung und Aufspaltung von Textstücken

Beim Layoutprozeß für Texte können folgende Situationen auftreten:

- Der einem *basic logical object* zugeordnete Inhalt wird auch genau
  einem *basic layout object* zugeordnet. Dieser Fall wurde bei den bis-
  herigen Ausführungen zum Layoutprozeß unterstellt.
- Der einem *basic logical object* zugeordnete Inhalt wird mehreren *basic
  layout objects* zugeordnet. Dies ist beispielsweise dann der Fall, wenn
  in einem Text, der zu einem *basic logical object* gehört, ein Seitenumbruch erfolgen muß, weil der komplette Text nicht in der Fläche dargestellt werden kann, die dem *basic layout object* zur Verfügung steht,
  bei dem der Text angefangen hat.

  In diesem Fall werden auch mehrere *content portions* erzeugt, auf
  die der Inhalt der ursprünglichen *content portion* aufgeteilt wird. Jede
  dieser *content portions* enthält dabei gerade den Teil des Textes, der
  den einzelnen *basic layout objects* zugeordnet wird.

  Das zweite und alle möglicherweise folgenden *basic layout objects*
  erhalten als Werte für die *presentation attributes* gerade diejenigen
  zugewiesen, die den am Ende des vorhergehenden *basic layout object* jeweils gerade erreichten Zustand beschreiben. Wenn beispielsweise der Wert des Attributs line spacing des ersten *basic layout object*
  200 *scaled measurement units* beträgt, im diesem *basic layout object*
  zugeordneten Text aber mit der Kontrollfunktion SLS der Zeilenabstand auf 300 *scaled measurement units* geändert wurde, erhält das
  Attribut line spacing beim zweiten *basic layout object* den Wert 300
  scaled measurement units.

  Man beachte, daß in diesem Fall auch die Werte der Attribute
  orphan size und widow size von Bedeutung sind.
- Der mehreren *basic logical objects* zugeordnete Text wird in einem *basic layout object* dargestellt. Dies ist dann der Fall, wenn für die *basic
  logical objects*, zumindest ab dem zweiten, das Attribut concatenation
  jeweils den Wert concatenated hat. Damit wird bekanntlich angegeben, daß der Inhalt mehrerer *basic logical objects* in einem *basic layout
  object* dargestellt werden soll (s. S. 121).

  In diesem Fall werden alle *presentation attributes* (mit Ausnahme
  des Attributs proportional line spacing), die beim zweiten und möglicherweise nachfolgenden *basic logical objects* angegeben sind, vom
  Layoutprozeß ignoriert.
- Der mehreren *basic logical objects* zugeordnete Inhalt wird in mehreren
  basic layout objects dargestellt. Dieser Fall ist eine Kombination aus

den beiden vorherigen und muß deshalb nicht besonders besprochen werden.

Man beachtet, daß es solche unterschiedlichen Möglichkeiten nur bei Texten gibt; bei Grafiken wird der Inhalt eines *basic logical object* auch immer genau einem *basic layout object* zugeordnet.

6.5   Der *Imaging Process* für Texte

Bevor der *imaging process* für Texte durchgeführt werden kann, müssen die Texte in *formatted* oder *formatted processable form* vorliegen. Die Aufgabe des *imaging process* ist es, die Zeilen eines Textes auf einem Darstellungsmedium, zum Beispiel Papier oder Bildschirm, sichtbar zu machen. Die Lage der Zeichen in den den *basic layout objects* zugeordneten Flächen wurde schon vorher durch den Layoutprozeß im wesentlichen ermittelt. Die Lage der Zeichen wird (direkt oder indirekt) relativ zum *initial point* angegeben, dessen Lage durch das Attribut initial offset festgelegt ist.

Für den *imaging process* sind vor allem die Attribute graphic character sets, character fonts (unter Berücksichtigung des Attributs fonts list des *document profile*) und graphic rendition von Bedeutung, mit denen Zeichen aus einem Zeichenvorrat und einem Font ausgewählt und ihre Darstellungsart festgelegt wird. Die Kontrollfunktionen BPH, NBH, PTX, SOS und ST, die bei *formatted processable character content* noch im Text enthalten sein können, werden vom *imaging process* ignoriert.

Die genaue Durchführung des *imaging process* hängt natürlich von der verwendeten Ausgabehardware ab und ist in der Norm deshalb nicht detailliert beschrieben.

7 Part 7: Raster Graphics Content Architectures

In diesem Teil der Norm wird beschrieben, wie Rasterbilder, die in *content portions* von ODA-Dokumenten auftreten können, codiert werden, welche Attribute es bezüglich solcher Rasterbilder gibt und wie der *layout process* und der *imaging process* für Rasterbilder ausgeführt werden.

7.1 Das ODA-Modell für Rastergrafik

Ein Rasterbild ist ein zweidimensionales Feld; jedes Element des Feldes wird als *picture element* oder abgekürzt als *pel* bezeichnet. Jedes *pel* hat entweder den Zustand „gesetzt" oder „ungesetzt", und bei der Ausgabe eines Rasterbildes auf einem Ausgabemedium wird jedem *pel* eine bestimmte rechteckige Fläche auf dem Medium zugeordnet, wobei der Zustand des *pels* eine bestimmte Farbe für dieses Flächenstück festlegt.

Im Zustand „ungesetzt" erhält das Flächenstück die Hintergrundfarbe des Darstellungsmediums, im Zustand „gesetzt" eine andere Farbe. Bei der Ausgabe auf Papier ist in der Regel die Hintergrundfarbe weiß und die als „gesetzt" markierten Flächenstücke werden schwarz dargestellt. (Man beachte, daß die ODA-Norm noch keine mehrfarbigen Rasterbilder und auch keine Graustufen in Rasterbildern unterstützt.)

Ein einem *pel* zugeordnetes Flächenstück wird als Referenzfläche (*reference area*) bezeichnet. Höhen und Breiten der Referenzflächen in einem Rasterbild sind konstant, müssen aber nicht gleich sein, eine Referenzfläche ist also nicht unbedingt quadratisch.

Die Darstellung eines *pel* entsprechend seinem Zustand („gesetzt" oder „ungesetzt") und auch die Positionierung eines *pel* bezüglich seiner Referenzfläche ist nicht genau vorgeschrieben. So wird nicht verlangt, daß die Referenzfläche eines *pel* auf einem Blatt Papier im Zustand „gesetzt"

komplett geschwärzt wird und im Zustand „ungesetzt" komplett weiß
bleibt. Das ist schon aus technischen Gründen häufig gar nicht möglich.
Mit einem Laserdrucker lassen sich zum Beispiel nur mehr oder weniger
kreisförmige Flächen auf dem Papier schwärzen, die in der Regel über die
Referenzfläche hinausragen, damit nebeneinanderliegende Kreisflächen
sich genügend überlappen und keine „Löcher" in Linien oder Flächen
entstehen.

Rasterbilder lassen sich in digitaler Form als eine Folge von Nullen
(dies repräsentiere für das jeweilige *pel* den Zustand „ungesetzt") und
Einsen (dies entspreche dem Zustand „gesetzt") darstellen. Diese Folge
von Nullen und Einsen ist in Teilstücke gegliedert, die jeweils einer Bild-
linie des Rasterbildes entsprechen. Falls ein Rasterbild aus m Linien mit
jeweils n *pels* besteht, enthält die Folge also $m \times n$ Elemente (*bits*). Zur
Verdeutlichung betrachte man Abb. 51.

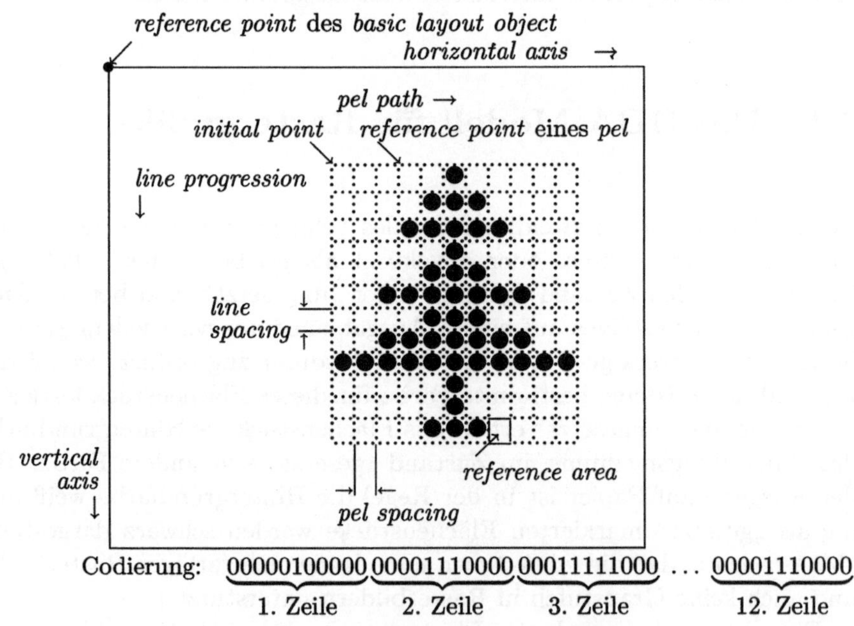

Abb. 51: Beispiel für ein Rasterbild

In Abb. 51 ist ein Rasterbild mit zwölf Zeilen zu je elf *pels* gezeigt und
eine entsprechende Codierung. Außerdem sind noch einige in der ODA-
Norm bei Rasterbildern verwendete Begriffe verdeutlicht. Der *pel path*
gibt die Richtung an, in der aufeinanderfolgende *pels* auf dem Ausgabe-

medium dargestellt werden; im Beispiel verläuft der *pel path* von links nach rechts. Durch die *line progression* wird festgelegt, in welcher Reihenfolge aufeinanderfolgende Zeilen des Rasterbildes dargestellt werden, in Abb. 51 zum Beispiel von oben nach unten. Durch das *pel spacing* wird die Breite eines *pel* festgelegt und durch *line spacing* der Abstand aufeinanderfolgender Zeilen. Durch diese beiden Werte sind somit Breite und Höhe jeder *reference area* bestimmt.

Jeder Referenzfläche ist ferner ein *reference point* zugeordnet, der jeweils an einer der vier Ecken der Referenzfläche liegt und zur Positionierung der *pels* benutzt wird. Die Lage des *reference point* hängt ab vom *pel path* und der *line progression*, und zwar nach dem in Abb. 52 gezeigten Schema.

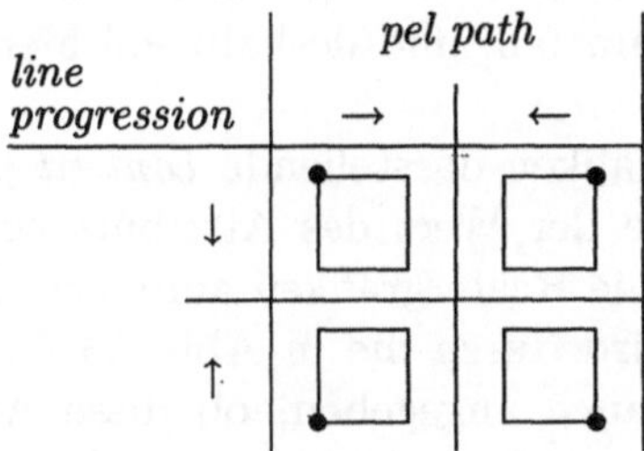

Abb. 52: Lage des *reference point* (•) in Abhängigkeit von *pel path* und *line progression*

In Abb. 51 ist außerdem noch eingezeichnet der Rand des *basic layout object*, zu dem das Rasterbild gehört, die horizontale und vertikale Achse sowie der *reference point* dieses Objekts. Dies ist von Bedeutung, weil einige Begriffe bei Rastergrafiken Bezüge zum zugeordneten *basic layout object* haben; so wird beispielsweise die Richtung des *pel path* relativ zur horizontalen Achse des *basic layout object* angegeben.

7.2 Attribute für Rastergrafiken

Durch den Wert des Attributs content architecture class, das bei einem *basic object* oder einer *basic object class* angegeben werden kann beziehungsweise für das bei *basic objects* gegebenenfalls ein *Default*-Wert ermittelt wird, wird festgelegt, welche Art von Inhalt (*character content*, *raster graphics content* oder *geometric graphics content*) die diesen Objekten oder Objektklassen zugeordneten *content portions* enthalten.

Falls es sich um Rastergrafik handelt, muß der Wert des Attributs content architecture class ein *ASN.1 object identifier* mit dem Wert [2 8 2 7 0] (bei *formatted raster graphics content*) oder mit dem Wert [2 8 2 7 2] (bei *formatted processable raster graphics content*) sein. (Die Klasse *processable raster graphics content* gibt es nicht.) Dies bedeutet dann insbesondere auch, daß der Wert des Attributs content information bei den entsprechenden *content portions* ein Rasterbild darstellt.

(Man beachte, daß statt des Attributs content architecture class bei bestimmten, entsprechend der CCITT *Recommendation T.73* aufgebauten ODA-Dokumenten auch das Attribut content type verwendet werden kann. In diesem Fall stellen die entsprechenden *content portions* jeweils *formatted raster graphics content* dar. Diese Art von Dokumenten ist jedoch eher ein Ausnahmefall, und deshalb soll hierauf nicht weiter eingegangen werden.)

Wie solche Rastergrafiken darstellende *content portions* zu verarbeiten sind, das heißt wie der Wert des Attributs content information zu interpretieren ist und wie Rastergrafiken auf einem Darstellungsmedium wiederzugeben sind, wird durch die in Abb. 53 aufgeführten Attribute festgelegt. Dabei ist auch angegeben, ob diese Attribute bei *formatted raster graphics content, formatted processable raster graphics content* oder beiden von Bedeutung sind, ob die Attribute dabei *defaultable* (d), optional (o) oder *mandatory* (m) oder ob sie gar nicht anwendbar sind (—).

Die Attribute sind in drei Gruppen unterteilt: die sogenannten *coding attributes*, die im wesentlichen angeben, wie der Wert des Attributs content information zu entschlüsseln ist, die sogenannten *presentation attributes*, die im wesentlichen angeben, wie der Wert des Attributs content information während *layout process* und *imaging process* behandelt werden soll, und eine dritte Gruppe von Attributen, die in Teil 2 der Norm eingeführt werden, deren zulässigen Werte aber von der Inhaltsarchitektur abhängen.

	formatted raster graphics content	*formatted processable raster graphics content*
coding attributes:		
compression	d	d
number of discarded pels	d	—
number of lines	—	o
number of pels per line	d	m
presentation attributes:		
clipping	—	d
image dimensions	—	d
initial offset	d	—
line progression	d	d
pel path	d	d
pel spacing	—	d
pel transmission density	d	—
spacing ratio	—	d
Attribute aus Teil 2:		
content architecture class	d*	d*
content information	o*	o*
content type	o*	—
type of coding	d*	d*
*: Siehe auch die Ausführungen zu diesem Attribut in Kapitel 2		

Abb. 53: Attribute der *raster graphics content architectures*

7.2.1 *Coding Attributes* für Rastergrafiken

Vier Attribute, nämlich compression, number of discarded pels, number of
lines und number of pels per line, werden als *coding attributes* für Rastergrafiken verwendet. Diese Attribute können bei *content portions*, die eine
Rastergrafik enthalten, angegeben werden und legen (zusammen mit dem
Wert des Attributs type of coding) fest, wie das Rasterbild, das als Wert
des Attributs content information vorliegt, verschlüsselt ist.

Der Wert des Attributs compression ist entweder compressed oder uncompressed:

compression = (compressed | uncompressed)

Dieses Attribut wird nur dann verwendet, wenn durch den Wert des
Attributs type of coding festgelegt ist, daß das Rasterbild, also der Wert
des Attributs content information, entsprechend der CCITT *Recommen-*

dation T.6 oder der zweidimensionale Codierung der CCITT *Recommen-dation T.4* verschlüsselt ist (s. S. 264). Bei diesen beiden Codierungen gibt es einen *compressed mode* und einen *uncompressed mode*. Durch das Attribut compression wird also angegeben, welcher Verschüsselungsmodus verwendet wird; der *Default*-Wert ist compressed.

Der Wert des Attributs number of lines ist eine positive Zahl, die angibt, aus wieviele Rasterzeilen das Rasterbild besteht, das heißt:

number of lines = *positive integer*

Dieses Attribut kann bei *formatted processable raster graphics content* angegeben werden; es wird während des Layoutprozesses ausgewertet.

Der Wert des Attributs number of pels per line ist eine positive Zahl, die die Anzahl der *pels* pro Zeile des Rasterbildes angibt, also:

number of pels per line = *positive integer*

Das Attribut muß bei *formatted processable raster graphics content* angegeben werden. Bei *formatted raster graphics content* wird gegebenenfalls ein *Default*-Wert ermittelt. Falls in einem ODA-Dokument nirgends ein Wert für das Attribut zu finden ist, gelten – abhängig vom Wert des Attributs pel transmission density – folgende *Default*-Werte:

Wert von pel transmission density	*Default*-Wert für number of pels per line
1	10368
2	5184
3	3456
4	2592
5	2074
6	1728

Diese *Default*-Werte haben ihren Ursprung in den CCITT *Recommendations* für Faksimile-Übertragung.

Der Wert des Attributs number of discarded pels ist eine nicht negative Zahl, die angibt, wieviele *pels* am Anfang jeder Zeile des Rasterbildes ignoriert werden sollen. Es gilt also:

number of discarded pels = *non-negative integer*

Dieses Attribut kann nur bei *formatted raster graphics content* angegeben werden. Der *Default*-Wert für dieses Attribut ist „0", es sei denn, die Länge einer Rasterzeile ist größer als Höhe oder Breite des *basic layout object*, in dem das Rasterbild dargestellt werden soll. (Ob die Höhe oder die Breite von Bedeutung ist, hängt vom Wert des Attributs line progression ab.) In diesem Fall wird als *Default*-Wert die Hälfte der Zahl der *pels* genommen, um die die Rasterzeile zu groß ist, am Anfang und Ende jeder Rasterzeile werden also gleich viele *pels* weggelassen und nur die mittleren dargestellt.

7.2.2   *Presentation Attributes* für Rastergrafiken

Acht Attribute, nämlich clipping, image dimensions, initial offset, line progression, pel path, pel spacing, pel transmission density und spacing ratio, werden als *presentation attributes* für Rastergrafiken verwendet, treten also beim Attribut presentation attributes (s. S. 98) auf. Sie können bei *basic logical object classes*, *basic layout object classes*, *basic logical objects* und *basic layout objects* sowie bei von diesen Objekten oder Objektklassen referierten *presentation styles* angegeben werden und enthalten Informationen, wie die diesen Objekten oder Objektklassen in *content portions* zugeordneten Rastergrafiken während *layout process* und *imaging process* behandelt werden sollen.

Der Wert des Attributs pel path ist 0°, 90°, 180° oder 270°, also:

pel path $= (0° \,|\, 90° \,|\, 180° \,|\, 270°)$

Der *pel path* (s. Abb. 51) wird durch dieses Attribut relativ zur horizontalen Achse des *basic layout object* festgelegt, dem die betreffende *content portion* zugeordnet ist. Der Winkel wird ebenfalls entgegen dem Uhrzeigersinn gemessen. Ein Winkel von 0° bedeutet also, daß der *pel path* parallel zur horizontalen Achse des *basic layout object* liegt; dieser Winkel ist auch der *Default*-Wert für das Attribut.

Der Wert des Attributs line progression ist entweder 90° oder 270°, das heißt:

line progression $= (90° \,|\, 270°)$

Das Attribut legt fest, in welcher Richtung aufeinanderfolgende Zeilen des Rasterbildes dargestellt werden sollen. Der Winkel wird entgegen dem Uhrzeigersinn, relativ zu der Richtung des *pel path* gemessen.

Der *Default*-Wert ist 270°. (Dieser Wert ist auch in Abb. 51 dargestellt.)

Der Wert des Attributs pel spacing ist entweder null, oder das Attribut
hat die zwei Parameter length und pel spaces, deren Wert jeweils eine
positive Zahl ist. Es gilt also:

pel spacing =
    (null | {length = *positive integer*, pel spaces = *positive integer*})

Durch dieses Attribut, das bei *formatted processable raster graphics
content* angegeben werden kann, wird festgelegt, wie während des Layoutprozesses der Abstand zwischen den *pels* bestimmt wird. Falls das
Attribut den Wert null hat, wird der sogenannte *scalable dimensions layout proces* angewandt, ansonsten der sogenannte *fixed dimensions layout
process* (s. 7.3).

Wenn der Parameter length den Wert m und der Parameter pel spaces
den Wert n hat, wird dadurch festgelegt, daß der Abstand der *reference
points* zweier aufeinanderfolgender *pels* (s. Abb. 51) m/n *scaled measurement units* beträgt. Als *Default*-Wert für das Attribut ist „length=4"
und „pel spaces=1" festgelegt, der Abstand zwischen zwei *pels* beträgt
also 4 *scaled measurement units*. Falls eine *scaled measurement unit* einer *basic measurement unit* entspricht (dies ist der *Default*-Wert für *scaled measurement units*), beträgt der Abstand zweier *pels* somit $\frac{1}{300}$stel
Zoll.

Das Attribut pel transmission density ist entweder 1 BMU (*basic measurement unit*), 2 BMU, 3 BMU, ... oder 6 BMU:

pel transmission density =
    (1 BMU | 2 BMU | 3 BMU | 4 BMU | 5 BMU | 6 BMU)

Dieses Attribut kann bei *formatted raster graphics content* angegeben
werden und legt den Abstand aufeinanderfolgender *pels* (*pel spacing*) sowie aufeinanderfolgender Rasterzeilen (*line spacing*) fest. Der *Default*-
Wert ist 6 BMU.

Das Attribut initial offset hat die zwei Parameter horizontal coordinate
umd vertical coordinate, deren Wert jeweils eine Zahl ist, das heißt:

initial offset =
    {horizontal coordinate = *integer*, vertical coordinate = *integer*}

Dieses Attribut kann bei *formatted raster graphics content* angegeben werden und legt den Abstand des *initial point* der Rastergrafik (dies ist der *reference point* des ersten *pel* in der ersten Rasterzeile, s. Abb. 51) zum *reference point* des *basic layout object* fest, zu dem das Rasterbild gehört. Als Maßeinheiten für den horizontalen und den vertikalen Abstand werden *scaled measurement units* (s. 3.2.16) genommen. Der *Default*-Wert für dieses Attribut hängt vom Wert der Attribute pel path und line progression ab, wie in Abb. 54 schematisch gezeigt.

| Werte der Attribute | | Lage des *initial point* |
pel path	line progression	(*Default*-Wert für initial offset)
$0°(\rightarrow)$ $270°(\downarrow)$	$270°(\downarrow)$ $90°(\rightarrow)$	
$270°(\downarrow)$ $180°(\leftarrow)$	$270°(\leftarrow)$ $90°(\downarrow)$	
$0°(\rightarrow)$ $90°(\uparrow)$	$90°(\uparrow)$ $270°(\rightarrow)$	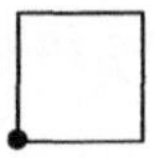
$180°(\leftarrow)$ $90°(\uparrow)$	$270°(\uparrow)$ $90°(\leftarrow)$	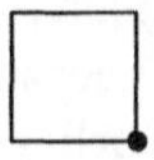

Abb. 54: Ermittlung der *Default*-Werte für das Attribut initial offset

Man beachte, daß bei diesem Schema die horizontale Achse des *basic layout object*, dem die Rastergrafik zugeordnet ist, von links nach rechts $(\rightarrow)$ und die vertikale Achse von oben nach unten $(\downarrow)$ verläuft. Wenn dies nicht der Fall ist, ist das Schema zur Ermittlung des *Default*-Wertes für das Attribute initial offset entsprechend zu modifizieren.

Das Attribut spacing ratio hat die beiden Parameter line spacing value und pel spacing value, deren Wert jeweils eine positive Zahl ist:

spacing ratio =
  {line spacing value = *positive integer*,
  pel spacing value = *positive integer*}

Das Attribut kann bei *formatted processable raster graphics content* angegeben werden. Wenn der Parameter line spacing value den Wert m und der Parameter pel spacing value den Wert n hat, ist durch das

Verhältnis m/n das Verhältnis von *line spacing* zu *pel spacing* (s. Abb. 51) festgelegt, es gilt also:

$$line\ spacing = \frac{m}{n} \times pel\ spacing$$

Dieses Verhältnis wird vom Layoutprozeß beibehalten, wenn beim Attribut image dimensions der Subparameter aspect ratio flag den Wert fixed hat. Wenn der Subparameter aspect ratio flag den Wert variable hat, wird der Wert des Attributs spacing ratio vom Layoutprozeß ignoriert. Der *Default*-Wert für das Attribut spacing ratio ist „line spacing value=1" und „pel spacing value=1".

Der Wert des Attributs clipping besteht aus zwei Zahlenpaaren, jedes Zahlenpaar besteht aus nicht negativen Zahlen. Es gilt also:

clipping =
 $[\![\,[\![\,$ '*non-negative integer*'   '*non-negative integer*' $]\!]$
 $[\![\,$ '*non-negative integer*'   '*non-negative integer*' $]\!]\,]\!]$

Das erste Zahlenpaar, $[\![\,n_1\ l_1\,]\!]$, legt das erste, und das zweite Zahlenpaar, $[\![\,n_2\ l_2\,]\!]$, das letzte *pel* fest, das in dem als Wert des Attributs content information vorliegenden Rasterbild dargestellt werden soll. Anders formuliert: Alle Rasterzeilen vor der Zeile l_1 und alle nach der Zeile l_2 werden nicht dargestellt; in jeder Rasterzeile werden nur die *pels* ab der Position n_1 und bis zur Position n_2 dargestellt. Mit diesem Attribut läßt sich also aus einem gegebenen Rasterbild ein rechteckiger Ausschnitt zur Verarbeitung auswählen. Diese Ausschnittswahl wird in der Computergrafik als *clipping* bezeichnet. Wenn das Attribut nicht angegeben ist, findet kein *clipping* statt, das heißt das komplette Rasterbild wird verarbeitet.

Der Wert des Attributs image dimensions ist entweder automatic oder besteht aus einem der drei Parameter width controlled, height controlled und area controlled. Der Parameter width controlled hat die beiden Subparameter minimum width und preferred width, der Parameter height controlled die beiden Subparameter minimum height und preferred height und der Parameter area controlled die fünf Subparameter minimum width, preferred width, minimum height, preferred height und aspect ratio flag. Die Werte der Subparameter minimum width, preferred width, minimum height und preferred height sind nicht negative Zahlen. Der Wert des Subparameters aspect ratio flag ist entweder fixed oder variable. Es gilt also:

```
image dimensions =
  (automatic
  | width controlled = {minimum width = non-negative integer,
                        preferred width = non-negative integer}
  | height controlled = {minimum height = non-negative integer,
                         preferred height = non-negative integer}
  | area controlled = {minimum width = non-negative integer,
                       preferred width = non-negative integer,
                       minimum height = non-negative integer,
                       preferred height = non-negative integer,
                       aspect ratio flag = (fixed | variable)}})
```

Durch dieses Attribut wird die gewünschte Größe des Rasterbildes angegeben (genauer: die gewünschte Größe des *basic layout objects*, das das Rasterbild aufnehmen soll). Für diese Angabe gibt es vier Möglichkeiten:

- Mit dem Parameter **width controlled** gibt man eine minimale sowie eine bevorzugte (maximale) Größe des Rasterbildes in Richtung des *pel path* an. Der Wert von **preferred width** darf nicht kleiner als der von **minimum width** sein.

- Mit dem Parameter **height controlled** gibt man eine minimale sowie eine bevorzugte (maximale) Größe des Rasterbildes in Richtung der *line progression* an. Der Wert von **preferred height** darf nicht kleiner als der von **minimum height** sein.

- Mit dem Parameter **area controlled** gibt man eine minimale sowie eine bevorzugte (maximale) Größe des Rasterbildes sowohl in Richtung des *pel path* als auch in Richtung der *line progression* an. Der Wert von **preferred width** darf nicht kleiner als der von **minimum width** und der Wert von **preferred height** nicht kleiner als der von **minimum height** sein. Durch den Wert von **aspect ratio flag** wird zusätzlich noch angegeben, ob der Skalierungsfaktor in Richtung des *pel path* identisch mit dem in Richtung der *line progression* sein soll (**fixed**) oder ob sie unterschiedlich sein können (**variable**), also eine Verzerrung des Rasterbildes zulässig ist.

- Der Parameter **automatic** bedeutet, daß der Skalierungsfaktor in beiden Richtungen gleich sein soll und daß die Breite des Rasterbildes in Richtung des *pel path* der Breite beziehungsweise der Höhe des *basic layout object*, zu dem das Rasterbild gehört, entsprechen soll. (Ob die Höhe oder die Beite des *basic layout object* genommen wird, hängt von der Richtung der *line progression* ab, die durch das Attribut **line progression** festgelegt ist.)

Auf dieses Attribut, das bei *formatted processable raster graphics content* angegeben werden kann, wird bei der Beschreibung des Layoutprozesses für Rastergrafiken (s. 7.3) noch genauer eingegangen. Der *Default*-Wert für das Attribut ist **automatic**.

7.2.3 Sonstige Attribute

In Teil 7 der Norm werden für vier Attribute aus Teil 2, nämlich für content architecture class, content information, content type und type of coding, Werte festgelegt, die diese Attribute im Zusammenhang mit Rastergrafiken annehmen.

Der Wert des Attributs content architecture class ist ein *ASN.1 object identifier*, der im Zusammenhang mit Rastergrafiken entweder den Wert ⟦2 8 2 7 0⟧ oder ⟦2 8 2 7 2⟧ hat:

content architecture class = (⟦2 8 2 7 0⟧ | ⟦2 8 2 7 2⟧)

Dieses Attribut wird bei *basic logical object classes*, *basic layout object classes*, *basic logical objects* und *basic layout objects* angegeben und legt fest, zu welcher *content architecture class* diesen Objekten oder Objektklassen zugeordnete *content portions* gehören. Wenn die betreffende *content portion* ein Rasterbild enthält, bedeutet der Wert ⟦2 8 2 7 0⟧, daß das Bild zur *formatted content architecture class*, und der Wert ⟦2 8 2 7 2⟧, daß es zur *formatted processable content architecture class* gehört.

Das Attribut content type hat den Wert formatted raster graphics content architecture:

content type = formatted raster graphics content architecture

Dieses Attribut kann alternativ zu dem Attribut content architecture class bei *basic layout object classes* und *basic layout objects* verwendet werden, wenn das Dokument entsprechend den CCITT *Recommendations T.73* aufgebaut ist.

Der Wert des Attributs type of coding, das bei *content portions* angegeben werden kann, ist ein *ASN.1 object identifier*, der entweder den Wert ⟦2 8 3 7 0⟧, ⟦2 8 3 7 1⟧, ⟦2 8 3 7 2⟧ oder ⟦2 8 3 7 3⟧ hat:

type of coding = (⟦2 8 3 7 0⟧ | ⟦2 8 3 7 1⟧ | ⟦2 8 3 7 2⟧ | ⟦2 8 3 7 3⟧)

Der Wert ⟦2 8 3 7 0⟧ bedeutet, daß das Rasterbild entsprechend der CCITT *Recommendation T.6*, ⟦2 8 3 7 1⟧, daß es entsprechend der eindimensionalen Codierung der CCITT *Recommendation T.4*, ⟦2 8 3 7 2⟧, daß es entsprechend der zweidimensionalen Codierung der CCITT *Recommendation T.4*, und ⟦2 8 3 7 3⟧, daß es entsprechend dem *bitmap encoding scheme*, das nachfolgend bei dem Attribut content information beschrieben wird, verschlüsselt ist.

Der Wert des Attributs content information, das bei *content portions* angegeben wird, repräsentiert das eigentliche Rasterbild in Form eines *byte string*:

content information = '*byte string*'

Das Codierschema für diesen *byte string* ist durch den Wert des Attributs type of coding und gegebenenfalls noch durch das Attribut compression festgelegt. Die ODA-Norm gestattet hierfür vier Codierungen (siehe die vorhergehende Beschreibung des Attributs type of coding); drei sind Faksimilecodierungen, die außerhalb der Norm durch CCITT *Recommendations* festgelegt sind. Deshalb soll hier auch nicht weiter darauf eingegangen werden.

Die vierte Codierung ist das sogenannte *bitmap encoding scheme* . Bei dieser Codierung wird jedes *pel* durch ein *bit* beschrieben, das im Zustand „gesetzt" den Wert 1 und im Zustand „ungesetzt" den Wert 0 hat. Falls die Zahl der *pels* in den Rasterzeilen kein Vielfaches von acht ist, werden am Ende jeder Rasterzeile soviele Nullen angefügt, bis sich ein Vielfaches von acht ergibt. Durch das Attribut number of pels per line wird dann festgelegt, wieviele *pels* das Rasterbild pro Zeile tatsächlich besitzt, damit diese *fill bits* bei der Decodierung des Rasterbildes ignoriert werden.

7.3   Der Layoutprozeß für Rastergrafiken

Der Layoutprozeß für Rastergrafiken ist eine der drei in der Norm beschriebenen Arten eines *content layout process*, der in Interaktion mit dem *document layout process* die Gestaltung von ODA-Dokumenten vornimmt. Wie auch sonst in der ODA-Norm üblich wird nicht der eigentliche Prozeß beschrieben, sondern im wesentlichen sein Ergebnis. Allerdings ist bei Rastergrafiken durch die Beschreibung des Ergebnisses ziemlich direkt auch angegeben, wie ein Algorithmus zur Erzielung dieses Ergebnisses aussehen kann.

Der Layoutprozeß bei Rastergrafiken nimmt eine *content portion*, die einem *basic logical object* zugeordnet ist und *formatted processable raster graphics content* enthält, und erzeugt ein *basic layout object*, das das Rasterbild enthält. Insbesondere werden dabei die Dimensionen (Höhe und Breite) des *basic layout object* bestimmt und dem *document layout process* (s. 3.5.2) mitgeteilt, der anschließend die genaue Positionierung des *basic layout object* in der dem *document layout process* zur Verfügung stehenden Fläche (*available area*) vornimmt.

Dem Layoutprozeß für Rastergrafiken wird vom *document layout process* mitgeteilt, welche maximalen Dimensionen (Höhe und Breite) das *basic layout object* annehmen kann. Mit diesen Randbedingungen und unter Berücksichtigung der Werte der relevanten Attribute versucht der Layoutprozeß dann, die tatsächlichen Dimensionen des *basic layout object* zu bestimmen. Wenn das Rasterbild in die für das *basic layout object* maximal zur Verfügung stehende Fläche paßt, ist der Layoutprozeß erfolgreich verlaufen. Wenn es nicht hineinpaßt, muß der *document layout process* entscheiden, ob er ein anderes *basic layout object* mit größeren Dimensionen bereitstellen kann und mit diesem der Layoutprozeß für das Rasterbild nochmals durchgeführt werden soll.

Es gibt zwei Verfahren für den Layoutprozeß bei Rastergrafiken: die *fixed dimension*-Methode und die *scalable dimension*-Methode. Welches der beiden Verfahren angewendet wird, hängt vom Wert des Attributs **pel spacing** ab (s. S. 260). Falls der Wert **null** ist, wird die *fixed dimension*-Methode verwendet, falls bei dem Attribut die Parameter **length** und **pel spaces** angegeben sind, die *scalable dimension*-Methode. Bevor diese beiden Verfahren in den nächsten beiden Abschnitten genauer beschrieben werden, seien noch einige Begriffe eingeführt, die dort verwendet werden.

h_{aa}　soll die horizontale Größe der *available area* (s. S. 164) bezeichnen, die dem Layoutprozeß für Rastergrafik vom *content layout process* zur Verfügung gestellt wird. Sie wird in *scaled measurement units* gemessen.

v_{aa}　soll die vertikale Größe der *available area* bezeichnen, die dem Layoutprozeß für Rastergrafik vom *content layout process* zur Verfügung gestellt wird. Sie wird in *scaled measurement units* gemessen.

h_{bl}　soll die horizontale Größe des *basic layout object* (*block*) bezeichnen, die vom Layoutprozeß für das Rasterbild ermittelt wird. Sie wird in *scaled measurement units* gemessen.

v_{bl} soll die vertikale Größe des *basic layout object* (*block*) bezeichnen, die vom Layoutprozeß für das Rasterbild ermittelt wird. Sie wird in *scaled measurement units* gemessen.

n_l soll die Anzahl der Zeilen des Rasterbildes bezeichnen; gegebenenfalls durch *clipping* (s. S. 262) abgeschnittene Zeilen werden nicht mitgerechnet. Diese Zahl wird durch den Wert des Attributs number of lines festgelegt, wenn es fehlt, wird diese Zahl bei der Decodierung des Werts des Attributs content information, dem eigentlichen Rasterbild, ermittelt.

n_p soll die Anzahl der *pels* pro Zeile des Rasterbildes bezeichnen; gegebenenfalls durch *clipping* (s. S. 262) abgeschnittene *pels* am Anfang oder Ende einer Zeile werden nicht mitgerechnet. Diese Zahl wird durch den Wert ·des Attributs number of pels per line festgelegt, das bei *formatted processable raster graphics content* immer angegeben werden muß.

ps soll den Abstand zweier benachbarter *pels* in einer Rasterlinie (*pel spacing*) bezeichnen. Die Festlegung dieses in *scaled measurement units* gemessenen Wertes ist bei den beiden Verfahren für den Layoutprozeß unterschiedlich.

sr soll das Verhältnis Abstand der Rasterzeilen zu Abstand der *pels* (*spacing ratio*) bezeichnen. Dieser Wert wird durch das Attribut spacing ratio (gegebenenfalls durch dessen *Default*-Wert) festgelegt.

Vor Beginn des Layoutprozesses für ein Rasterbild sind also stets die Werte h_{aa}, v_{aa}, n_l, n_p und sr bekannt, der Wert ps wird je nach verwendeter Layoutmethode ermittelt, und die Werte h_{bl} und v_{bl} sind Ergebnisse des Layoutprozesses.

Nachfolgend wird immer davon ausgegangen, daß der Layoutprozeß sich nur mit dem Ausschnitt des Rasterbildes beschäftigt, der nach gegebenenfalls vorgenommenem *clipping* übrig bleibt; für den Layoutprozeß ist also gewissermassen der restliche Teil des Bildes nicht vorhanden.

7.3.1 Die *Fixed Dimension* Methode für den Layoutprozeß

Die *fixed dimension* Methode wird dann angewendet, wenn das Attribut pel spacing nicht den Wert null hat, sondern die Parameter length und pel spaces angegeben sind. (Man beachte, daß der *Default*-Wert für das Attribut length=4 und pel spaces=1 ist, wenn das Attribut gar nicht spezifiziert ist, wird also ebenfalls diese Methode verwendet.) Dieser Layoutprozeß ist besonders einfach, denn aus den Werten der Attribute pel path, pel spacing, spacing ratio, number of lines und number of pels per line (sowie des vorher schon ausgewerteten Attributs clipping) lassen sich unmittelbar die Dimensionen des *basic layout object*, das die Rastergrafik enthält, errechnen.

Der Wert des *pel spacing* ergibt sich als

$$ps = \frac{\text{Wert des Parameters \textbf{length} des Attributs \textbf{pel spacing}}}{\text{Wert des Parameters \textbf{pel spaces} des Attributs \textbf{pel spacing}}}$$

und daraus folgt abhängig von der Richtung des *pel path*:

Wert von **pel path** 0° oder 180°:
$$\begin{cases} h_{bl} = n_p \times ps \\ v_{bl} = n_l \times ps \times sr \end{cases}$$

Wert von **pel path** 90° oder 270°:
$$\begin{cases} h_{bl} = n_l \times ps \times sr \\ v_{bl} = n_p \times ps \end{cases}$$

Die Dimension des *basic layout object* in Richtung des *pel path* ergibt sich also als Produkt aus der Zahl der *pels* pro Zeile und dem Abstand der *pels* untereinander. Die Dimension in Richtung der *line progression* ergibt sich als Produkt aus der Anzahl der Rasterzeilen und dem Zeilenabstand, wobei der Zeilenabstand sich als Produkt aus dem Abstand der *pels* und dem *spacing ratio* errechnet. Wenn sich dabei

$$h_{bl} > h_{aa} \quad \text{oder} \quad v_{bl} > v_{aa}$$

ergibt, reicht die für das *basic layout object* zur Verfügung stehende Fläche nicht aus und der Layoutprozeß kann nicht erfolgreich abgeschlossen werden.

7.3.2 Die *Scaled Dimension* Methode für den Layoutprozeß

Die *scaled dimension* wird dann angewendet, wenn das Attribut **pel spacing** den Wert null hat. Dann hängt der Wert des *pel spacing*, also der Abstand der *pels* zueinander, vom Wert des Attributs **image dimensions** (s. S. 262) ab.

Bei diesem Verfahren wird eine zusätzliche Größe herangezogen, das sogenannte *aspect ratio*, das festgelegt ist als

$$ar = \frac{n_p}{n_l \times sr}$$

Das *aspect ratio* gibt also das Verhältnis der Länge des Rasterbildes in Richtung des *pel path* zur Länge des Bildes in Richtung der *line progression* an. Der Wert $as = 2$ bedeutet beispielsweise, daß das Bild bei

einem *pel path* von 0° und einer *line progression* von 270° doppelt so breit
wie hoch ist, womit allerdings über die absolute Größe des Bildes noch
keine Aussage gemacht ist.

Die Berechnungsart für die Werte h_{bl} und v_{bl} hängt bei dieser Layoutmethode vom Wert des Attributs **image dimensions** ab, und zwar lassen
sich vier Verfahren unterscheiden, entsprechend den vier Parametern, die
dieses Attribut haben kann:

1. Bei dem Attribut **image dimensions** ist der Parameter **width controlled**
    angegeben, der mit dem Subparameter **minimum width** eine mini-
    male, mit dem Subparameter **preferred width** eine maximale (anzu-
    strebende) Breite des Rasterbildes angibt.

    Die Werte h_{bl} und v_{bl} werden dann so festgelegt, daß h_{bl} so groß
    wie möglich wird, das Verhältnis von Höhe zu Breite des Rasterbil-
    des eingehalten wird und h_{bl} und v_{bl} im Bereich der *available area*
    liegen. Es wird also das maximale h_{bl} ermittelt, das folgende drei
    Bedingungen erfüllt:

    $$(1) \qquad \text{minimum width} \leq h_{bl} \leq \min(h_{aa}, \text{preferred width})$$

    $$(2) \qquad v_{bl} \leq v_{aa}$$

    $$(3a) \qquad \frac{h_{bl}}{v_{bl}} = \frac{np}{n_l \times sr} \qquad \text{oder}$$

    $$(3b) \qquad \frac{h_{bl}}{v_{bl}} = \frac{n_l \times sr}{n_p}$$

(Die Funktion $\min(a, b)$ soll als Wert das Minimum von a oder b
liefern.) Ob Bedingung (3a) oder (3b) genommen wird, hängt von
der Richtung des *pel path* ab: Bei einem *pel path* von 0° oder 180°
muß Bedingung (3a) gelten, bei einem *pel path* von 90° oder 270°
Bedingung (3b). Es kann allerdings sein, daß keine diese Bedingungen
erfüllenden Werte h_{bl} und v_{bl} ermittelt werden können, das heißt der
Layoutprozeß nicht erfolgreich durchgeführt werden kann.

Zum besseren Verständnis betrachte man das Beispiel in Abb. 55.
Der dick umrandete Bereich soll die *available area* darstellen, die dem
Layoutprozeß für das Rasterbild vom *document layout process* zur
Verfügung gestellt wird. Das Verhältnis von Breite zu Höhe beträgt
bei dieser Fläche 2 : 1. Die Werte der Parameter **minimum width** und
preferred width des Attributs **image dimensions** sind ebenfalls grafisch
dargestellt. Die **minimum width** soll die Hälfte, die **preferred width** $\frac{5}{6}$
der Breite der *available area* betragen. Insbesondere ist die **minimum
width** gleich dem Wert von v_{aa}, die **preferred width** entspricht $\frac{5}{3}v_{aa}$.

Neben dieser Fläche sind zwei Rasterbilder gezeichnet, wobei das
erste ein *aspect ratio* (Verhältnis Breite zu Höhe) von 3 : 2 und das

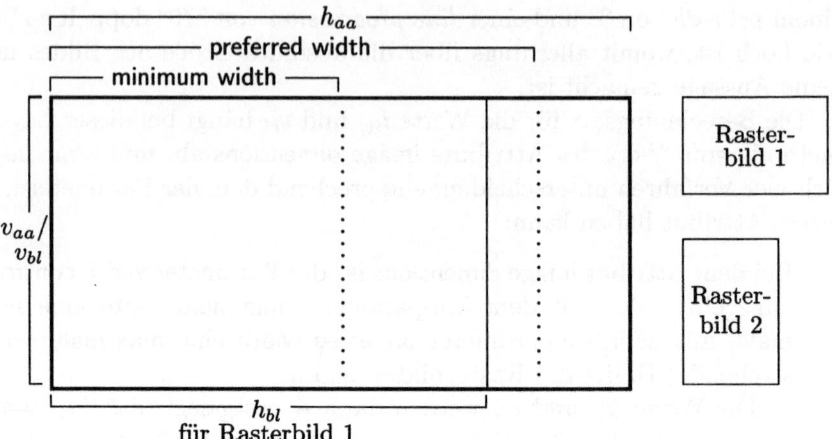

Abb. 55: *Scaled dimension* Methode beim Parameter width controlled

zweite ein *aspect ratio* von 2 : 3 haben möge. (Es ist angenommen, daß der Wert von **pel path** 0° und der von **line progression** 270° beträgt.)

Zusammengefaßt ergibt sich also folgende Ausgangslage:

$$v_{aa} = x \quad \text{SMU} \quad \text{(der tatsächliche Wert von } x \text{ ist für}$$
$$\text{das Beispiel ohne Bedeutung)}$$

$$h_{aa} = 2x \quad \text{SMU}$$
$$\text{minimum width} = x \quad \text{SMU}$$
$$\text{preferred width} = \tfrac{5}{3}x \quad \text{SMU}$$
$$ar = \tfrac{3}{2} \quad \text{für Rasterbild 1}$$
$$ar = \tfrac{2}{3} \quad \text{für Rasterbild 2}$$

Nur das Verhältnis ar, nicht die tatsächlichen Werte von n_p, n_l und sr, ist für das Beispiel von Interesse.

Als Wert von v_{bl} ermittelt der Layoutprozeß für das Rasterbild 1 dann gerade die Höhe der *available area* ($v_{bl} = v_{aa} = x$ SMU), und als Wert von h_{bl} ergibt sich das Anderthalbfache dieses Wertes ($h_{bl} = \tfrac{3}{2}v_{bl} = \tfrac{3}{2}x$ SMU). Dies ist der größte Werte von h_{bl}, der die Bedingungen (1), (2) und (3a) erfüllt, wie man leicht nachrechnen kann.

Für das Rasterbild 2 können bei diesem Beispiel keine Werte h_{bl} und v_{bl} ermittelt werden, die diese drei Bedingungen erfüllen, denn dieses Bild ist um den Faktor $\tfrac{3}{2}$ höher als breit, der Wert von v_{aa} müßte also mindestens um den Faktor $\tfrac{3}{2}$ größer sein als die minimum

width, damit die Bedingung (2) eingehalten werden kann. Für dieses Bild würde der Layoutprozeß also fehlschlagen.

Bei einem *aspect ratio* des Rasterbild von mehr als $\frac{5}{3}$ würde der Layoutprozeß die **preferred height** ausschöpfen (h_{bl} = **preferred height**), während die vertikale Dimension der *available area* nicht voll benötigt würde ($v_{bl} < v_{aa}$).

2. Bei dem Attribut **image dimensions** ist der Parameter **height** controlled angegeben, der mit dem Subparameter **minimum height** eine minimale, mit dem Subparameter **preferred height** eine maximale (anzustrebende) Höhe des Rasterbildes angibt.

Die Werte h_{bl} und v_{bl} werden dann so festgelegt, daß v_{bl} so groß wie möglich wird, das Verhältnis von Höhe zu Breite des Rasterbildes eingehalten wird und h_{bl} und v_{bl} im Bereich der *available area* liegen. Es wird also das maximale v_{bl} ermittelt, das folgende drei Bedingungen erfüllt:

(4) $\text{minimum height} \leq v_{bl} \leq \min(v_{aa}, \text{preferred height})$

(5) $h_{bl} \leq h_{aa}$

(6a) $\dfrac{h_{bl}}{v_{bl}} = \dfrac{np}{n_l \times sr}$ oder

(6b) $\dfrac{h_{bl}}{v_{bl}} = \dfrac{n_l \times sr}{n_p}$

Ob Bedingung (6a) oder (6b) genommen wird, hängt von der Richtung des *pel path* ab: Bei einem *pel path* von 0° oder 180° muß Bedingung (6a) gelten, bei einem *pel path* von 90° oder 270° Bedingung (6b). Es kann allerdings sein, daß keine diese Bedingungen erfüllenden Werte h_{bl} und v_{bl} ermittelt werden können, das heißt der Layoutprozeß nicht erfolgreich durchgeführt werden kann.

Zum besseren Verständnis betrachte man das Beispiel in Abb. 56. Der dick umrandete Bereich soll wieder die *available area* darstellen, die dem Layoutprozeß für das Rasterbild vom *document layout process* zur Verfügung gestellt wird. Das Verhältnis von Breite zu Höhe beträgt bei dieser Fläche 2 : 3. Die Werte der Parameter **minimum height** und **preferred height** des Attributs **image dimensions** sind ebenfalls grafisch dargestellt. Die **minimum height** soll $\frac{2}{3}$ und die **preferred height** $\frac{8}{9}$ der Höhe der *available area* betragen. Insbesondere ist die **minimum height** gleich dem Wert von h_{aa}, die **preferred height** entspricht $\frac{4}{3} h_{aa}$.

Neben dieser Fläche sind wieder zwei Rasterbilder mit einem *aspect ratio* von 3 : 2 (Rasterbild 1) und 2 : 3 (Rasterbild 2) eingezeichnet. (Es wird wieder angenommen, daß der Wert von **pel path** 0° und der von **line progression** 270° beträgt.)

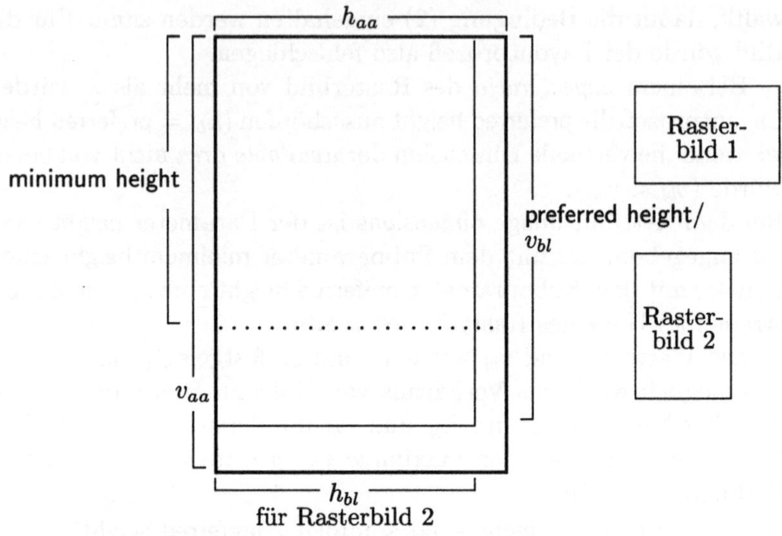

Abb. 56: *Scaled dimension* Methode beim Parameter height controlled

Zusammengefaßt ergibt sich also folgende Ausgangslage:

$$v_{aa} = x \ \text{SMU} \quad \text{(der tatsächliche Wert von } x \text{ ist für}$$
$$\text{das Beispiel ohne Bedeutung)}$$

$$h_{aa} = \tfrac{2}{3}x \ \text{SMU}$$
$$\text{minimum height} = \tfrac{2}{3}x \ \text{SMU}$$
$$\text{preferred height} = \tfrac{8}{9}x \ \text{SMU}$$
$$ar = \tfrac{3}{2} \quad \text{für Rasterbild 1}$$
$$ar = \tfrac{2}{3} \quad \text{für Rasterbild 2}$$

Nur das Verhältnis ar, nicht die tatsächlichen Werte von n_p, n_l und sr, ist für das Beispiel von Interesse.

Als Wert von v_{bl} ermittelt der Layoutprozeß für das Rasterbild 2 dann gerade den Wert **preferred height** ($v_{bl} = \tfrac{9}{9}v_{aa} = \tfrac{4}{3}h_{aa}$). Als Wert von h_{bl} ergibt sich $\tfrac{8}{9}h_{aa}$, denn dann gilt:

$$\frac{h_{bl}}{v_{bl}} = \frac{\tfrac{8}{9}h_{aa}}{\tfrac{4}{3}h_{aa}} = \frac{2}{3} = ar$$

Für das Rasterbild 1 können bei diesem Beispiel keine Werte h_{bl} und v_{bl} ermittelt werden, die die drei Bedingungen (4), (5) und (6a) erfüllen, denn dieses Bild ist um den Faktor $\tfrac{3}{2}$ breiter als hoch, der

Wert von h_{aa} müßte also mindestens um den Faktor $\frac{3}{2}$ größer sein als die minimum height, damit die Bedingung (5) eingehalten werden kann. Für dieses Bild würde der Layoutprozeß also fehlschlagen.

3. Bei dem Attribut image dimensions ist der Parameter area controlled angegeben, der mit dem Subparameter minimum height eine minimale, mit dem Subparameter preferred height eine maximale (anzustrebende) Höhe sowie mit dem Subparameter minimum width eine minimale und mit dem Subparameter preferred width eine maximale (anzustrebende) Breite des Rasterbildes angibt. Zusätzlich hat der Subparameter aspect ratio flag entweder den Wert fixed oder variable. Jetzt müssen zunächst die folgenden Bedingungen erfüllt sein:

(7)   minimum height $\leq v_{aa}$

(8)   minimum width $\leq h_{aa}$

Dies bedeutet, daß die *available area* für die gewünschte Minimalgröße des Rasterbildes ausreicht. Für den weiteren Ablauf des Layoutprozesses kommt es nun auf den Wert von aspect ratio flag an.

Wenn der Subparameter aspect ratio flag den Wert variable hat, ist eine Verzerrung der Seitenverhältnisse des Rasterbildes zulässig. In diesem Fall ist, sofern die Bedingungen (7) und (8) erfüllt sind, stets ein erfolgreicher Layoutprozeß durchführbar: Es ergibt sich $h_{bl} =$ preferred width und $v_{bl} =$ preferred height. Eine Verzerrung des Bildes ergibt sich dabei immer dann, wenn gilt:

$$aspect\ ratio \neq \frac{\min(h_{aa},\text{preferred width})}{\min(v_{aa},\text{preferred height})} \qquad (pel\ path\ 0° \text{ oder } 180°)$$

oder

$$aspect\ ratio \neq \frac{\min(v_{aa},\text{preferred height})}{\min(h_{aa},\text{preferred width})} \qquad (pel\ path\ 90° \text{ oder } 270°)$$

Wenn der Subparameter aspect ratio flag den Wert fixed hat, ist keine Verzerrung der Seitenverhältnisse des Rasterbildes zulässig. In diesem Fall müssen vom Layoutprozeß bei der Ermittlung der Werte von h_{bl} und v_{bl} (wie oben, sollen auch diese beiden Werte so groß wie möglich werden) noch die folgenden Bedingungen erfüllt werden:

(9)   minimum width $\leq h_{bl} \leq \min(h_{aa},\text{preferred width})$

(10)   minimum height $\leq v_{bl} \leq \min(v_{aa},\text{preferred height})$

$$(11a) \quad \frac{h_{bl}}{v_{bl}} = \frac{np}{n_l \times sr} \quad \text{oder}$$

$$(11b) \quad \frac{h_{bl}}{v_{bl}} = \frac{n_l \times sr}{n_p}$$

Ob Bedingung (11a) oder (11b) genommen wird, hängt wieder wie bei den anderen beiden beschriebenen Verfahren von der Richtung des *pel path* ab.

Auf ein Beispiel soll hier verzichtet werden. Da diese Variante des Layoutverfahrens praktisch eine Kombination der beiden vorhergehenden ist, dürften die dort angeführten Beispiele auch hinreichend dieses dritte Verfahren verdeutlichen.

4. Bei dem Attribut **image dimensions** ist der Wert **automatic** angegeben. In diesem Fall wird vom Layoutprozeß versucht, die Breite des Bildes der Breite der *available area* anzupassen und die Höhe des Bildes so zu bestimmen, daß das *aspect ratio* beibehalten wird. Es ergibt sich also:

$$(12) \quad h_{bl} = h_{aa}$$

$$(13a) \quad v_{bl} = \frac{h_{bl}}{aspect\ ratio}$$

$$(13b) \quad v_{bl} = h_{bl} \times aspect\ ratio$$

Falls der *pel path* 0° oder 180° ist, wird Formel (13a) angewendet, ansonsten Formel (13b). Auch dieser Layoutprozeß kann fehlschlagen, wenn der nach Formel (13a) oder (13b) ermittelte Wert größer ist als der Wert von v_{aa}.

Dieses vierte Layoutverfahren ist im Prinzip ein Spezialfall des ersten Verfahrens, wenn man dort die Werte

minimum width = **preferred width** = h_{aa}

verwendet.

Bei allen vier Layoutprozessen ist außerdem noch zu beachten, daß die ermittelten Werte von h_{bl} und v_{bl} ganzzahlige Vielfache von *scaled measurement units* sein müssen.

7.4　Der *Imaging Process* für Rastergrafiken

Der *imaging process* für Rastergrafiken ist ausgesprochen einfach. Er besteht im wesentlichen daraus, auf dem Ausgabemedium bestimmte Flächenstücke zu markieren, bei Ausgabe auf Papier zum Beispiel bestimmte Flächenelemente zu schwärzen. In der Norm finden sich daher auch nur sehr wenige Angaben zu diesem *imaging process*.

Dabei werden zwei Fälle unterschieden:

1. Das Rasterbild liegt in *formatted form* vor:
   In diesem Fall werden nur diejenigen *pels* auf dem Ausgabemedium dargestellt, die unter Berücksichtigung des Attributs number of
   discarded pels übrig bleiben. Das erste dabei verbleibende *pel* wird an
   die Stelle plaziert, die durch das Attribut initial offset angegeben ist
   (s. Abb. 51).
2. Das Rasterbild liegt in *formatted processable form* vor:
   Wenn das Attribut clipping angegeben ist, werden zunächst die
   dabei angegebenen Zeilen und Spalten des Rasterbildes beseitigt.
   Danach wird der *initial point* für das Rasterbild unter Berücksichtigung der Werte der Attribute pel path und line progression ermittelt
   (s. Abb. 54), das heißt einer der vier Eckpunkte des *basic layout object*, in dem das Rasterbild dargestellt wird, ist der *initial point* für
   das Rasterbild.
   Danach werden die Werte für *pel spacing* und *line spacing* bestimmt (s. S. 51), und zwar nach folgendem Verfahren:
   Das *pel spacing* ergibt sich als Breite des *basic layout object* di-
   vidiert durch die Anzahl der *pels* pro Rasterzeile, wobei natürlich
   die durch das *clipping* abgeschnittenen *pels* unberücksichtigt bleiben.
   Das *line spacing* ergibt sich aus der Höhe des *basic layout object* divi-
   diert durch die Anzahl der Rasterzeilen, ebenfalls ohne Berücksichtigung der durch das *clipping* möglicherweise abgeschnittenen Zeilen.

In beiden Fällen erscheinen nur diejenigen *pels* auf dem Ausgabemedium, die vollständig innerhalb der Fläche des *basic layout object* für das
Rasterbild liegen.

8 Part 8: Geometric Graphics Content Architectures

In diesem Teil der Norm wird beschrieben, wie *geometric graphics content*, der in *content portions* von ODA-Dokumenten auftreten kann, codiert wird, welche Attribute es diesbezüglich gibt und wie *layout process* und *imaging process* für *geometric graphics content* ausgeführt werden. Der Einfachheit halber soll im folgenden auch der Begriff „Liniengrafik" für *geometric graphics content* verwendet werden.

8.1 Das ODA-Modell für Liniengrafik

In der ODA-Norm wird im Prinzip kein eigenes Modell für Liniengrafik entwickelt, sondern praktisch komplett das Modell aus der ISO-Norm 8632 (*Computer Graphics – Metafile for the Storage and Transfer of Picture Description Information*) übernommen. Dieses Modell soll hier nicht näher beschrieben werden, der Leser sei auf die Lektüre dieser Norm verwiesen. Eine Liniengrafik im ODA-Sinn ist also nichts anderes als ein Bild, das in Form eines *Computer Graphics Metafile* (CGM) spezifiziert ist, allerdings mit folgenden zwei Abweichungen zu ISO 8632:

- Die Regeln zur Ermittlung von *Default*-Werten für die CGM-Parameter wurden geändert.
- Ein CGM darf jeweils nur ein Bild enthalten.

Außerdem ist noch zu beachten: In einem CGM werden sogenannte *virtual device coordinates* (VDCs) verwendet. ODA-Dokumente verfügen ebenfalls über ein Koordinatensystem, das aber von dem des CGM abweicht. Die Beziehung zwischen diesen beiden Koordinatensystemen muß daher festgelegt werden.

Hierfür ist in der ODA-Norm folgendes vorgesehen: Es sei ein CGM gegeben und die sogenannte *region of interest* durch $l = (x_1, y_1)$ und $r = (x_2, y_2)$ festgelegt. Die *region of interest* ist derjenige Ausschnitt der Grafik, der tatsächlich auf dem Darstellungsmedium wiedergegeben werden soll. Sie wird in VDC-Koordinaten angegeben. Zur Verdeutlichung betrachte man das Beispiel in Abb. 57.

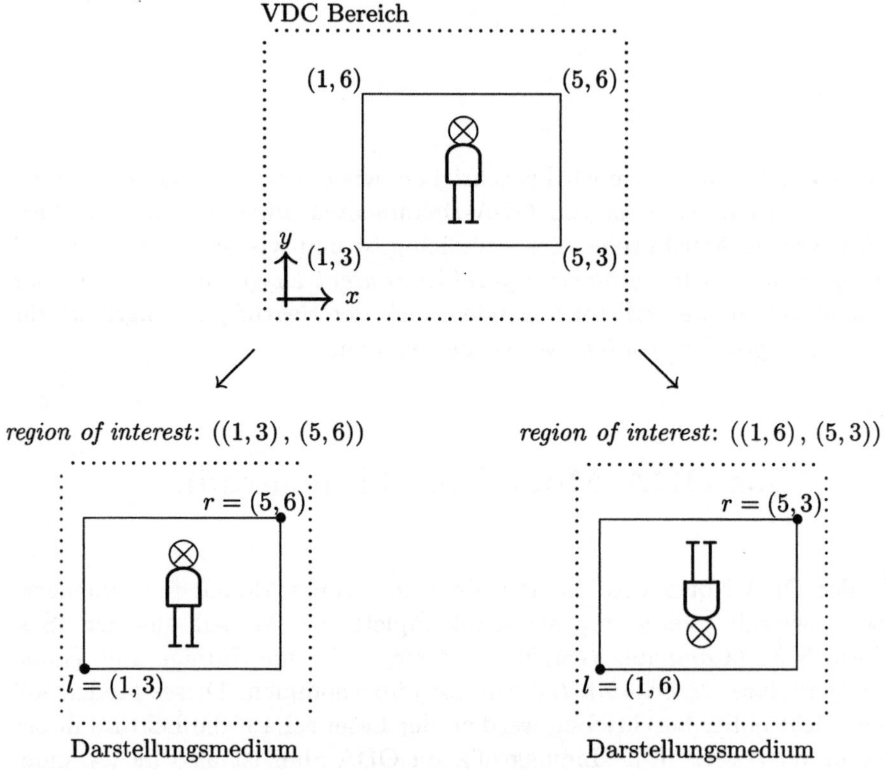

Abb. 57: Abbildung der CGM-Koordinaten auf das Ausgabemedium in Abhängigkeit von der Festlegung der *region of interest*

Die Grafik in der oberen Hälfte von Abb. 57 soll in einem CGM enthalten sein. Die x-Achse der *virtual device coordinates* verlaufe von rechts nach links ($\rightarrow$), die y-Achse von unten nach oben ($\uparrow$). Der Ausschnitt der Grafik, der dargestellt werden soll, liege zwischen den x-Koordinaten 1 und 5 und zwischen den y-Koordinaten 3 und 6.

Es gibt nun zwei Möglichkeiten, die *region of interest* durch zwei Punkte l und r anzugeben, nämlich einerseits durch $l = (1, 3)$, $r = (5, 6)$

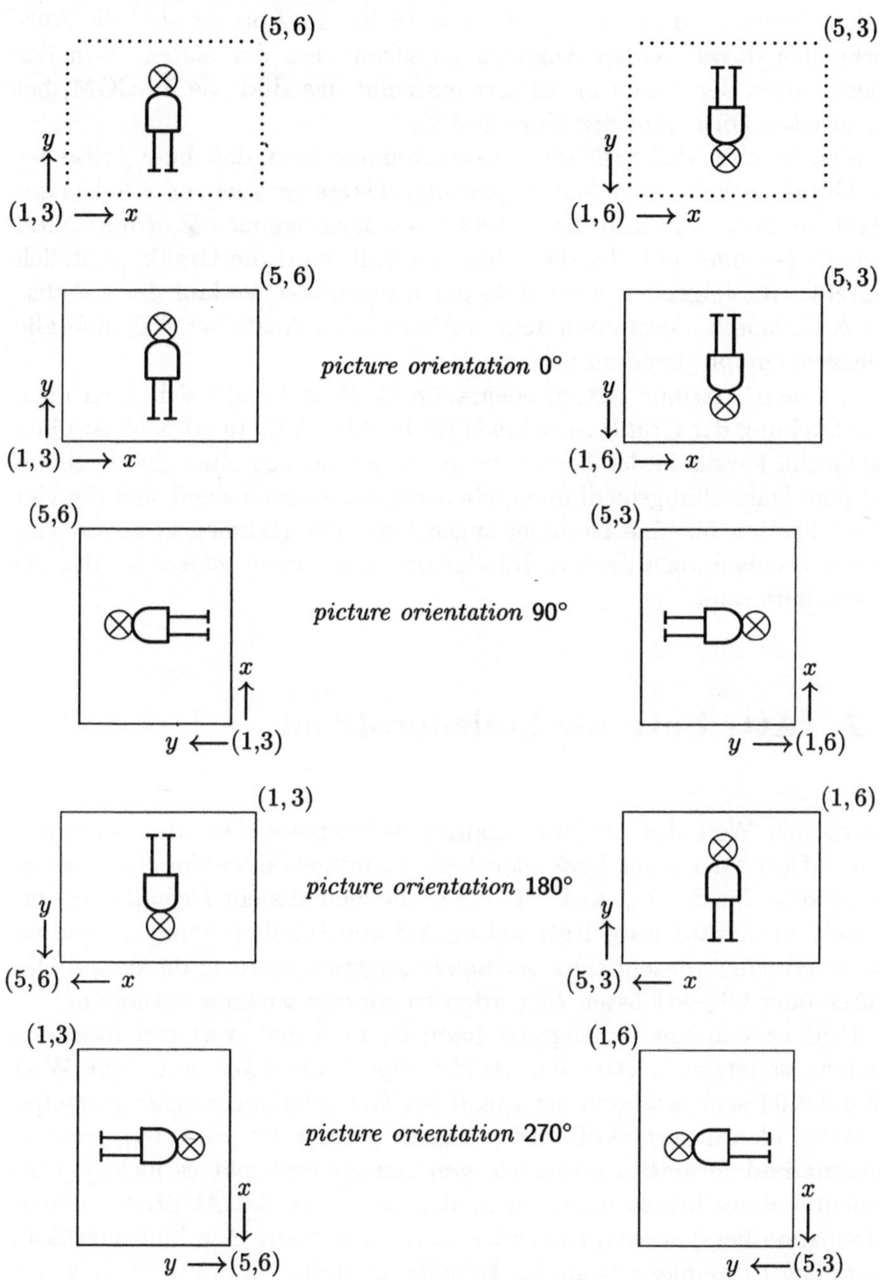

Abb. 58: Drehung der Grafik in Abhängigkeit von der Festlegung der *region of interest*

und andererseits durch $l = (1,6)$, $r = (5,3)$. In Abb. 58 sind die Auswirkungen dieses beiden Angaben zu sehen: Bei der ersten Form der
Spezifikation der *region of interest* erscheint das Bild wie im CGM, bei
der zweiten Form „auf den Kopf gestellt".

Man beachte, daß zusätzlich angenommmen wird, daß die x-Achse des
die Grafik enthaltenden *basic layout object* stets parallel zur x-Achse des
CGM verläuft, daß also die x-Achse des *basic layout object* horizontal
verläuft ($\rightarrow$ oder $\leftarrow$). Ist dies nicht der Fall, wird die Grafik zusätzlich
gedreht. Im folgenden wird stets ein horizontaler Verlauf der x-Achse
des *basic layout object* unterstellt; verläuft die x-Achse vertikal, sind alle
Beispiele entsprechend zu modifizieren.

Mit dem Attribut **picture orientation** (s. S. 283) läßt sich auch noch
eine Drehung der Grafik vornehmen (siehe Abb. 58). In Abb. 58 ist oben
die Grafik jeweils in der Form gezeigt, in der sie sich ohne eine Drehung
auf dem Darstellungsmedium ergeben würde. Anschließend sind die vier
Möglichkeiten für eine Drehung angegeben. Die Rahmen in diesen vier
Grafiken geben auch die vier Ränder des *basic layout object* an, das die
Grafik aufnimmt.

8.2   Attribute für Liniengrafiken

Durch den Wert des Attributs **content architecture class**, das bei einem
basic object oder einer *basic object class* angegeben werden kann beziehungsweise für das bei *basic objects* gegebenenfalls ein *Default*-Wert ermittelt wird, wird festgelegt, welche Art von Inhalt (*character content,
raster graphics content* oder *geometric graphics content*) die diesen Objekten oder Objektklassen zugeordneten *content portions* enthalten.

Falls es sich um Liniengrafik handelt, muß der Wert des Attributs
content architecture class ein *ASN.1 object identifier* mit dem Wert
$[\![2\ 8\ 2\ 8\ 0]\!]$ sein, wodurch der Inhalt als *formatted processable geometric
graphics* identifiziert wird. (Die Klassen *processable geometric graphics
content* und *formatted geometric graphics content* gibt es nicht.) Dies
bedeutet dann insbesondere auch, daß der Wert des Attributs **content
information** bei den entsprechenden *content portions* eine Liniengrafik in
Form eines *Computer Graphics Metafile* darstellt.

Wie solche eine Liniengrafik darstellende *content portions* zu verarbeiten sind, das heißt wie der Wert des Attributs **content information** zu
interpretieren ist und wie Liniengrafiken auf einem Darstellungsmedium
wiederzugeben sind, wird durch die in Abb. 59 aufgeführten Attribute

festgelegt. Dabei ist unterschieden zwischen *presentation attributes* und Attributen, die in Teil 2 der Norm eingeführt werden, deren Wert jedoch von der jeweiligen Inhaltsarchitektur abhängt.

presentation attributes	Attribute aus *Part 2*
picture dimensions	content architecture class
picture orientation	content information
region of interest specification	type of coding
. . . .	
colour representations	
edge rendition	
filled area rendition	
geometric graphics encoding announcer	
line rendition	
marker rendition	
text rendition	
transformation specification	
transparency specification	

Abb. 59: Attribute der *geometric graphics content architecture*

Von den zwölf *presentation attributes* legen neun, nämlich die unterhalb der gepunkteten Linie aufgeführten, bestimmte Werte für CGM-Parameter fest. (Die CGM-Norm verwendet auch den Begriff „Parameter", allerdings in etwas anderer Bedeutung.)

8.2.1 Datentypen bei Attributwerten für Liniengrafiken

Bei den Werten der Attribute für Liniengrafiken treten einige Datentypen auf, die in den restlichen Teilen der ODA-Norm nicht benutzt werden. Dabei handelt es sich um in der CGM-Norm beschriebene Datentypen, zum Beispiel den Datentyp *"VDC Pair"*, der für ein Koordinatenpaar im Raum der *virtual device coordinates* verwendet wird.

Diese Datentypen aus der CMG-Norm werden hier nicht weiter besprochen, da in diesem Buch keine genauere Beschreibung der Konzepte der CGM-Norm gegeben werden soll. Man erkennt diese Datentypen im folgenden stets daran, daß bei ihren Namen Großbuchstaben verwendet werden.

8.2.2   *Presentation Attributes* für Liniengrafiken

Zwölf Attribute, nämlich picture dimensions, picture orientation, region of interest specification, colour representations, edge rendition, filled area rendition, geometric graphics encoding announcer, line rendition, marker rendition, text rendition, transformation specification und transparency specification, werden als *presentation attributes* für Liniengrafiken verwendet, treten also bei dem Attribut presentation attributes (s. S. 98) auf. Sie können bei *basic logical object classes*, *basic layout object classes*, *basic logical objects* und *basic layout objects* sowie bei von diesen Objekten oder Objektklassen referierten *presentation styles* angegeben werden und enthalten Informationen, wie die diesen Objekten oder Objektklassen in *content portions* zugeordneten Liniengrafiken während des Layoutprozesses und des *imaging process* behandelt werden sollen.

Zunächst soll auf die drei Attribute eingegangen werden, die nicht unmittelbar auf den CGM Bezug nehmen, also die Attribute picture dimensions, picture orientation und region of interest specification.

Der Wert des Attributs region of interest specification ist entweder automatic oder besteht aus dem Parameter rectangle. Der Wert des Parameters rectangle besteht aus zwei Paaren von *virtual device coordinates*, von denen das erste die linke Ecke, das zweite die rechte Ecke der *region of interest* angibt (s. Abb. 57). Jedes dieser beiden Koordinatenpaare ist ein *octet string*, der ein Paar von *virtual device coordinates* entsprechend dem *binary encoding scheme* von ISO 8632/3 repräsentiert. Es gilt also:

region of interest specification =
    (automatic | rectangle = [[' *VDC Pair* '† ' *VDC Pair* '†]])

Man beachte, daß für die Codierung der Koordinaten der *region of interest* die gleiche Codierung wie für den CGM selbst verwendet wird und die Koordinaten nicht etwa als *integer*-Werte angegeben werden. Deshalb wurde jeweils ein Kreuz (†) zu dem Datentyp *VDC Pair* hinzugefügt. Diese Art der Codierung von Parameterwerten, nämlich in Form des *binary encoding scheme* des CGM, wird im folgenden noch häufiger auftreten. Dann wird auch immer ein Kreuz hinzugefügt, um auf diese Art der Codierung für einen Parameterwert hinzuweisen.

Wenn der Wert automatic angegeben ist (dies ist auch der *Default*-Wert), entspricht die *region of interest* dem kompletten Koordinatenraum, der durch die *virtual device coordinates* gegeben ist, das heißt es erfolgt keine Auswahl eines Auschnitts aus dem CGM.

Das Attribut **region of interest specification** spielt also eine ähnliche
Rolle wie das Attribut **clipping** bei Rastergrafiken, das heißt es legt den
clipping-Rahmen für Liniengrafiken fest. Man beachte aber folgendes:
Bei Rastergrafiken können alle *pels* außerhalb des durch das Attribut
clipping spezifizierten Bereichs vollständig ignoriert werden. Bei Liniengrafiken aber ist es nicht zulässig, alle Objekte des CGM, deren *virtual
device coordinates* außerhalb der *region of interest* liegen, einfach zu ignorieren. Es ist nämlich durchaus möglich, daß zwar die beiden Endpunkte
einer Linie außerhalb der angegebenen *region of interest* liegen, aber ein
Teil der Linie durch die *region of interest* verläuft. Dieser Teil der Linie
muß natürlich bei der Darstellung der Grafik auf dem Ausgabemedium
sichtbar sein.

Der Wert des Attributs **picture orientation** ist entweder 0°, 90°, 180°
oder 270°, also:

picture orientation = (0° | 90° | 180° | 270°)

Der Wert dieses Attributs legt fest, ob die Grafik gedreht werden soll
(s. Abb. 58). Außerdem wird durch den Wert des Attributs festgelegt,
welche Ecke des *basic layout object* mit dem ersten Punkt der *region of
interest* (in Abb. 57 als „*l*" bezeichnet) zusammenfällt: Bei 0° ist es die
untere linke Ecke des *basic layout object*, bei 90° die untere rechte Ecke,
bei 180° die obere rechte Ecke und bei 270° die obere linke Ecke. Der
Default-Wert für das Attribut ist 0°.

Der Wert des Attributs **picture dimensions** ist entweder **automatic** oder
besteht aus einem der drei Parameter **width controlled**, **height controlled**
oder **area controlled**:

picture dimensions =
  (automatic
    | width controlled = {minimum width = *non-negative integer*,
                    preferred width = *non-negative integer*}
    | height controlled = {minimum height = *non-negative integer*,
                    preferred height = *non-negative integer*}
    | area controlled = {minimum width = *non-negative integer*,
               preferred width = *non-negative integer*,
               minimum height = *non-negative integer*,
               preferred height = *non-negative integer*,
               aspect ratio flag = (fixed | variable)})

Der Parameter width controlled hat die beiden Subparameter minimum width und preferred width, der Parameter height controlled die beiden Subparameter minimum height und preferred height, der Parameter area controlled die fünf Subparameter minimum width, preferred width, minimum height, preferred height und aspect ratio flag. Die Werte der Subparameter minimum width, preferred width, minimum height und preferred height sind jeweils nicht negative Zahlen, der Wert des Subparameters aspect ratio flag ist entweder fixed oder variable.

Durch dieses Attribut wird die gewünschte Größe der Grafik angegeben (genauer: die gewünschte Größe des *basic layout object*, das die Grafik aufnehmen soll). Für diese Angabe gibt es vier Alternativen:

- Mit dem Parameter width controlled gibt man eine minimale sowie eine bevorzugte (maximale) Breite der Grafik an. Der Wert von preferred width darf nicht kleiner als der von minimum width sein.
- Mit dem Parameter height controlled gibt man eine minimale sowie eine bevorzugte (maximale) Höhe der Grafik an. Der Wert von preferred height darf nicht kleiner als der von minimum height sein.
- Mit dem Parameter area controlled gibt man eine minimale sowie eine bevorzugte (maximale) Breite und Höhe der Grafik an. Der Wert von preferred width darf nicht kleiner als der von minimum width und der Wert von preferred height nicht kleiner als der von minimum height sein. Durch den Wert von aspect ratio flag wird zusätzlich angegeben, ob das Verhältnis von Breite zu Höhe des *basic layout object* dem Verhältnis von Breite zu Höhe (beziehungsweise von Höhe zu Breite) der *region of interest* entsprechen soll (fixed) oder ob diese Verhältnisse verschieden sein können (variable), also eine Verzerrung der Grafik zulässig ist. (Ob bei der *region of interest* das Verhältnis von Höhe zu Breite oder von Breite zu Höhe herangezogen wird, hängt davon ab, ob die Grafik bei der Darstellung in dem *basic layout object* gedreht werden soll; s. Abb. 58.)
- Der Parameter automatic bedeutet, daß der Skalierungsfaktor in beiden Richtungen gleich sein soll (aspect ratio flag = fixed) und die Breite der Grafik der Breite des *basic layout object* entsprechen soll, zu dem die Grafik gehört.

Auf das Attribut wird bei der Beschreibung des Layoutprozesses für Liniengrafiken (s. 8.3) noch genauer eingegangen. Der *Default*-Wert für das Attribut ist automatic.

Nun sei auf diejenigen *presentation attributes* eingegangen, die *Default*-Werte für Parameter der CGM-Bilder festlegen. Die Grundidee dabei ist: Ein CGM enthält zahlreiche Parameter, denen bei der Dar-

stellung des Bildes auf einem Ausgabemedium Werte zugewiesen werden
müssen. Zum Beispiel muß festgelegt werden, in welcher Breite Linien
gezeichnet, mit welchem Zeichenfont Texte in der Grafik dargestellt oder
mit welchem Muster und in welcher Farbe Flächen gefüllt werden sollen.
Solche Angaben hängen in der Regel von der Ausgabehardware ab und
sind deshalb meist nicht im CGM enthalten. Der Empfänger eines CGM,
der das darin enthaltene Bild wiedergeben will, wird diesen Parametern
üblicherweise bei der Wiedergabe zu seiner Ausgabehardware passende
Werte zuweisen.

Damit diese Zuweisung bei der Verwendung eines CGM in einem ODA-
Dokument erfolgen kann, stellt die ODA-Norm hierfür neun Parameter
zur Verfügung: colour representations, edge rendition, filled area rendition,
geometric graphics encoding announcer, line rendition, marker rendition, text
rendition, transformation specification und transparency specification. Diese
Attribute haben in der Regel zahlreiche Parameter und Subparameter, die
meistens einem CGM-Parameter entsprechen.

Beispielsweise gibt es bei dem Attribut line rendition den Parameter
Line Width, mit dem man dem CGM-Parameter Line Width einen Wert
zuweisen kann. Bei der Interpretation des CGM während des Layoutprozesses oder des *imaging process* wird dieser Wert zur Bestimmung der
Breite von Linien verwendet.

Zwar werden auch in der CGM-Norm *Default*-Werte für diese CGM-
Parameter angegeben, sie werden jedoch nicht in die ODA-Norm übernommen, sondern dort nochmals explizit für alle relevanten CGM-Parameter spezifiziert. (In vielen Fällen stimmen sie allerdings mit den entsprechenden *Default*-Werten der CGM-Norm überein.)

Im folgenden werden die zulässigen ODA-Attribute nur knapp beschrieben, insbesondere wird in der Regel nicht auf die Bedeutung
der Parameter eingegangen, wenn es sich um CGM-Parameter handelt (genauer: wenn diesem Parameter ein gleichnamiger CGM-Parameter entspricht). Ihre Bedeutung kann in der ISO-Norm 8632 nach-
gelesen werden. Ohne Kenntnis dieser Norm dürften dem Leser einige
der nachfolgenden Ausführungen unverständlich sein, da zwar einige Begriffe aus dieser Norm im Text verwendet, aber hier nicht erklärt werden.

Es wird – wie in Teil 8 der ODA-Norm auch – folgende Schreibweise
verwendet: Wenn ein Parametername beziehungsweise die einzelnen Teile
eines Parameternamens mit einem Großbuchstaben beginnen (siehe das
oben erwähnte Beispiel Line Width), ist damit ausgedrückt, daß es sich
um den gleichnamigen Parameter der Norm ISO 8632 handelt. Das gleiche gilt, wie schon erwähnt, auch für Datentypen: Wenn ein Datentyp mit Großbuchstaben geschrieben wird (man vergleiche zum Beispiel

den Wert des Parameters Colour Value Extent bei dem nachfolgend beschriebenen Attribut geometric graphics encoding announcer), wird damit ausgedrückt, daß dieser Datentyp in der Norm ISO 8632 beschrieben ist.

Das Attribut **geometric graphics encoding announcer** hat die elf CGM-Parameter Colour Index Precision, Colour Precision, Colour Selection Mode, Colour Value Extent, Index Precision, Integer Precision, Maximum Colour Index, Real Precision, VDC Integer Precision, VDC Real Precision und VDC Type. Alle Parameter sind optional. Es gilt somit:

geometric graphics encoding announcer =
    {[Colour Index Precision = $(8^\dagger \,|\, 16^\dagger \,|\, 24^\dagger \,|\, 32^\dagger)$]
    [Colour Precision = $(8^\dagger \,|\, 16^\dagger \,|\, 24^\dagger \,|\, 32^\dagger)$]
    [Colour Selection Mode = $(\text{indexed}^\dagger \,|\, \text{direct}^\dagger)$]
    [Colour Value Extent = '*Direct Colour Value Pair*']
    [Index Precision = $(8^\dagger \,|\, 16^\dagger \,|\, 24^\dagger \,|\, 32^\dagger)$]
    [Integer Precision = $(8^\dagger \,|\, 16^\dagger \,|\, 24^\dagger \,|\, 32^\dagger)$]
    [Maximum Colour Index = '*non-negative integer*'†]
    [Real Precision = $(\{\text{floating point format},9,23\}^\dagger$
                   $|\, \{\text{floating point format},12,52\}^\dagger$
                    $|\, \{\text{fixed point format},16,16\}^\dagger$
                    $|\, \{\text{fixed point format},32,32\}^\dagger)$]
    [VDC Integer Precision = $(16^\dagger \,|\, 24^\dagger \,|\, 32^\dagger)$]
    [VDC Real Precision = $(\{\text{floating point format},9,23\}^\dagger$
                    $|\, \{\text{floating point format},12,52\}^\dagger$
                    $|\, \{\text{fixed point format},16,16\}^\dagger$
                    $|\, \{\text{fixed point format},32,32\}^\dagger)$]
    [VDC Type = $(\text{integer}^\dagger \,|\, \text{real}^\dagger)$]}

Mit dem Attribut werden die *Default*-Werte für die angegebenen elf CGM-Parameter gesetzt. Falls einer oder mehrere der Parameter fehlen, gelten folgende *Default*-Werte: Colour Index Precision = 8; Colour Precision = 8; Colour Selection Mode = indexed; Colour Value Extent = ((0,0,0), (255,255,255)); Index Precision = 16; Integer Precision = 16; Maximum Colour Index = 63; Real Precision = {fixed point format,16,16}; VDC Integer Precision = 16; VDC Real Precision = {fixed point format,16,16}; VDC Type = integer.

Das Attribut **transformation specification** hat die drei CGM-Parameter Clip Indicator, Clip Rectangle und VDC Extent. Alle Parameter sind optional. Es gilt somit:

    transformation specification =
        {[Clip Indicator = (off[†] | on[†])]
         [Clip Rectangle = ' *VDC Pair* '[†]]
         [VDC Extent = ' *VDC Pair* '[†]]}

Mit dem Attribut werden die *Default*-Werte für die drei angegebenen CGM-Parameter gesetzt. Falls einer oder mehrere der Parameter fehlen, gilt: Der *Default*-Wert des Parameters Clip Indicator ist on. Der *Default*-Wert des Parameters Clip Rectangle ist der Wert des Parameters VDC Extent, und der *Default*-Wert des Parameters VDC Extent ist $((0,0), (1,1))$.

Das Attribut transparency specification hat die zwei CGM-Parameter Auxiliary Colour und Transparency. Beide Parameter sind optional. Es gilt somit:

    transparency specification =
        {[Auxiliary Colour =
                (' *non-negative integer* '[†] | ' *Direct Colour Value* '[†])]
         [Transparency = (off[†] | on[†])]}

Mit dem Attribut werden die *Default*-Werte für die beiden angegebenen CGM-Parameter gesetzt. Falls einer oder beide Parameter fehlen, gilt: Der *Default*-Wert des Parameters Transparency ist on; der *Default*-Wert des Parameters Auxiliary Colour ist 0 beim *indexed colour mode* beziehungsweise background beim *direct colour mode*.

Das Attribut colour representations hat den Parameter colour table specifications und den CGM-Parameter Background Colour. Der Parameter colour table specifications besteht aus einer Folge, deren Elemente jeweils aus den Subparametern starting index und colour list bestehen. Der Wert des Subparameters starting index ist eine nicht negative Zahl. Der Wert des Subparameters colour list ist eine Menge, deren Elemente *Direct Colour Values* sind. Die Werte der beiden Subparameter werden nach dem *binary encoding scheme* der CGM-Norm codiert. Beide Parameter sind optional. Es gilt also:

    colour representations =
        {[colour table specifications =
                ⟦ [starting index = ' *non-negative integer* '
                    colour list = {[' *Direct Colour Value* '[†]]+}]+ ⟧]
         [Background Colour = ' *Direct Colour Value* '[†]]}

Mit dem Parameter Background Colour läßt sich ein *Default*-Wert für den entsprechenden CGM-Parameter festlegen. Falls dieser Parameter fehlt, wird der Wert background genommen.

Der Parameter colour table specifications liefert eine Zuordnung von *direct colour values* zu Indexnummern der *colour table*. Für den Wert *background* wird der *colour table*-Index 0 und für den Wert *foreground* der Index 1 genommen, sofern nichts anderes angegeben ist. Der *Default*-Wert für den Parameter colour table specifications ist eine leere Liste.

Das Attribut edge rendition hat die beiden Parameter edge aspect source flags und edge bundle specifications sowie die sechs CGM-Parameter Edge Bundle Index, Edge Colour, Edge Type, Edge Visibility, Edge Width und Edge Width Specification Mode. Der Wert des Parameters edge aspect source flags ist eine Menge, deren Elemente aus den drei Subparametern edge colour asf, edge type asf und edge width asf bestehen. Die Werte dieser drei Subparameter sind entweder bundled oder individual. Der Wert des Parameters edge bundle specifications ist eine Menge, deren Elemente jeweils aus den Subparametern edge bundle representation und Edge Bundle Index bestehen. Der Subparameter edge bundle representation besteht aus den drei Subsubparametern Edge Colour, Edge Type und Edge Width. Alle Parameter sind optional. Das Attribut ist also wie auf der gegenüberliegenden Seite gezeigt strukturiert.

Mit dem Attribut werden die *Default*-Werte gesetzt, die bei der Darstellung der Ränder von *filled areas* angewendet werden sollen, falls diese Werte nicht explizit im CGM gesetzt werden. Mit den beiden Parametern edge aspect source flags und edge bundle specifications wird derjenige Zustand festgelegt, der zu Beginn des *imaging process* für Liniengrafiken (s. 8.4) angewandt wird. Zumindest für die ersten fünf *edge bundle*-Indizes sollten Werte angegeben werden; ansonsten werden die Werte hierfür nach Abb. 60 ermittelt.

Wenn für einige oder alle Parameter keine Angaben gemacht werden, gelten folgende *Default*-Werte: edge aspect source flags = {edge colour asf = individual, edge type asf = individual, edge width asf =individual}; edge bundle specifications = {} (keine Angaben); Edge Bundle Index = 1; Edge Colour = 1 beim *indexed colour mode* beziehungsweise Edge Colour = foreground beim *direct colour mode*; Edge Type = 1; Edge Visibility = off; Edge Width = 1.0 im *scaled mode* beziehungsweise Edge Width = $\frac{1}{1000}$ der Länge der längsten Seite des VDC-Bereichs im *absolute mode*; Edge Width Specification Mode = scaled.

Man beachte, daß bei dem Parameter Edge Type nur Werte zulässig sind, deren Bedeutung entweder in der CGM-Norm festgelegt ist oder für

edge rendition =
    {[edge aspect source flags =
            {edge colour asf = (bundled | individual)
            edge type asf = (bundled | individual)
            edge width asf = (bundled | individual)}]
    [edge bundle specifications =
        {[edge bundle representation =
            {Edge Colour =
                ('*non-negative integer*'[†] | '*Direct Colour Value*'[†])
            Edge Type = '*positive integer*'[†]
            Edge Width =
                ('*non-negative real*'[†] | '*non-negative VDC Value*'[†])}
            Edge Bundle Index = '*positive integer*']⁺}
    [Edge Bundle Index = '*positive integer*'[†]]]
    [Edge Colour =
        ('*non-negative integer*'[†] | '*Direct Colour Value*'[†])]
    [Edge Type = '*positive integer*'[†]]
    [Edge Visibility = (off[†] | on[†])]
    [Edge Width =
        ('*non-negative real*'[†] | '*non-negative VDC Value*'[†])]
    [Edge Width Specification Mode = (absolute[†] | scaled[†])]}

Edge Bundle Index	*Edge Type*	*Edge Colour*		*Edge Width*	
		indexed	*direct*	*scaled*	*absolute*
1	1 (*solid*)	1	*foreground*	1.0	$\frac{1}{1000}\cdot VDC$-Größe
2	2 (*dash*)	1	*foreground*	1.0	$\frac{1}{1000}\cdot VDC$-Größe
3	3 (*dot*)	1	*foreground*	1.0	$\frac{1}{1000}\cdot VDC$-Größe
4	4 (*dash-dot*)	1	*foreground*	1.0	$\frac{1}{1000}\cdot VDC$-Größe
5	5 (*dash-dot-dot*)	1	*foreground*	1.0	$\frac{1}{1000}\cdot VDC$-Größe

Bemerkung: *VDC*-Größe ist die längste Seite des *VDC*-Raumes

Abb. 60: *Default*-Werte für die *edge bundle representations*

die ein Registrierungsverfahren entsprechend der CGM-Norm stattgefunden hat.

Das Attribut **filled area rendition** hat die drei Parameter **fill aspect source flags**, **fill bundle specifications** und **pattern table specifications** sowie

die sieben CGM-Parameter Fill Bundle Index, Fill Colour, Fill Reference
Point, Hatch Index, Interior Style, Pattern Index und Pattern Size.

Der Wert des Parameters fill aspect source flags besteht aus den vier
Subparametern fill colour asf, hatch index asf, interior style asf und pattern
index asf, deren Werte jeweils bundled oder individual sind.

Der Wert des Parameters fill bundle specifications ist eine Menge, deren
Elemente jeweils aus den Subparametern fill bundle representation und Fill
Bundle Index bestehen. Der Wert des Subparameters fill bundle represen-
tation besteht aus den vier Subsubparametern Fill Colour, Hatch Index,
Interior Style und Pattern Index.

Der Wert des Parameters pattern table specifications ist eine Menge,
deren Elemente aus den Subparametern colour, local colour precision, nx,
ny und pattern table specifications bestehen. Der Wert des Subsubpa-
rameters colour ist entweder eine Folge nicht negativer Zahlen oder ein
Folge von *Direct Colour Values*. Die Länge dieser Folge, also die Zahl ihrer Elemente, ergibt sich als Produkt der Werte der Subsubparameter nx
(Anzahl der Spalten des Musters) und ny (Anzahl der Zeilen des Musters),
denn jeder Zelle des Musters muß ja ein Farbwert zugeordnet werden. Der
Wert des Subparameters local colour precision ist entweder 0, 1, 2, 4, 8,
16, 24 oder 32. Die Werte der Subsubparameter nx, ny und pattern table
index sind positive Zahlen. Alle Parameter sind optional. Das Attribut
ist also wie auf der gegenüberliegenden Seite gezeigt strukturiert.

Mit diesem Attribut werden die *Default*-Werte zur Darstellung des In-
neren bei *filled areas* festgelegt, sofern im CGM nichts anderes angegeben
ist. Mit dem Parameter pattern table specifications lassen sich Einträge
für die *pattern table* angeben.

Mit den Parametern fill aspect source flags und fill bundle specifications
wird derjenige Zustand festgelegt, der zu Beginn des *imaging process* für
Liniengrafiken (s. 8.4) angewendet wird. Zumindest für die ersten fünf
fill bundle Indizes sollten Werte angegeben werden; ansonsten werden die
Werte hierfür nach Abb. 61 ermittelt.

Falls für einige oder alle Parameter keine Angaben gemacht werden,
gelten folgende *Default*-Werte: fill aspect source flags = {fill colour asf =
individual, hatch index asf = individual, interior style asf = individual, pattern
index asf =individual}; fill bundle specifications = {} (keine Angaben);
pattern table specifications = {} (keine Angaben); Fill Bundle Index = 1; Fill
Colour = 1 beim *indexed mode* beziehungsweise Fill Colour = foreground
beim *direct mode*; Fill Reference Point = erste Ecke des VDC-Bereichs;
Hatch Index = 1; Interior Style = hollow; Pattern Index = 1; Pattern Size =
{height vector x component = 0, height vector y component = Höhe des
VDC-Bereichs, width vector x component = Breite des VDC-Bereichs,
width vector y component = 0}.

filled area rendition =
  { [fill aspect source flags =
      { fill colour asf = (bundled | individual)
        hatch index asf = (bundled | individual)
        interior style asf = (bundled | individual)
        pattern index asf = (bundled | individual) }]
  [fill bundle specifications =
      { [fill bundle representation =
          { Fill Colour =
              ('*non-negative integer*'† | '*Direct Colour Value*'†)
            Hatch Index = '*positive integer*'†
            Interior Style = (empty† | hatch† | hollow† | pattern† | solid†)
            Pattern Index = '*positive integer*'† }
        Fill Bundle Index = '*positive integer*']$^+$ }]
  [pattern table specifications =
      { [colour =
          ([[['*non-negative integer*'†]$^+$]] | [[['*Direct Colour Value*'†]$^+$]])
        local colour precision = (0† | 1† | 2† | 4† | 8† | 16† | 24† | 32†)
        nx = '*positive integer*'†
        ny = '*positive integer*'†
        pattern table index = '*positive integer*'†]$^+$ }]
  [Fill Bundle Index = '*positive integer*'†]
  [Fill Colour = ('*non-negative integer*'† | '*Direct Colour Value*'†)]
  [Fill Reference Point = '*VDC Pair*'†]
  [Hatch Index = '*positive integer*'†]
  [Interior Style = (empty† | hatch† | hollow† | pattern† | solid†)]
  [Pattern Index = '*positive integer*'†]
  [Pattern Size = {height vector x component = '*VDC Value*'†
                   height vector y component = '*VDC Value*'†
                   width vector x component = '*VDC Value*'†
                   width vector y component = '*VDC Value*'† }] }

Man beachte, daß bei dem Parameter Hatch Index nur Werte zulässig
sind, deren Bedeutung entweder in der CGM-Norm festgelegt ist oder für
die ein Registrierungsverfahren entsprechend der CGM-Norm stattgefunden hat.

Filled Area Bundle Index	Interior Style	Hatch Index	Pattern Index	Fill Colour indexed direct		
1	hollow	1 (horizontale parallele Linien)	1	1		foreground
2	hatch	1 (horizontale parallele Linien)	1	1		foreground
3	hatch	2 (vertikale parallele Linien)	1	1		foreground
4	hatch	3 (positiv geneigte parallele Linien)	1	1		foreground
5	hatch	4 (negativ geneigte parallele Linien)	1	1		foreground

Abb. 61: *Default*-Werte für die *fill area bundle representations*

Das Attribut line rendition hat die beiden Parameter line aspect source flags und line bundle specifications sowie die fünf CGM-Parameter Line Bundle Index, Line Colour, Line Type, Line Width und Line Width Specification Mode. Der Parameter line aspect source flags hat die drei Subparameter line colour asf, line type asf und line width asf, deren Werte entweder bundled oder individual sind.

Der Wert des Parameters line bundle specifications ist eine Menge, deren Elemente jeweils aus den beiden Subparametern line bundle representation und Line Bundle Index bestehen. Der Subparameter line bundle representation besteht aus den drei Subparametern Line Colour, Line Type und Line Width. Das Attribut ist also wie auf der gegenüberliegenden Seite gezeigt strukturiert.

Mit diesem Attribut werden die *Default*-Werte zur Darstellung von Linien festgelegt, sofern im CGM nichts anderes angegeben ist. Mit den Parametern line aspect source flags und line bundle specifications wird derjenige Zustand festgelegt, der zu Beginn des *imaging process* für Liniengrafiken (s. 8.4) angewendet wird. Zumindest für die ersten fünf *line bundle* Indizes sollten Werte angegeben werden; ansonsten werden die Werte hierfür nach Abb. 62 ermittelt.

Man beachte, daß bei dem Parameter Line Type nur Werte zulässig sind, deren Bedeutung entweder in der CGM-Norm festgelegt ist oder für die ein Registrierungsverfahren entsprechend der CGM-Norm stattgefunden hat.

Wenn für einige oder alle Parameter keine Angaben gemacht werden, gelten folgende *Default*-Werte: line aspect source flags = {line colour asf = individual, line type asf = individual, line width asf =individual}; line

```
line rendition =
  {[line aspect source flags =
       {line colour asf = (bundled | individual)
        line type asf = (bundled | individual)
        line width asf = (bundled | individual)}]
   [line bundle specifications =
     {[line bundle representation =
         {Line Colour =
             ('non-negative integer'† | 'Direct Colour Value'†)
          Line Type = 'positive integer'†
          Line Width =
             ('non-negative real'† | 'non-negative VDC Value'†)}
       Line Bundle Index = 'positive integer']+}]
   [Line Bundle Index = 'positive integer'†]
   [Line Colour =
       ('non-negative integer'† | 'Direct Colour Value'†)]
   [Line Type = 'positive integer'†]
   [Line Width =
       ('non-negative real'† | 'non-negative VDC Value'†)]
   [Line Width Specification Mode = (absolute† | scaled†)]}
```

Line Bundle Index	Line Type	Line Colour		Line Width	
		indexed	direct	scaled	absoloute
1	1 (*solid*)	1	*foreground*	1.0	$\frac{1}{1000}\cdot$ *VDC*-Größe
2	2 (*dash*)	1	*foreground*	1.0	$\frac{1}{1000}\cdot$ *VDC*-Größe
3	3 (*dot*)	1	*foreground*	1.0	$\frac{1}{1000}\cdot$ *VDC*-Größe
4	4 (*dash-dot*)	1	*foreground*	1.0	$\frac{1}{1000}\cdot$ *VDC*-Größe
5	5 (*dash-dot-dot*)	1	*foreground*	1.0	$\frac{1}{1000}\cdot$ *VDC*-Größe

Bemerkung: *VDC*-Größe ist die längste Seite des *VDC*-Raumes

Abb. 62: *Default*-Werte für die *line bundle representations*

bundle specifications = {} (keine Angaben); Line Bundle Index = 1; Line Colour = 1 beim *indexed colour mode* beziehungsweise Line Colour = foreground beim *direct colour mode*; Line Type = 1; Line Width = 1.0 im *scaled mode* beziehungsweise Line Width = $\frac{1}{1000}$ der Länge der längsten Seite des VDC-Bereichs im *absolute mode*; Line Width Specification Mode = scaled.

Das Attribut marker rendition hat die beiden Parameter marker aspect source flags und marker bundle specifications sowie die fünf CGM-Parameter Marker Bundle Index, Marker Colour, Marker Size, Marker Size Specification Mode und Marker Type. Der Parameter marker aspect source flags besteht aus den drei Subparametern marker colour asf, marker size asf und marker type asf, deren Wert entweder bundled oder individual ist. Der Wert des Parameters marker bundle specifications ist eine Menge, deren Elemente jeweils aus den beiden Subparametern marker bundle representation und Marker Bundle Index bestehen. Der Subparameter marker bundle representation besteht aus den drei Subsubparametern Marker Colour, Marker Size und Marker Type. Alle Parameter sind optional. Es gilt somit:

```
marker rendition =
   {[marker aspect source flags =
             {marker colour asf = (bundled | individual)
              marker size asf = (bundled | individual)
              marker type asf = (bundled | individual)}]
    [marker bundle specifications =
             {[marker bundle representation =
                    {Marker Colour = ('non-negative integer'†
                                    | 'Direct Colour Value'†)
                     Marker Type = 'positive integer'†
                     Marker Size = ('non-negative real'†
                                    | 'non-negative VDC Value'†)}
              Marker Bundle Index = 'positive integer']+}]
    [Marker Bundle Index = 'positive integer'†]
    [Marker Colour = ('non-negative integer'†
                    | 'Direct Colour Value'†)]
    [Marker Size = ('non-negative real'†
                    | 'non-negative VDC Value'†)]
    [Marker Size Specification Mode = (absolute† | scaled†)]
    [Marker Type = 'positive integer'†]}
```

Mit diesem Attribut werden die *Default*-Werte zur Darstellung der *marker* festgelegt, sofern im CGM nichts anderes angegeben ist. Mit den Parametern marker aspect source flags und marker bundle specifications wird derjenige Zustand festgelegt, der zu Beginn des *imaging process* für Liniengrafiken (s. 8.4) angewendet wird. Zumindest für die ersten fünf *marker bundle* Indizes sollten Werte angegeben werden; ansonsten werden die Werte hierfür nach Abb. 63 ermittelt.

Man beachte, daß bei dem Parameter Marker Type nur Werte zulässig sind, deren Bedeutung entweder in der CGM-Norm festgelegt ist oder für

Marker Bundle Index	*Marker Type*	*Marker Colour* indexed	direct	*Marker Size* scaled	absoloute
1	1 (*dot*)	1	*foreground*	1.0	$\frac{1}{100}$ · *VDC*-Größe
2	2 (*plus*)	1	*foreground*	1.0	$\frac{1}{100}$ · *VDC*-Größe
3	3 (*asterix*)	1	*foreground*	1.0	$\frac{1}{100}$ · *VDC*-Größe
4	4 (*circle*)	1	*foreground*	1.0	$\frac{1}{100}$ · *VDC*-Größe
5	5 (*cross*)	1	*foreground*	1.0	$\frac{1}{100}$ · *VDC*-Größe

Bemerkung: *VDC*-Größe ist die längste Seite des *VDC*-Raumes

Abb. 63: *Default*-Werte für die *marker bundle representations*

die ein Registrierungsverfahren entsprechend der CGM-Norm stattgefunden hat.

Wenn für einige oder alle Parameter keine Angaben gemacht werden, gelten folgende *Default*-Werte: marker aspect source flags = {marker colour asf = individual, marker size asf = individual, marker type asf =individual}; marker bundle specifications = {} (keine Angaben); Marker Bundle Index = 1; Marker Colour = 1 beim *indexed colour mode* beziehungsweise Marker Colour = foreground beim *direct colour mode*; Marker Size = 1.0 im *scaled mode* beziehungsweise Marker Size = $\frac{1}{100}$ der Länge der längsten Seite des VDC-Bereichs im *absolute mode*; Marker Size Specification Mode = scaled; Marker Type = 3 (*asterix*).

Das Attribut text rendition hat die beiden Parameter text aspect source flags und text bundle specifications sowie die 15 CGM-Parameter Alternate Character Set Index, Font List, Character Coding Announcer, Character Expansion Factor, Character Height, Character Orientation, Character Set Index, Character Set List, Character Spacing, Text Alignment, Text Font Index, Text Bundle Index, Text Colour, Text Path und Text Precision. Der Wert des Parameters text aspect source flags besteht aus den fünf Subparametern character expansion factor asf, character spacing asf, text colour asf, text font asf und text precision asf, deren Werte entweder bundled oder individual sind.

Der Wert des Parameters text bundle specifications ist eine Menge, deren Elemente jeweils aus den Subparametern text bundle representation und Text Bundle Index bestehen. Der Subparameter text bundle representation besteht aus den fünf Subsubparametern Character Expansion Factor, Character Spacing, Text Colour, Text Font Index und Text Precision. Alle

Parameter sind optional. Das Attribut ist also wie auf der gegenüberliegenden Seite gezeigt strukturiert.

Mit diesem Attribut werden die *Default*-Werte zur Darstellung von Texten festgelegt, sofern im CGM nichts anderes angegeben ist. Mit den Parametern text aspect source flags und text bundle specifications wird derjenige Zustand festgelegt, der zu Beginn des *imaging process* für Liniengrafiken (s. 8.4) angewendet wird. Zumindest für die ersten beiden *text bundle* Indizes sollten Werte angegeben werden; ansonsten werden die Werte hierfür nach Abb. 64 ermittelt.

Text Bundle Index	*Font Index*	*Text Precision*	*Character Expansion Factor*	*Character Spacing*	*Text Colour*	
					indexed	*direct*
1	1	*string*	1.0	0.0	1	*foreground*
2	1	*character*	0.7	0.0	1	*foreground*

Abb. 64: *Default*-Werte für die *text bundle representations*

Wenn für einige oder alle Parameter keine Angaben gemacht werden, gelten die folgenden *Default*-Werte: text aspect source flags = {character expansion factor asf = individual, character spacing asf = individual, text colour asf = individual, text font asf = individual, text precision asf = individual)}; text bundle specifications = {} (keine Angaben); Alternate Character Set Index = 1; Font List = Liste mit einem Fontnamen, der den Zeichensatz ISO 646 (beziehungsweise die internationale Teilmenge davon) darstellen kann; Character Coding Announcer = basic 7-bit; Character Expansion Factor = 1.0; Character Height = $\frac{1}{100}$ der Länge der längsten Seite des VDC-Bereichs; Character Orientation = [[(0,1), (1,0)]]; Character Set Index = 1; Character Set List = {character set type = 94-character sets, designation sequence tail = *designation sequence tail*, das für einen Zeichensatz registriert ist, der den Zeichensatz ISO 646 (beziehungsweise die internationale Teilmenge davon) einschließt}; Character Spacing = 0.0; Text Alignment = {continuous horizontal alignment = normal horizontal, vertical alignment = normal vertical}; Text Font Index = 1; Text Bundle Index = 1; Text Colour = 1 beim *indexed colour mode* beziehungsweise Text Colour = foreground beim *direct colour mode*; Text Path = right; Text Precision = string.

text rendition =
  {[text aspect source flags =
     {character expansion factor asf = (bundled | individual)
      character spacing asf = (bundled | individual)
      text colour asf = (bundled | individual)
      text font asf = (bundled | individual)
      text precision asf = (bundled | individual)}]
   [text bundle specifications =
     {[text bundle representation =
        {Character Expansion Factor = '*positive real*'[t]
         Character Spacing = '*real*'[t]
         Text Colour =
             ('*non-negative integer*'[t] | '*Direct Colour Value*'[t])
         Text Font Index = '*positive integer*'[t]
         Text Precision = (character[t] | string[t] | stroke[t])}
       Text Bundle Index = '*positive integer*']$^+$}]
   [Alternate Character Set Index = '*positive integer*'[t]]
   [Font List = '*Registered Font Names List*'[t]]
   [Character Coding Announcer =
       (basic 7-bit[t] | basic 8-bit[t] | extended 7-bit[t] | extended 8-bit[t])]
   [Character Expansion Factor = '*positive real*'[t]]
   [Character Height = '*non-negative VDC value*'[t]]
   [Character Orientation = [['*VDC Pair*'[t] '*VDC Pair*'[t]]]]
   [Character Set Index = '*positive integer*'[t]]
   [Character Set List =
         {character set type =
             (94-character sets[t] | 94-character multibyte sets[t]
              | 96-character sets[t] | 96-character multibyte sets[t]
              | complete code[t])
          designation sequence tail =
             '*Registered Designation Sequence Tail*'[t]}]
   [Character Spacing = '*real*'[t]]
   [Text Alignment =
         {continuous horizontal alignment = '*real*'[t]
          continuous vertical alignment = '*real*'[t]
          horizontal alignment = (centre[t] | continuous horizontal[t]
                                  | left[t] | normal horizontal[t] | right[t])
          vertical alignment = (base[t] | bottom[t] | continuous vertical
                                  | cap[t] | half[t] | normal vertical[t] | top[t])}]
   [Text Font Index = '*positive integer*'[t]]
   [Text Bundle Index = '*positive integer*'[t]]
   [Text Colour =
         ('*non-negative integer*'[t] | '*Direct Colour Value*'[t])]
   [Text Path = (down[t] | left[t] | right[t] | up[t])
   [Text Precision = (character[t] | string[t] | stroke[t])]]}

8.2.3   Sonstige Attribute

In Teil 8 der Norm werden für drei Attribute aus Teil 2, nämlich für
content architecture class, content information und type of coding, Werte
festgelegt, die diese Attribute im Zusammenhang mit Liniengrafiken annehmen. (Das Attribut content type kann bei Liniengrafiken nicht verwendet werden.)

Der Wert des Attributs content architecture class ist bei Liniengrafik
ein *ASN.1 object identifier* mit dem Wert [2 8 2 8 0]:

content architecture class = [2 8 2 8 0]

Dieses Attribut wird bei *basic logical object classes*, *basic layout object
classes*, *basic logical objects* und *basic layout objects* angegeben und legt
fest, zu welcher *content architecture class* diesen Objekten oder Objektklassen zugeordnete *content portions* gehören. Die Angabe des *ASN.1
object identifier* [2 8 2 8 0] bedeutet, daß es sich um eine Liniengrafik
in *formatted processable form* handelt. Andere Möglichkeiten gibt es bei
Liniengrafiken nicht.

Der Wert des Attributs content information, das bei *content portions* angegeben wird, ist ein *byte string*, der die eigentliche Liniengrafik
repräsentiert:

content information = *byte string*

Der *byte string* ist ein *Computer Graphics Metafile* gemäß der ISO-
Norm 8631, Teil 1; als Codierung wird das sogenannte *binary encoding
scheme* gemäß ISO 8632, Teil 3, verwendet. Die einzige Einschränkung
bezüglich ISO 8632 ist, daß der CGM nur ein Bild enthalten darf und
nicht mehrere, was nach ISO 8632 grundsätzlich möglich ist.

Der Wert des Attributs type of coding, das bei *content portions* angegeben werden kann, ist ein *ASN.1 object identifier* mit dem Wert
[2 8 3 8 0]:

type of coding = [2 8 3 8 0]

Dieses Attribut wird bei *content portions* angegeben, die eine Liniengrafik enthalten. Da eine Liniengrafik in ODA-Dokumenten immer
gemäß dem *binary encoding scheme* von ISO 8631, Teil 3, codiert wird,

ist nur dieser eine Wert zulässig. Weitere *coding attributes* gibt es bei Liniengrafik nicht.

8.3 Der Layoutprozeß für Liniengrafiken

Der Layoutprozeß für Liniengrafiken ist eine der drei in der Norm beschriebenen Arten eines *content layout process*, der in Interaktion mit dem *document layout process* die Gestaltung von ODA-Dokumenten vornimmt. Wie auch sonst in der ODA-Norm üblich wird nicht der eigentliche Prozeß beschrieben, sondern im wesentlichen sein Ergebnis. Dieser Layoutprozeß ist sehr ähnlich der *scalable dimension* Methode des Layoutprozesses für Rastergrafiken, wie in 7.3 beschrieben. Der eigentliche Unterschied ist im Prinzip nur, daß das *aspect ratio* nicht wie bei Rastergrafiken durch das Verhältnis Zahl der Rasterzeilen zu Zahl der *pels* pro Rasterzeile bestimmt wird, sondern durch das Verhältnis vertikale Dimension zu horizontaler Dimension der *region of interest* festgelegt wird. Um dem Leser das Nachschlagen in 7.3 und das „Übersetzen" der auf die Rastergrafik bezogenen Formulierungen auf die Liniengrafik zu ersparen, soll der Layoutprozeß für Liniengrafiken hier detailliert beschrieben werden.

Der Layoutprozeß bei Liniengrafiken nimmt eine *content portion*, die einem *basic logical object* zugeordnet ist und *formatted processable geometric graphics content* enthält, und erzeugt ein *basic layout object*, das die Grafik enthält. Insbesondere werden dabei die Dimensionen (Höhe und Breite) des *basic layout object* bestimmt und dem *document layout process* (s. 3.5.2) mitgeteilt, der dann die genaue Positionierung des *basic layout object* in der dem *document layout process* zur Verfügung stehenden Fläche (*available area*) vornimmt.

Dem Layoutprozeß für Liniengrafiken wird vom *document layout process* mitgeteilt, welche maximalen Dimensionen (Höhe und Breite) das *basic layout object* annehmen kann. Mit diesen Randbedingungen und unter Berücksichtigung der Werte der relevanten Attribute versucht der Layoutprozeß dann, die tatsächlichen Dimensionen des *basic layout object* zu bestimmen und die Grafik aufzubauen. Wenn die Grafik in die für das *basic layout object* maximal zur Verfügung stehende Fläche paßt, ist der Layoutprozeß erfolgreich verlaufen. Wenn sie nicht hineinpaßt, muß der *document layout process* entscheiden, ob er ein anderes *basic layout object* mit größeren Dimensionen bereitstellen kann und mit diesem der Layoutprozeß für die Grafik nochmals durchgeführt werden soll.

Bevor dieser Layoutprozeß genauer beschrieben wird, sollen noch einige Begriffe eingeführt werden, die im folgenden verwendet werden.

h_{aa} soll die horizontale Größe der *available area* bezeichnen, die dem Layoutprozeß für Liniengrafik vom *content layout process* zur Verfügung gestellt wird. Sie wird in *scaled measurement units* gemessen.

v_{aa} soll die vertikale Größe der *available area* bezeichnen, die dem Layoutprozeß für Liniengrafik vom *content layout process* zur Verfügung gestellt wird. Sie wird in *scaled measurement units* gemessen.

h_{bl} soll die horizontale Größe des *basic layout object* (*block*) bezeichnen, die vom Layoutprozeß für die Liniengrafik ermittelt wird. Sie wird in *scaled measurement units* gemessen.

v_{bl} soll die vertikale Größe des *basic layout object* (*block*) bezeichnen, die vom Layoutprozeß für die Liniengrafik ermittelt wird. Sie wird in *scaled measurement units* gemessen.

ar soll das *aspect ratio* der *region of interest* bezeichnen. Dieser Wert ergibt sich als das Verhältnis Breite zu Höhe der *region of interest*, falls der Wert des Attributs **picture orientation** 0° oder 180° ist, beziehungsweise als das Verhältnis Höhe zu Breite der *region of interest*, falls der Wert des Attributs **picture orientation** 90° oder 270° ist (s. Abb. 57 und 58).

Vor Beginn des Layoutprozeses für eine Liniengrafik sind also stets die Werte h_{aa}, v_{aa} und ar bekannt, die Werte h_{bl} und v_{bl} sind Ergebnisse des Layoutprozesses.

Nachfolgend wird immer davon ausgegangen, daß der Layoutprozeß sich nur mit dem durch den Wert des Attributs **region of interest specification** (s. S. 282) angegebenen Ausschnitt beschäftigt, für den Layoutprozeß ist also gewissermassen der restliche Teil der Grafik des CGM gar nicht vorhanden.

Die Berechnungsart für die Werte h_{bl} und v_{bl} hängt vom Wert des Attributs **picture dimensions** ab; es lassen sich vier Verfahren unterscheiden, entsprechend den vier Parametern, die dieses Attribut haben kann:

1. Bei dem Attribut **picture dimensions** ist der Parameter **width controlled** angegeben, der mit dem Subparameter **minimum width** eine minimale, mit dem Subparameter **preferred width** eine maximale (anzustrebende) Breite der Grafik angibt.

    Die Werte h_{bl} und v_{bl} werden dann so festgelegt, daß h_{bl} so groß wie möglich wird, das Verhältnis Höhe zu Breite der Grafik eingehalten wird und h_{bl} und v_{bl} im Bereich der *available area* liegen. Es wird also das maximale h_{bl} ermittelt, das folgende drei Bedingungen erfüllt:

(1)   minimum width $\leq h_{bl} \leq$ min(h_{aa}, preferred width)

(2) $v_{bl} \leq v_{aa}$

(3) $\dfrac{h_{bl}}{v_{bl}} = ar$

(Die Funktion min(a, b) soll als Wert das Minimum von a oder b liefern.) Es kann allerdings sein, daß keine Werte h_{bl} und v_{bl} ermittelt werden können, die diese Bedingungen erfüllen, der Layoutprozeß also nicht erfolgreich durchgeführt werden kann.

Zum besseren Verständnis betrachte man das Beispiel in Abb. 65.

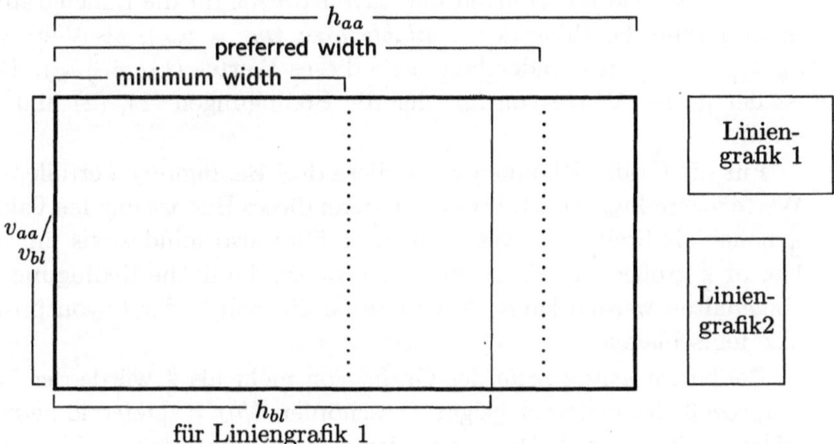

Abb. 65: Layoutverfahren beim Parameter width controlled

Der dick umrandetet Bereich soll die *available area* darstellen, die dem Layoutprozeß für die Grafik vom *document layout process* zur Verfügung gestellt wird. Das Verhältnis Breite zu Höhe beträgt bei dieser Fläche 2 : 1. Die Werte der Parameter minimum width und preferred width des Attributs picture dimensions sind ebenfalls grafisch dargestellt. Die minimum width soll die Hälfte, die preferred width $\frac{5}{6}$ der Breite der *available area* betragen. Insbesondere ist die minimum width gleich dem Wert von v_{aa}, die preferred width entspricht $\frac{5}{3}v_{aa}$.

Neben dieser Fläche sind zwei Grafiken gezeichnet, wobei die erste ein *aspect ratio* (Verhältnis Breite zu Höhe) von 3 : 2, die zweite ein *aspect ratio* von 2 : 3 haben möge.

Zusammengefaßt ergibt sich also folgende Ausgangslage:

$$v_{aa} = x \quad \text{SMU} \quad \text{(der tatsächliche Wert von } x \text{ ist für}$$
$$\text{das Beispiel ohne Bedeutung)}$$

$$h_{aa} = 2x \quad \text{SMU}$$
$$\text{minimum width} = x \quad \text{SMU}$$
$$\text{preferred width} = \tfrac{5}{3}x \quad \text{SMU}$$
$$ar = \tfrac{3}{2} \quad \text{für Rasterbild 1}$$
$$ar = \tfrac{2}{3} \quad \text{für Rasterbild 2}$$

Nur das Verhältnis *ar*, nicht die tatsächlichen Werte von n_p, n_l und *sr*, ist für das Beispiel von Interesse.

Als Wert von v_{bl} ermittelt der Layoutprozeß für die Liniengrafik 1 dann gerade die Höhe der *available area* ($v_{bl} = v_{aa}$), als Wert von h_{bl} ergibt sich das Anderthalbfache dieses Wertes ($h_{bl} = \tfrac{3}{2}v_{bl}$). Dies ist der größte Werte von h_{bl}, der die Bedingungen (1), (2) und (3) erfüllt.

Für die Grafik 2 können keine diese drei Bedingungen erfüllenden Werte h_{bl} und v_{bl} ermittelt werden, denn dieses Bild ist um den Faktor $\tfrac{3}{2}$ höher als breit, der Wert von v_{aa} müßte also mindestens um den Faktor $\tfrac{3}{2}$ größer sein als die **minimum width**, damit die Bedingung (2) eingehalten werden kann. Für diese Grafik würde der Layoutprozeß also fehlschlagen.

Bei einem *aspect ratio* der Grafik von mehr als $\tfrac{5}{3}$ würde der Layoutprozeß die **preferred height** ausschöpfen (h_{bl} = **preferred height**), während die vertikale Dimension der *available area* nicht voll benötigt würde ($v_{bl} < v_{aa}$).

2. Bei dem Attribut **picture dimensions** ist der Parameter **height** controlled angegeben, der mit dem Subparameter **minimum height** eine minimale, mit dem Subparameter **preferred height** eine maximale (anzustrebende) Höhe der Grafik angibt.

Die Werte h_{bl} und v_{bl} werden dann so festgelegt, daß v_{bl} so groß wie möglich wird, das Verhältnis Höhe zu Breite der Grafik eingehalten wird und h_{bl} und v_{bl} im Bereich der *available area* liegen. Es wird also das maximale v_{bl} ermittelt, das folgende drei Bedingungen erfüllt:

(4) $\text{minimum height} \leq v_{bl} \leq \min(v_{aa}, \text{preferred height})$

(5) $h_{bl} \leq h_{aa}$

(6) $\dfrac{h_{bl}}{v_{bl}} = ar$

Es kann allerdings sein, daß keine Werte h_{bl} und v_{bl} ermittelt werden können, die diese Bedingungen erfüllen, der Layoutprozeß also nicht erfolgreich durchgeführt werden kann.

Zum besseren Verständnis betrachte man das Beispiel in Abb. 66.

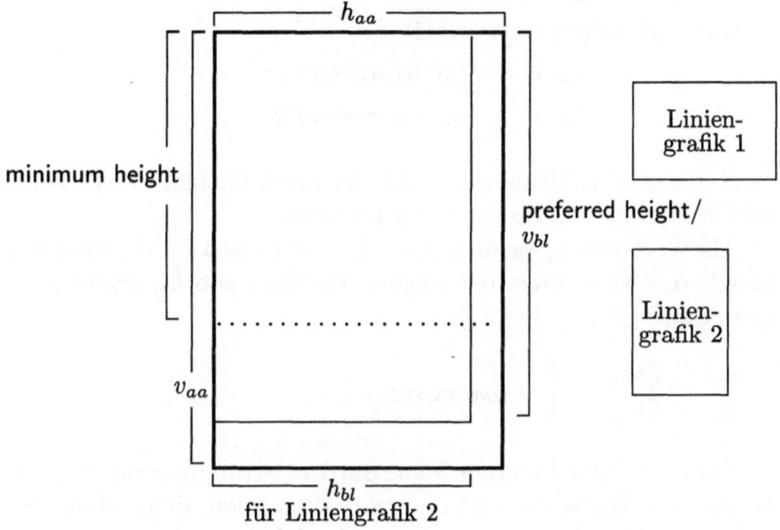

Abb. 66: Layoutverfahren beim Parameter height controlled

Der dick umrandetet Bereich soll wieder die *available area* darstellen, die dem Layoutprozeß für die Liniengrafik vom *document layout process* zur Verfügung gestellt wird. Das Verhältnis Breite zu Höhe beträgt bei dieser Fläche 2 : 3. Die Werte der Parameter minimum height und preferred height des Attributs picture dimensions sind ebenfalls grafisch dargestellt. Die minimum height soll $\frac{2}{3}$ und die preferred height $\frac{8}{9}$ der Höhe der *available area* betragen. Insbesondere ist die minimum height gleich dem Wert von h_{aa}, die preferred height entspricht $\frac{4}{3}h_{aa}$.

Neben dieser Fläche sind wieder zwei Grafiken mit einem *aspect ratio* von 3 : 2 (Liniengrafik 1) und 2 : 3 (Liniengrafik 2) eingezeichnet.

Zusammengefaßt ergibt sich also folgende Ausgangslage:

$$h_{aa} = x \quad \text{SMU} \quad \text{(der tatsächliche Wert von } x \text{ ist für}$$
$$\text{das Beispiel ohne Bedeutung)}$$

$$v_{aa} = \tfrac{3}{2}x \ \text{SMU}$$

$$\text{minimum height} = x \quad \text{SMU}$$

$$\text{preferred height} = \tfrac{4}{3}x \ \text{SMU}$$

$$ar = \tfrac{3}{2} \quad \text{für Rasterbild 1}$$

$$ar = \tfrac{2}{3} \quad \text{für Rasterbild 2}$$

Nur das Verhältnis ar, nicht die tatsächlichen Werte von n_p, n_l und sr, ist für das Beispiel von Interesse.

Als Wert von v_{bl} ermittelt der Layoutprozeß für die Grafik 2 dann gerade den Wert **preferred height**. Als Wert von h_{bl} ergibt sich $\tfrac{8}{9}h_{aa}$, denn dann gilt:

$$\frac{h_{bl}}{v_{bl}} = \frac{\tfrac{8}{9}h_{aa}}{\tfrac{4}{3}h_{aa}} = \frac{2}{3} = \textit{aspect ratio}$$

Für die Grafik 1 können keine die drei Bedingungen (4), (5) und (6) erfüllenden Werte h_{bl} und v_{bl} ermittelt werden, denn diese Grafik ist um den Faktor $\tfrac{3}{2}$ breiter als hoch, der Wert von h_{aa} müßte also mindestens um den Faktor $\tfrac{3}{2}$ größer sein als die minimum height, damit die Bedingung (5) eingehalten werden kann. Für diese Grafik würde der Layoutprozeß also fehlschlagen.

3. Bei dem Attribut **picture dimensions** ist der Parameter **area controlled** angegeben, der mit dem Subparameter **minimum height** eine minimale, mit dem Subparameter **preferred height** eine maximale (anzustrebende) Höhe sowie mit dem Subparameter **minimum width** eine minimale und mit dem Subparameter **preferred width** eine maximale (anzustrebende) Breite der Grafik angibt. Zusätzlich hat der Subparameter **aspect ratio flag** entweder den Wert **fixed** oder **variable**. Jetzt müssen zunächst folgende Bedingungen erfüllt sein:

(7)   minimum height $\leq v_{aa}$

(8)   minimum width $\leq h_{aa}$

Dies bedeutet, daß die *available area* für die gewünschte Minimalgröße der Grafik ausreicht. Für den weiteren Ablauf des Layoutprozesses kommt es auf den Wert von **aspect ratio flag** an.

Wenn der Subparameter **aspect ratio flag** den Wert **variable** hat, ist eine Verzerrung der Seitenverhältnisse der Grafik zulässig. Wenn die

Bedingungen (7) und (8) erfüllt sind, ist dann stets ein erfolgreicher Layoutprozeß durchführbar: Es ergibt sich in diesem Fall nämlich $h_{bl} = \min(h_{aa}, \text{preferred width})$ und $v_{bl} = \min(v_{aa}, \text{preferred height})$. Eine Verzerrung des Bildes ergibt sich immer dann, wenn gilt:

$$aspect\ ratio \neq \frac{\min(h_{aa}, \text{preferred width})}{\min(v_{aa}, \text{preferred height})}$$

Wenn der Subparameter **aspect ratio flag** den Wert fixed hat, ist keine Verzerrung der Seitenverhältnisse der Grafik zulässig. Dann müssen vom Layoutprozeß bei der Ermittlung der Werte von h_{bl} und v_{bl} (wie oben, sollen auch diese beiden Werte so groß wie möglich werden) noch folgende Bedingungen erfüllt werden:

(9)   minimum width $\leq h_{bl} \leq \min(h_{aa}, \text{preferred width})$

(10)   minimum height $\leq v_{bl} \leq \min(v_{aa}, \text{preferred height})$

(11) $\dfrac{h_{bl}}{v_{bl}} = ar$

Auf ein Beispiel soll hier verzichtet werden, da diese Variante des Layoutverfahrens praktisch eine Kombination der beiden vorhergehenden ist.

4.   Bei dem Attribut **picture dimensions** ist der Wert **automatic** angegeben. In diesem Fall wird vom Layoutprozeß versucht, die Breite des Bildes der Breite der *available area* anzupassen und die Höhe so zu bestimmen, daß das *aspect ration* beibehalten wird. Es ergibt sich also:

(12) $h_{bl} = h_{aa}$

(13) $v_{bl} = h_{bl} \times aspect\ ratio$

Auch dieser Layoutprozeß kann fehlschlagen, wenn der nach Formel (13) ermittelt Wert größer ist als der Wert von v_{aa}.

Dieses vierte Layoutverfahren ist im Prinzip ein Spezialfall des ersten Verfahrens, wenn man dort die Werte

minimum width = preferred width = h_{aa}

verwendet.

Bei allen vier Layoutprozessen ist außerdem noch zu beachten, daß die ermittelten Werte von h_{bl} und v_{bl} ganzzahlige Vielfache von *scaled measurement units* sein müssen.

8.4   Der *Imaging Process* für Liniengrafiken

Der *imaging process* für Liniengrafiken führt das eigentliche „Zeichnen"
der Grafik durch. (Man beachte, daß der Layoutprozeß für die Liniengrafik im wesentlichen nur die für die Grafik erforderliche Fläche in dem
basic layout object ermittelt hat, das die Grafik enthält.)

Zunächst wird ein Initialisierungsschritt durchgeführt, in dem allen
CGM-Parametern (zum Beispiel der Parameter, der die Liniendicke beschreibt, oder der Parameter, der den Zeichenfont für Texte festlegt) diejenigen Werte zugewiesen werden, die durch die *presentation attributes*
(s. 8.2.2) angegeben sind. Dies betrifft insbesondere die Parameter line
rendition, marker rendition, text rendition, filled area rendition, edge rendition und colour representations. (Gegebenfalls werden hierfür auch die
Default-Werte ermittelt, die ebenfalls in 8.2.2 angegeben sind.) Anders
formuliert: Die Auswertung dieser *presentation attributes* hat die gleiche Wirkung, wie wenn die entsprechenden CGM-Parameter explizit am
Anfang des CGM gesetzt worden wären.

Anschließend wird der CGM, also der Wert des Attributs content information, interpretiert und die Grafik gezeichnet. Wie die Elemente des
CGM zu interpretieren sind, ist in der NORM ISO 8632 spezifiziert. Der
vom *imaging process* generierte Code (zum Beispiel Steuerzeichen für
einen Bildschirm oder einen Drucker) hängt dabei natürlich von der Ausgabehardware ab.

Vom *imaging process* wird das möglicherweise in dem CGM auftretende CGM-Element SCALING MODE ignoriert, denn das *aspect ratio*
wurde ja schon vom Layoutprozess ermittelt. Ebenso wird das CGM-
Element BACKGROUND COLOUR ignoriert, wenn für das *basic layout
object*, dem die Liniengrafik zugeordnet ist, das Attribut colour den Wert
colourless und das Attribut transparency den Wert transparent hat.

Index

Die angegebenen Zahlen sind Verweise auf Seiten. Bei mehreren Verweisen bedeuten fette Seitennummern, daß dort der betreffende Begriff definiert oder ausführlich erklärt wird.